2025

제과·제빵
기능사
1000제

타임NCS연구소

2025
# 제과·제빵기능사 1000제

**인쇄일** 2025년 1월 1일 4판 1쇄 인쇄
**발행일** 2025년 1월 5일 4판 1쇄 발행
**등 록** 제17-269호
**판 권** 시스컴2025

**발행처** 시스컴 출판사
**발행인** 송인식
**지은이** 타임NCS연구소

**ISBN** 979-11-6941-535-4 13590
**정 가** 18,000원

**주소** 서울시 금천구 가산디지털1로 225, 514호(가산포휴) | **홈페이지** www.nadoogong.com
**E-mail** siscombooks@naver.com | **전화** 02)866-9311 | **Fax** 02)866-9312

# 머리말

현대 우리 일상에서 디저트는 빼놓을 수 없는 하나의 문화로 자리 잡았습니다. 카페에서 과자와 빵을 즐기며 도란도란 이야기를 나누는 이들도 손쉽게 찾아볼 수 있습니다. 그에 따라 과자와 빵을 전문적으로 배워 자신의 직업으로 삼고자하는 이들도 점차 증가하고 있습니다.

워크넷 직업정보(2019년 7월 기준)에 따르면 제과사 및 제빵사를 포함한 제과원 및 제빵원의 종사자 수는 44,000명이며, 2016~2026 중장기 인력수급 전망을 비추어볼 때 향후 10년간 고용은 연평균 0.8% 증가할 것이라고 봅니다.

제과사 · 제빵사는 쿠키, 파이, 빵, 케이크 등을 전문적으로 만들고 장식하는 일을 합니다. 발효 과정을 거치지 않는 케이크, 쿠키 등을 만드는 제과사와 발효균을 사용해 발효과정을 거치는 빵을 만드는 제빵사로 나눌 수 있습니다. 제과 · 제빵의 입문과정이라 할 수 있는 제과 · 제빵기능사 과정을 먼저 공부하고 나서야 비로소 전문적인 제과사 · 제빵사가 될 수 있습니다.

제과 · 제빵기능사 필기시험은 응시자격에 제한이 없으며, 국가기술자격의 현장성과 활용성 제고를 위해 국가직무능력표준(NCS)을 기반으로 자격의 내용을 직무 중심으로 개편하여 필기시험이 이루어집니다. 즉 해당 직종은 점차 전문성을 요구하는 방향으로 나아가고 있어 제과사 · 제빵사를 직업으로 선택하려는 사람에게는 제과 · 제빵기능사 자격증은 필수적으로 따야하는 자격증입니다.

자격증을 준비하며 어려움을 느끼는 수험생분들께 조금이나마 도움을 드리고자 필기시험에 필수적으로 나올 문제들을 중심으로 교재를 집필하였습니다. 지난 기출문제를 취합 · 분석하여 자주 출제되는 핵심문제를 중심으로 출제경향에 맞춰 제과 · 제빵기능사 1000제를 구성하였기에 본 교재인 제과 · 제빵기능사 필기 총 10회분과 예상문제를 반복하여 풀어본다면 충분히 합격하실 수 있을 것입니다.

예비 제과사 · 제빵사님들의 꿈과 목표를 위한 아낌없는 도전을 응원하며, 시스컴 출판사는 앞으로도 좋은 교재를 집필할 수 있도록 더욱 노력할 것입니다. 모든 수험생 여러분들의 합격을 진심으로 기원합니다.

## 시험 응시 절차

| 제과기능사 | 필기 | 합격 ▶ | 실기 | 합격 ▶ | 자격증 취득 |

| 제빵기능사 | 필기 | 합격 ▶ | 실기 | 합격 ▶ | 자격증 취득 |

## 필기시험

● 원서접수

회원가입 → 원서접수 신청 → 자격선택 → 종목선택 → 응시유형 → 추가입력 →

장소선택 → 결제하기

① 인터넷 접수 : 한국산업인력공단 홈페이지(http://q-net.or.kr)
② 사진 첨부 : 6개월 이내에 촬영한 3.5cm×4.5cm, 120×160 픽셀의 JPG 파일
③ 시험 응시료(수수료) : 14,500원 전자 결제
④ 시험장소 : 본인 선택(선착순)

● 시험 정보

| 응시자격 | 제한 없음 |
| --- | --- |
| 준비물 | 수험표, 신분증, 필기구 지참 |
| 시험형식 | 객관식 4지 택일형, CBT(Computer Based Test) |
| 시험시간 | 60분(1시간) |
| 문제수 | 60문제 |
| 합격기준 | 100점 만점에 60점 이상 |

● 시험 일정

① 상시시험 : 정해진 회별 접수시간 동안 접수하며 연간 시행계획을 기준으로 자체 실정에 맞게 시행

② 시행지역 : 27개 지역(서울, 서울서부, 서울남부, 경기북부, 부산, 부산남부, 울산, 경남, 경인, 경기, 성남, 대구, 경북, 포항, 광주, 전북, 전남, 목포, 대전, 충북, 충남, 강원, 강릉, 제주, 안성, 구미, 세종)

● 합격자 발표

| 구분 | 1~8부 | 비고 |
|---|---|---|
| 합격자 발표일 | 시험종료 즉시 | CBT 필기시험 시행(16.1.23부터) |
| CBT 필기시험은 시험종료 즉시 합격여부를 확인이 가능하므로 별도의 ARS 발표 없음 | | |

● 상시시험 문제 공개관련

상시(필기, 실기) 문제는 공개하지 않는 것을 원칙으로 하며, 비공개 문제에 대해 수험자는 시험문제 및 작성 답안을 수험표 등에 이기할 수 없음

### 실기시험

● 원서접수

① 인터넷 접수 : 한국산업인력공단 홈페이지(http://q-net.or.kr)

② 사진 첨부 : 6개월 이내에 촬영한 3.5cm×4.5cm, 120×160 픽셀의 JPG 파일

③ 시험 응시료(수수료) : 제과 29,500원, 제빵 33,000원 전자 결제

④ 시험장소 : 본인 선택(선착순)

● 시험 정보

| 준비물 | 수험표, 신분증, 실기관련 수험자 준비물 등 |
|---|---|
| 시험형식 | 작업형 |
| 시험시간 | 2~4시간(과제별로 시험시간 상이) |

● 자격증 발급

① 인터넷 : 공인인증 등을 통해 발급, 택배 가능

② 방문 수령 : 신분 확인서류 필요

## 시험안내

**합격률** 2024년 합격률은 도서 발행 전에 집계되지 않았습니다.

● 제과기능사

| 연도 | 필기 | | | 실기 | | |
|---|---|---|---|---|---|---|
| | 응시 | 합격 | 합격률 | 응시 | 합격 | 합격률 |
| 2023 | 54,894 | 21,877 | 39.9% | 30,741 | 12,839 | 41.8% |
| 2022 | 55,531 | 24,186 | 43.6% | 32,414 | 14,362 | 44.3% |
| 2021 | 59,893 | 27,634 | 46.1% | 32,444 | 14,227 | 43.9% |
| 2020 | 41,292 | 19,136 | 46.3% | 20,928 | 8,376 | 40% |
| 2019 | 36,262 | 13,843 | 38.2% | 22,763 | 8,523 | 37.4% |

● 제빵기능사

| 연도 | 필기 | | | 실기 | | |
|---|---|---|---|---|---|---|
| | 응시 | 합격 | 합격률 | 응시 | 합격 | 합격률 |
| 2023 | 51,897 | 22,178 | 42.7% | 31,450 | 14,916 | 47.4% |
| 2022 | 53,382 | 23,467 | 44% | 32,513 | 16,070 | 49.4% |
| 2021 | 55,758 | 26,213 | 47% | 33,246 | 16,446 | 49.5% |
| 2020 | 39,306 | 18,467 | 47% | 22,004 | 10,204 | 46.4% |
| 2019 | 42,267 | 14,581 | 34.5% | 24,555 | 10,754 | 43.8% |

**시험과목 및 활용 국가직무능력표준(NCS)**

국가기술자격의 현장성과 활용성 제고를 위해 국가직무능력표준(NCS)을 기반으로 자격의 내용(시험과목, 출제기준 등)을 직무 중심으로 개편하여 시행

● 국가직무능력표준(NCS)

산업현장에서 직무를 수행하기 위해 요구되는 지식 · 기술 · 태도 등의 내용을 국가가 산업부문별 · 수준별로 체계화한 것

● 직무능력

① 능력 : 직업기초능력 + 직무수행능력

② 직업기초능력 : 직업인으로서 기본적으로 갖추어야할 공통 능력

③ 직무수행능력 : 해당 직무를 수행하는데 필요한 역량(지식, 기술, 태도)

> 이렇게 달라졌어요! – 보다 효율적이고 현실적인 대안마련
> • 실무 중심의 교육 · 훈련과정 개편
> • 국가 자격의 종목 신설 및 재설계
> • 산업현장 직무에 맞게 자격시험 전면 개편
> • NCS 채용을 통한 기업의 능력중심 인사관리 및 근로자 평생 경력 개발 관리 지원

● 제과기능사 필기시험

| 과목명 | 활용 NCS 능력단위 |
|---|---|
| 과자류 재료,<br>제조 및 위생관리 | 과자류제품 재료혼합 |
| | 과자류제품 반죽정형 |
| | 과자류제품 반죽익힘 |
| | 과자류제품 포장 |
| | 과자류제품 저장 유통 |
| | 과자류제품 위생안전관리 |
| | 과자류제품 생산작업준비 |

● 제빵기능사 필기시험

| 과목명 | 활용 NCS 능력단위 |
|---|---|
| 빵류 재료,<br>제조 및 위생관리 | 빵류제품 재료혼합 |
| | 빵류제품 반죽발효 |
| | 빵류제품 반죽정형 |
| | 빵류제품 반죽익힘 |
| | 빵류제품 마무리 |
| | 빵류제품 위생안전관리 |
| | 빵류제품 생산작업준비 |

## 제과기능사

① 직무분야 : 식품가공
② 중직무분야 : 제과 · 제빵
③ 직무내용 : 제과제품을 제공하기 위한 체계적인 기술과 생산계획을 수립하여 생산, 판매, 위생 및 관련 업무를 실행하는 직무
④ 필기 과목명 : 과자류 재료, 제조 및 위생 관리
⑤ 필기시험 출제기준(2023.1.1~2025.12.31)

| 주요항목 | 세부항목 | 세세항목 |
|---|---|---|
| 1. 재료 준비 | 1. 재료 준비 및 계량 | 1. 배합표 작성 및 점검<br>2. 재료 준비 및 계량방법<br>3. 재료의 성분 및 특징<br>4. 기초재료과학<br>5. 재료의 영양학적 특성 |
| 2. 과자류제품<br>제조 | 1. 반죽 및 반죽 관리 | 1. 반죽법의 종류 및 특징<br>2. 반죽의 결과 온도<br>3. 반죽의 비중 |
| | 2. 충전물 · 토핑물 제조 | 1. 재료의 특성 및 전처리<br>2. 충전물 · 토핑물 제조 방법 및 특징 |
| | 3. 팬닝 | 1. 분할 팬닝 방법 |
| | 4. 성형 | 1. 제품별 성형 방법 및 특징 |
| | 5. 반죽 익히기 | 1. 반죽 익히기 방법의 종류 및 특징<br>2. 익히기 중 성분 변화의 특징 |

| | | |
|---|---|---|
| 3. 제품저장관리 | 1. 제품의 냉각 및 포장 | 1. 제품의 냉각방법 및 특징<br>2. 포장재별 특성<br>3. 불량제품 관리 |
| | 2. 제품의 저장 및 유통 | 1. 저장방법의 종류 및 특징<br>2. 제품의 유통 · 보관방법<br>3. 제품의 저장 · 유통 중의 변질 및 오염원 관리<br> 방법 |
| 4. 위생안전관리 | 1. 식품위생 관련<br> 법규 및 규정 | 1. 식품위생법 관련 법규<br>2. HACCP 등의 개념 및 의의<br>3. 공정별 위해요소 파악 및 예방<br>4. 식품첨가물 |
| | 2. 개인위생관리 | 1. 개인 위생 관리<br>2. 식중독의 종류, 특성 및 예방방법<br>3. 감염병의 종류, 특징 및 예방방법 |
| | 3. 환경위생관리 | 1. 작업환경 위생관리<br>2. 소독제<br>3. 미생물의 종류와 특징 및 예방방법<br>4. 방충 · 방서 관리 |
| | 4. 공정 점검 및 관리 | 1. 공정의 이해 및 관리<br>2. 설비 및 기기 |

## 제빵기능사

① 직무분야 : 식품가공

② 중직무분야 : 제과 · 제빵

③ 직무내용 : 빵류제품을 제공하기 위한 체계적인 기술과 생산계획을 수립하여 판매, 생산, 위생 및 관련 업무를 실행하는 직무

④ 필기 과목명 : 빵류 재료, 제조 및 위생관리

⑤ 필기시험 출제기준(2023.1.1~2025.12.31)

| 주요항목 | 세부항목 | 세세항목 |
|---|---|---|
| 1. 재료 준비 | 1. 재료 준비 및 계량 | 1. 배합표 작성 및 점검<br>2. 재료 준비 및 계량 방법<br>3. 재료의 성분 및 특징<br>4. 기초재료과학<br>5. 재료의 영양학적 특성 |
| 2. 빵류 제품 제조 | 1. 반죽 및 반죽 관리 | 1. 반죽법의 종류 및 특징<br>2. 반죽의 결과 온도<br>3. 반죽의 비용적 |
| | 2. 충전물 · 토핑물 제조 | 1. 재료의 특성 및 전처리<br>2. 충전물 · 토핑물 제조 방법 및 특징 |
| | 3. 반죽 발효 관리 | 1. 발효 조건 및 상태 관리 |
| | 4. 분할하기 | 1. 반죽 분할 |
| | 5. 둥글리기 | 1. 반죽 둥글리기 |
| | 6. 중간발효 | 1. 발효 조건 및 상태 관리 |
| | 7. 성형 | 1. 성형하기 |
| | 8. 팬닝 | 1. 팬닝 방법 |
| | 9. 반죽 익히기 | 1. 반죽 익히기 방법의 종류 및 특징<br>2. 익히기 중 성분 변화의 특징 |

제과 · 제빵기능사 1000제

| 3. 제품저장관리 | 1. 제품의 냉각 및 포장 | 1. 제품의 냉각 방법 및 특징<br>2. 포장재별 특성<br>3. 불량제품 관리 |
| --- | --- | --- |
| | 2. 제품의 저장 및 유통 | 1. 저장 방법의 종류 및 특징<br>2. 제품의 유통 · 보관방법<br>3. 제품의 저장 · 유통 중의 변질 및 오염원 관리 방법 |
| 4. 위생안전관리 | 1. 식품위생 관련 법규 및 규정 | 1. 식품위생법 관련법규<br>2. HACCP 등의 개념 및 의의<br>3. 공정별 위해요소 파악 및 예방<br>3. 식품첨가물 |
| | 2. 개인위생관리 | 1. 개인 위생 관리<br>2. 식중독의 종류, 특성 및 예방 방법<br>3. 감염병의 종류, 특징 및 예방 방법 |
| | 3. 환경위생관리 | 1. 작업환경 위생관리<br>2. 소독제<br>3. 미생물의 종류와 특징 및 예방 방법<br>4. 방충 · 방서관리 |
| | 4. 공정 점검 및 관리 | 1. 공정의 이해 및 관리<br>2. 설비 및 기기 |

# 구성 및 특징

## I 제과기능사

제과기능사와 제빵기능사를 각각 Ⅰ과 Ⅱ로 나누어 한 권의 교재로 두 가지 시험을 대비할 수 있도록 구성하였습니다.

### 1회~5회 제과기능사 필기

새롭게 바뀐 출제기준에 맞춰 실제 시험과 동일한 문항수로 [필기] 5회분을 수록하였습니다.

### 1회~5회 제과기능사 필기 정답 및 해설

정답 및 해설을 시험을 마친 후 확인할 수 있도록 별도 해당 페이지에 첨부하였습니다.

### 제과기능사 예상문제 200제

단원별로 빈출 개념을 모아서 시험 전 꼭 보고 들어가야 할 200문제를 수록하였습니다.
동일 페이지에서 정답을 바로 확인할 수 있도록 우측에 답안을 배치하였습니다.

## Ⅱ 제빵기능사

제과기능사와 제빵기능사를 각각 Ⅰ과 Ⅱ로 나누어 한 권의 교재로 두 가지 시험을 대비할 수 있도록 구성하였습니다.

### 1회~5회 제빵기능사 필기

새롭게 바뀐 출제기준에 맞춰 실제 시험과 동일한 문항수로 [필기] 5회분을 수록하였습니다.

### 1회~5회 제빵기능사 필기 정답 및 해설

정답 및 해설을 시험을 마친 후 확인할 수 있도록 별도 해당 페이지에 첨부하였습니다.

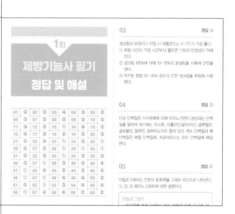

### 제빵기능사 예상문제 200제

단원별로 빈출 개념을 모아서 시험 전 꼭 보고 들어가야 할 200문제를 수록하였습니다.
동일 페이지에서 정답을 바로 확인할 수 있도록 우측에 답안을 배치하였습니다.

# 목 차

I
제과
기능사

## II 제빵 기능사

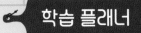

## 학습 플래너

### 제과기능사

| 회차 | | 보충할 내용 | 맞힌 문항 수 |
|---|---|---|---|
| 1회 제과기능사 필기 | | | /60문제 |
| 2회 제과기능사 필기 | | | /60문제 |
| 3회 제과기능사 필기 | | | /60문제 |
| 4회 제과기능사 필기 | | | /60문제 |
| 5회 제과기능사 필기 | | | /60문제 |
| 제과기능사<br>예상문제<br>200제 | 1번~50번 | | /50문제 |
| | 51번~100번 | | /50문제 |
| | 101번~150번 | | /50문제 |
| | 151번~200번 | | /50문제 |

### 제빵기능사

| 회차 | | 보충할 내용 | 맞힌 문항 수 |
|---|---|---|---|
| 1회 제빵기능사 필기 | | | /60문제 |
| 2회 제빵기능사 필기 | | | /60문제 |
| 3회 제빵기능사 필기 | | | /60문제 |
| 4회 제빵기능사 필기 | | | /60문제 |
| 5회 제빵기능사 필기 | | | /60문제 |
| 제빵기능사<br>예상문제<br>200제 | 1번~50번 | | /50문제 |
| | 51번~100번 | | /50문제 |
| | 101번~150번 | | /50문제 |
| | 151번~200번 | | /50문제 |

# I

# 제과기능사

# 제과·제빵기능사

## 1000제

기능사 필기 대비

제과기능사
필기

# I

# 1회 제과기능사 필기

**01** 제과에서 설탕의 기능이 아닌 것은?

① 수분 보유로 노화 가속화

② 착색제

③ 윤활작용

④ 제품에 향 부여

**02** 핑거 쿠키 성형을 할 때 적절한 길이는?

① 1~2cm

② 3~4cm

③ 5~6cm

④ 7~8cm

**03** 다음 중 반죽의 비중이 가장 높은 것은?

① 엔젤 푸드 케이크

② 스펀지 케이크

③ 마들렌

④ 카스텔라

**04** 단순 아이싱을 만들 때 들어가는 재료는?

① 물

② 젤라틴

③ 초콜릿

④ 버터

**05** 다음 제품 중 일반적으로 반죽의 pH가 가장 낮은 것은?

① 화이트 레이어 케이크

② 과일 케이크

③ 스펀지 케이크

④ 데블스 푸드 케이크

**06** 우유 속에 함유되어 있는 유당의 평균 함량은?

① 0.8%

② 2.8%

③ 4.8%

④ 6.8%

**07** 개인음식점에서 식중독이 발생했을 시 의사가 환자의 식중독을 확인하는 대로 가장 먼저 보고해야 할 이는?

① 시장 · 군수 · 구청장
② 식품의약안전처장
③ 보건소장
④ 관할 검역소장

**08** 덱스트린을 맥아당으로 변화시키는 효소는?

① 치마아제
② 말타아제
③ α-아밀라아제
④ β-아밀라아제

**09** 포화지방산과 불포화지방산에 대한 설명 중 옳은 것은?

① 포화지방산은 수소첨가나 할로겐에 따라 불포화될 수 있다.
② 식물성 유지에는 포화지방산이 더 높은 비율로 들어 있다.
③ 코코넛 기름에는 포화지방산이 더 높은 비율로 들어 있다.
④ 포화지방산은 이중결합을 함유하고 있다.

**10** 유지에 모든 재료를 한꺼번에 넣고 반죽하는 방법으로 가장 오래된 전통적인 제법은?

① 크림법
② 블렌딩법
③ 설탕/물 반죽법
④ 단단계법

**11** 50g의 계량컵에 물을 가득 채웠더니 250g이었다. 과자반죽을 넣고 달아보니 230g이었다면 이 반죽의 비중은 얼마인가?

① 0.8
② 0.86
③ 0.9
④ 0.96

**12** HACCP 적용의 7가지 원칙에 해당하지 않는 것은?

① 중요 관리점(CCP) 결정
② 공정흐름도 작성
③ CCP 모니터링 체계 확립
④ 개선조치 방법 수립

**13** 아밀로펙틴의 특징으로 옳은 것은?

① 요오드 용액 반응이 청색이다.
② 호화가 빠르다.
③ 노화가 느리다.
④ 분자량이 적다.

**14** 식빵에서 쇼트닝이 정량보다 많을 경우 나타나는 결과는?

① 브레이크와 슈레드가 작다.
② 세포가 파괴되어 기공이 열리고 거칠다.
③ 껍질이 얇고 건조해진다.
④ 발효가 미숙한 냄새가 난다.

**15** 고율배합에 대한 설명으로 옳은 것은?

① 굽는 온도를 낮춘다.
② 반죽의 비중이 높다.
③ 화학 팽창제 사용량을 늘린다.
④ 믹싱 중 공기 혼입 정도가 적다.

**16** 튀김기름의 조건으로 옳은 것은?

① 산가(Acid Value)가 낮아야 한다.
② 산패에 대한 안정성이 있어야 한다.
③ 겨울철에 융점이 높은 기름을 사용한다.
④ 발연점이 낮아야 한다.

**17** 스펀지 케이크 반죽을 팬에 넣을 때 적당한 팬닝비(%)는?

① 10~20%
② 30~40%
③ 50~60%
④ 70~80%

**18** 굽기 시 반죽에 열이 가해지는 방식으로 가열된 오븐에 팬이 직접 닿음으로써 열이 전달되어 반죽을 가열하는 것은?

① 전도열
② 복사열
③ 방사열
④ 대류열

**19** 아경수의 광물질 함량 범위는?

① 0~60ppm

② 120~180ppm

③ 200~260ppm

④ 300~360ppm

**20** 칼슘의 흡수를 도우면 알칼리와 산, 열에서 비교적 안정을 유지하는 비타민은?

① 비타민 A

② 비타민 $B_2$

③ 비타민 C

④ 비타민 D

**21** 열량 섭취량을 2,250kcal 내외로 했을 경우 이상적인 1일 지방 섭취량은?

① 50g

② 75g

③ 90g

④ 115g

**22** 살모넬라균 식중독에 감염되었을 때 나타나는 주요 증상은?

① 간경변 증상

② 호흡곤란

③ 급성위장염 질환

④ 시력저하

**23** 밀가루 100%, 유지 100%, 물 50%, 소금 1~3%인 배합률을 어떤 제품 제조에 적당한가?

① 레이어 케이크

② 스펀지 케이크

③ 퍼프 페이스트리

④ 쿠키

**24** 과자 반죽의 모양을 만드는 방법이 아닌 것은?

① 냉동시켜 자르기

② 손으로 정형하기

③ 판에 등사하기

④ 발효 후 가스빼기

**25** 보존제로 허용되지 않는 식품첨가물은?

① 프로피온산나트륨
② 소르브산
③ 차아염소산나트륨
④ 안식향산

**26** 가루 재료를 체로 치는 이유가 아닌 것은?

① 재료의 고른 분산
② 이물질 제거
③ 흡수율 감소
④ 공기의 혼입

**27** 무가당 생크림과 커스터드 크림을 1 : 1 비율로 혼합하는 조합형 크림은?

① 가나슈크림
② 디프로매트 크림
③ 휘핑크림
④ 버터크림

**28** 밀가루 개량제인 것은?

① 아황산나트륨
② 과산화수소
③ 과산화벤조일
④ 무수 아황산

**29** 일반적인 제과작업장의 시설 설명으로 잘못된 것은?

① 매장과 주방의 크기는 1 : 1이 이상적이다.
② 공장 배수관의 최소내경은 10cm 정도가 적당하다.
③ 방충, 방서용 금속망은 30메시(mesh)가 적당하다.
④ 공장은 바다 가까운 곳에 위치하도록 한다.

**30** 제조 시 불량률이 발생하는 원인에 해당하지 않는 것은?

① 작업의 미숙
② 높은 기술 추구
③ 작업 여건의 문제
④ 작업자의 부주의

**31** 단백질 식품을 섭취한 결과, 음식물 중의 질소량이 15g이며, 대변의 질소량이 0.9g, 소변 중의 질소량이 3g으로 나타났을 때 이 식품의 생물가(B.V)는 약 얼마인가?

① 48%

② 61%

③ 74%

④ 85%

**32** 칼슘이 신체에서 하는 역할로 적절한 것은?

① 헤모글로빈 생성 및 산소 운반

② 체액의 삼투압과 수분 조절

③ 혈액의 응고 작용에 관여

④ 철의 흡수와 운반을 도움

**33** 스냅 쿠키의 크기가 퍼지지 않고 작았다면 그 원인으로 옳은 것은?

① 유지가 너무 많았다.

② 반죽이 산성이었다.

③ 사용한 반죽이 묽었다.

④ 굽기 온도가 낮았다.

**34** 특정 빵을 제조하고자 조건을 조사한 결과 밀가루 온도 24℃, 설탕 온도 25℃, 결과 온도 32℃, 쇼트닝 온도 26℃, 실내 온도 28℃, 사용수 온도 22℃, 계란 온도 19℃라면 이때 마찰계수는 얼마인가?

① 27

② 48

③ 62

④ 88

**35** 지방은 지방산과 무엇이 결합하여 만들어진 화합물인가?

① 글리세롤

② 펩톤

③ 이눌라아제

④ 프로테아제

**36** 밀가루를 용도별로 나눌 때 일반적으로 회분 함량이 낮은 것은?

① 우동용

② 마카로니용

③ 과자용

④ 식빵용

**37** 과자에서의 감미제에 대한 설명으로 옳지 않은 것은?

① 제품의 노화를 지연시킨다.
② 글루텐을 부드럽게 만든다.
③ 껍질색을 형성하고 향을 향상시킨다.
④ 수분 보유력이 없어 신선도를 지속시킨다.

**38** 레이어 케이크 중 초콜릿 케이크에서 조절한 유화 쇼트닝을 구하는 공식은?

① 원래 유화 쇼트닝 + (카카오 버터 $\times \frac{1}{2}$)

② 원래 유화 쇼트닝 + (카카오 버터 $\times 2$)

③ 원래 유화 쇼트닝 - (카카오 버터 $\times \frac{1}{2}$)

④ 원래 유화 쇼트닝 - (카카오 버터 $\times 2$)

**39** 퍼프 페이스트리 반죽을 냉장고에서 휴지시키는 목적이 아닌 것은?

① 반죽과 유지의 되기를 같게 해 층을 분명히 한다.
② 정형을 하고자 반죽을 절단 시 수축을 방지한다.
③ 이산화탄소 가스를 최대한 많이 발생시킨다.
④ 믹싱과 밀어 펴기로 손상된 글루텐을 재정돈시킨다.

**40** 일반적으로 신선한 우유의 pH는?

① 3.2~3.4
② 4.4~4.6
③ 5.5~5.8
④ 6.5~6.7

**41** 반죽이 들어가는 입구와 제품이 나오는 출구가 서로 다른 오븐은?

① 터널 오븐
② 컨백션 오븐
③ 로터리 래크 오븐
④ 데크 오븐

**42** 빵 냉각 시 냉각실의 상대습도와 온도로 적절한 것은?

① 25~40%, 0~7℃
② 35~55%, 10~15℃
③ 60~72%, 18~23℃
④ 75~85%, 20~25℃

**43** 다음 중 공예과자와 세공품을 만들 때 사용 하는 머랭은?

① 스위스 머랭
② 온제 머랭
③ 이탈리안 머랭
④ 프렌치 머랭

**44** 흰 음식을 뜻하는 용어로서 아몬드를 넣은 희고 부드러운 냉과는?

① 젤리
② 푸딩
③ 바바루아
④ 블라망제

**45** 빵의 품질 평가에 있어서 외부평가 기준에 해당하는 것은?

① 기공
② 껍질형성
③ 조직
④ 속결 색상

**46** 중간 숙주와 기생충과의 연결이 잘못된 것은?

① 간흡충 – 왜우렁이
② 십이지장충 – 채소류
③ 폐디스토마 – 소
④ 유구조충(갈고리 촌충) – 돼지

**47** 병원성 대장균 식중독에 대한 설명으로 적절 하지 않은 것은?

① 발열증상이 있고 치사율도 높은 편이다.
② 대장균은 열에 약하며 75℃에서 3분간 가 열하면 사멸된다.
③ 호기성 또는 통성 혐기성이며 유당을 분 해하고 분변오염의 지표가 된다.
④ 보균자나 환자의 분변 등에 의해 감염된다.

**48** 신선한 계란의 특징으로 옳은 것은?

① 껍질은 윤기가 있고 매끈하다.
② 깼을 때 노른자가 바로 깨진다.
③ 햇빛을 통해 볼 때 속이 맑게 보인다.
④ 흔들어 보았을 때 소리가 난다.

**49** 카카오 버터를 만들고 남은 카카오 박을 분쇄한 것은?

① 카카오 매스

② 카카오 닙스

③ 코코아

④ 카카오 빈

**50** 포도당과 과당을 분해해 알코올과 탄산가스를 생성하며 빵 반죽 발효를 최종적으로 담당하는 효소는?

① 치마아제

② 프로테아제

③ 리파아제

④ 말타아제

**51** 투베르쿨린 반응검사 및 X선 촬영으로 감염 여부를 조기에 알 수 있는 인·축 공통감염병은?

① 브루셀라증

② 돈단독

③ 결핵

④ Q열

**52** 탄수화물이 많이 든 식품을 튀길 때 또는 고온에서 가열할 때 발생하는 발암성 물질은?

① 메틸 알코올

② 아크릴아마이드

③ 니트로사민

④ 벤조피렌

**53** 도넛의 흡유량이 높았을 때 그 원인으로 옳은 것은?

① 튀김시간이 짧았다.

② 팽창제 사용량이 적었다.

③ 묽은 반죽을 썼다.

④ 튀김온도가 높았다.

**54** 다음 중 비용적이 가장 작은 케이크는?

① 파운드 케이크

② 스펀지 케이크

③ 레이어 케이크

④ 엔젤 푸드 케이크

**55** 쌀의 전분을 가수분해하여 부분적으로 당화시킨 것으로 맥아당이 많은 양을 구성하는 당류는?

① 포도당
② 엿
③ 식혜
④ 물엿

**56** 유단백질 중 산에 의해 응고되지 않고 열에 의해 변성되어 응고되기 쉬운 것은?

① 카세인
② 글루테닌
③ 락토글로불린
④ 메소닌

**57** $LD_{50}$의 값이 작다는 것은 무엇을 의미하는가?

① 독성이 높다는 의미이다.
② 독성이 낮다는 의미이다.
③ 농도가 높다는 의미이다.
④ 농도가 낮다는 의미이다.

**58** 세포 내에서 합성되지 않아 세포 외에서 흡수해야 하며 미량 필요한 영양소는?

① 질소원
② 탄소원
③ 발육소
④ 무기염류

**59** 반죽의 신장과 신장성에 대한 저항을 측정하는 기계로, 밀가루 개량제의 효과를 측정하는 반죽의 물리적 시험은?

① 레오그래프
② 익스텐소그래프
③ 패리노그래프
④ 믹소그래프

**60** 기초대사량에 대한 설명으로 옳지 않은 것은?

① 생명유지에 꼭 필요한 최소의 에너지 대사량이다.
② 체표면적이 작은 사람이 기초대사량이 크다.
③ 아무 것도 하지 않고 누워서 측정한다.
④ 남자가 여자보다 기초대사량이 높다.

# 제과·제빵기능사

## 1000제

기능사 필기 대비

제과기능사
필기

# 2회 제과기능사 필기

**01** 사용할 물 온도 20℃, 수돗물 온도 30℃, 사용 물량 4.4kg일 때 사용하는 얼음량은?

① 250g

② 400g

③ 550g

④ 700g

**02** 다음의 케이크 반죽 중 일반적으로 반죽의 pH가 가장 높은 것은?

① 옐로 레이어 케이크

② 데블스 푸드 케이크

③ 과일 케이크

④ 파운드 케이크

**03** 2가지 식품을 섞어서 만들 시 단백질의 상호 보조 효력이 가장 큰 것은?

① 빵과 우유

② 쌀과 물

③ 현미가루와 밀가루

④ 밀가루와 견과류

**04** 체내에서 합성되지 않아 식사로 공급해야 하며 정상적인 건강 유지를 위해 필수적으로 필요한 지방산은?

① 저급지방산

② 불포화지방산

③ 포화지방산

④ 필수지방산

**05** 교차오염의 예방방법으로 옳은 것은?

① 조리 전 채소와 육류는 서로 접촉해도 된다.

② 원재료 보관 시 벽과 바닥으로부터 일정 거리를 붙여 보관한다.

③ 식자재와 비식자재를 함께 식품 창고에 보관한다.

④ 위생복을 식품용과 청소용으로 구분하여 사용한다.

**06** 구연산, 젖산, 식초산을 이용하여 저장하는 부패 방지법은?

① 초절임법

② 가스 저장법

③ 염장법

④ 당장법

**07** 글루텐 형성능력이 다소 떨어지는 밀가루로 빵을 만들 때 적합한 믹서의 종류는?

① 에어믹서
② 버티컬 믹서
③ 스파이럴 믹서
④ 수평형 믹서

**08** 굳은 아이싱을 풀어주는 조치로 올바르지 않은 것은?

① 설탕 시럽을 더 많이 넣는다.
② 소량의 물을 넣고 중탕으로 가온한다.
③ 35~43℃로 중탕한다.
④ 밀가루나 전분을 넣는다.

**09** 반죽형 케이크 제조 시 분리현상이 일어나는 원인이 아닌 것은?

① 반죽 온도가 낮다.
② 일시에 투입하는 계란의 양이 적다.
③ 유지의 품온이 낮다.
④ 유화성이 없는 유지를 썼다.

**10** 무스(Mousse)의 본 의미는 무엇인가?

① 젤라틴
② 거품
③ 광택제
④ 생크림

**11** 한 개의 무게가 50g인 과자가 있을 때 이 과자의 100g 중 탄수화물 50g, 단백질 14g, 지방 20g, 무기질 5g, 물 7g이 들어 있다면, 이 과자를 5개 먹을 때에는 얼마의 열량을 낼 수 있는가?

① 1,090kcal
② 1,490kcal
③ 2,260kcal
④ 2,759kcal

**12** 제과·제빵에서 우유와 분유의 기능이 아닌 것은?

① 보수력이 있어 촉촉함을 지속시킨다.
② 영양 강화와 단맛을 낸다.
③ 믹싱내구력을 감소시킨다.
④ 껍질색을 강하게 한다.

**13** 유해 착색료에 해당하는 것은?

① 승홍
② 론갈리트
③ 아우라민
④ 과산화수소

**14** 세균성 식중독에 대한 설명이 아닌 것은?

① 경구 감염에 비해 잠복기가 짧다.
② 면역이 성립되는 것이 많다.
③ 2차 감염이 거의 없다.
④ 대량의 생균에서 생성된 독소에 의해서
   발병한다.

**15** 푸딩의 표면에 기포 자국이 많이 생기는 원
인은?

① 계란을 과다하게 사용해서
② 가열을 지나치게 하여서
③ 오븐의 온도가 너무 낮아서
④ 계란의 신선도가 떨어져서

**16** 제품별 제조 시 사용하는 시럽의 온도가 다
른 하나는?

① 퐁당의 시럽
② 설탕공예용의 시럽
③ 이탈리안 머랭의 시럽
④ 버터크림의 시럽

**17** 굽기 과정 중 일어나는 마이야르 반응은 첨
가되는 당의 종류에 따라 갈색화 속도가 달
라진다. 같은 조건의 반죽에 각각 과당, 설탕,
포도당을 같은 농도로 첨가할 시 마이야르
반응속도를 촉진시키는 순서로 나열된 것은?

① 포도당 > 설탕 > 과당
② 과당 > 포도당 > 설탕
③ 과당 > 설탕 > 포도당
④ 설탕 > 포도당 > 과당

**18** 올리브유의 발연점(℃)은?

① 155℃
② 175℃
③ 195℃
④ 215℃

**19** 이스트 푸드를 사용할 때 주의할 점으로 옳은 것은?

① 이스트와 함께 녹여 사용해야 한다.
② 물보다는 밀가루에 최대한 많이 분산해야 한다.
③ 곰팡이, 맥아, 균사 등 효소제를 확인해야 한다.
④ 양이 적으면 효과가 적으므로 양을 정확하게 하기보다는 충분히 넣는다.

**20** 초콜릿을 구성하는 카카오 버터의 결정이 템퍼링을 하면 그 결정이 어떤 형이 되어 입 안에서 녹는 감촉을 느낄 수 있는가?

① γ (16~18℃)
② α (21~24℃)
③ β' (27~29℃)
④ β (34~38℃)

**21** 작업장 창에는 방충, 방서용 금속망을 설치해야 하며, 그 크기는 얼마가 적절한가?

① 8mesh
② 20mesh
③ 30mesh
④ 45mesh

**22** 노무비를 절감하는 방법으로 적절하지 않은 것은?

① 소요시간 단축
② 표준화
③ 공정시간 연장
④ 설비관리

**23** 다음 중 버터크림에 사용하기 알맞은 향료는?

① 유화 타입
② 오일 타입
③ 분말 타입
④ 에센스 타입

**24** 사과파이 껍질의 결의 크기는 어떻게 조절하는가?

① 유지의 양으로 조절한다.
② 유지의 크기로 조절한다.
③ 밀가루의 양으로 조절한다.
④ 밀가루의 크기로 조절한다.

**25** 제과에 있어서 유화제 역할을 하고 노화를 늦추는 유효한 첨가물은?

① 디글리세리드
② 탄산수소암모늄
③ 염화암모늄
④ 이스트 푸드

**26** 지방의 분해효소는?

① 스테압신
② 에렙신
③ 인베르타아제
④ 치마아제

**27** 하루에 섭취하는 총에너지 중 식품 이용을 위한 에너지 소모량은 일반적으로 얼마인가?

① 0.5%
② 5%
③ 10%
④ 20%

**28** 믹서의 반죽날개 종류 중 하나인 것은?

① 스패튜라
② 스쿱
③ 휘퍼
④ 스파이크 롤러

**29** 도넛에서 발한을 제거하는 방법은?

① 충분히 예열시키도록 한다.
② 결착력이 없는 기름을 사용한다.
③ 도넛 위에 뿌리는 설탕 사용량을 늘린다.
④ 튀김시간을 줄여 도넛의 수분 함량을 조절한다.

**30** 일반적으로 우유를 혼합하여 만드는 제품은?

① 퐁당
② 냉제 머랭
③ 디프로매트 크림
④ 마시멜로 아이싱

**31** 나가사키 카스텔라 제조 시 휘젓기를 하는 이유로 옳지 않은 것은?

① 내상을 균일하게 하기 위해
② 팽창을 원활하게 하기 위해
③ 껍질표면을 매끄럽게 하기 위해
④ 반죽 온도를 균일하게 하기 위해

**32** 과자 반죽의 pH가 적정 범위를 벗어나 산이 강할 경우 제품에서 나타나는 현상은?

① 소다맛이 난다.
② 연한 향이 난다.
③ 정상보다 제품의 부피가 크다.
④ 어두운 속색과 껍질색이 나타난다.

**33** 신체 내 물의 기능으로 옳은 것은?

① 열량 생산 작용
② 노폐물 및 영양소 운반
③ 연소 작용
④ 신경계 생산 작용

**34** 생크림의 보존 온도로 적절한 것은?

① 15℃ 이상
② 0~10℃
③ −7~−1℃
④ −15℃ 이하

**35** 소화 기관에 대한 설명으로 옳은 것은?

① 췌장에는 3대 영양소를 소화시키는 효소가 있다.
② 위는 강알칼리의 위액을 분비한다.
③ 대장은 영양분을 소화·흡수한다.
④ 소장은 수분을 흡수하는 역할을 한다.

**36** 인슐린 호르몬의 성분이 되는 무기질은?

① 인(P)
② 황(S)
③ 아연(Zn)
④ 요오드(I)

**37** 빵의 냉각방법으로 적절하지 않은 것은?

① 터널식 냉각
② 순간 냉각
③ 공기 조절식 냉각
④ 자연냉각

**40** 반죽 온도 28℃, 밀가루 온도 22℃, 실내 온도 29℃, 설탕 온도 20℃, 실외 온도 32℃, 쇼트닝 온도 21℃, 계란 온도 25℃, 마찰계수 23인 경우 사용할 물 온도는 얼마인가?

① 14℃
② 28℃
③ 34℃
④ 48℃

**38** 설탕과 흰자를 섞어 43℃로 중탕한 후 거품을 내다가 안정되면 분설탕을 섞는 머랭은?

① 이탈리안 머랭
② 온제 머랭
③ 스위스 머랭
④ 프렌치 머랭

**41** 오버 베이킹에 대한 설명 중 옳은 것은?

① 수분 함량이 적다.
② 높은 온도에서 짧은 시간 동안 굽는다.
③ 가라앉기가 쉽다.
④ 제품의 노화가 느리게 진행된다.

**39** 단단하고 가벼운 투명 재료이지만 충격에 약한 포장재는?

① 폴리스티렌
② 폴리에틸렌
③ 폴리프로필렌
④ 오리엔티드 폴리프로필렌

**42** 완제품 600g인 스펀지 케이크 300개를 주문 받았다. 굽기 손실이 10%라면 전체 반죽은 얼마나 준비해야 하는가?

① 100kg
② 200kg
③ 300kg
④ 400kg

**43** 튀김에 기름을 반복하여 사용할 경우 일어나는 주요한 변화로 옳지 않은 것은?

① 점도가 증가한다.
② 과산화물가가 감소한다.
③ 발연점이 낮아진다.
④ 산가가 증가한다.

**44** 식빵에서 설탕을 정량보다 적게 사용했을 때 나타나는 현상은?

① 껍질이 엷고 부드러워진다.
② 속색은 발효만 잘 지키면 좋은 색이 난다.
③ 정상 발효되면 향이 좋다.
④ 찢어짐이 적고 모서리가 각이 졌다.

**45** 다음은 어떤 세균성 식중독에 대한 설명인가?

> ㉠ 독소는 엔테로톡신이며 설사증상, 구토, 복통이 나타난다.
> ㉡ 이 균이 체외로 분비하는 독소는 내열성이 강해 일반 가열조리법(즉, 100℃에서 30분간 가열해도 파괴되지 않음)으로 식중독을 예방하기 어렵다.

① 바실러스 세레우스균 식중독
② 보툴리누스균 식중독
③ 포도상구균 식중독
④ 장염 비브리오균 식중독

**46** 감미도가 설탕의 250배이고 백색의 결정을 지녔으며 절임류, 청량음료수, 과자류 등에 사용되었으나 만성 중독인 혈액독을 일으켜 우리나라에서는 사용이 금지된 인공 감미료는?

① 페닐라틴
② 니트로톨루이딘
③ 둘신
④ 에틸렌글리콜

**47** 제과에서 소금의 역할이 아닌 것은?

① 다른 재료들이 향미를 내게 돕는다.
② 글루텐을 약하게 해 반죽을 무르게 한다.
③ 적은 양의 설탕 사용 시 단맛을 증진시킨다.
④ 같은 온도에서 같은 시간 제품을 구우면 제품의 껍질색이 진해진다.

**48** 단당류 중 오탄당에 속하지 않는 것은?

① 아라비노스
② 갈락토오스
③ 디옥시리보오스
④ 자일로스

**49** 100g의 밀가루에서 20g의 젖은 글루텐을 재취했다면 이 밀가루의 젖은 글루텐 함량은?

① 10%
② 20%
③ 40%
④ 60%

**50** 제과에 가장 많이 쓰이는 럼주의 원료는?

① 당밀
② 타피오카
③ 옥수수 전분
④ 감자 전분

**51** 곰팡이독의 종류에 해당하는 것은?

① 급성 전염병
② 맥각 중독
③ 화학적 식중독
④ 부패성 식중독

**52** 원가의 구성요소에서 제조원가에 해당하지 않는 것은?

① 직접노무비
② 일반관리비
③ 제조간접비
④ 직접경비

**53** 반죽형 케이크의 부피가 작아지는 원인으로 적절한 것은?

① 반죽의 비중이 낮아서
② 계란양이 많아서
③ 우유나 물이 부족해서
④ 강력분을 사용해서

**54** 과일을 건조시킨 향신료로 가장 활용도가 높은 것은?

① 후추
② 바닐라
③ 넛메그
④ 캐러웨이

**55** 가스 발생력에 영향을 주는 요소에 대한 설명으로 옳지 않은 것은?

① 이스트 양과 가스 발생력은 반비례하고 이스트 양과 발효시간은 비례한다.
② 반죽이 산성을 띨수록 가스 발생력이 커진다.
③ 과당, 포도당, 맥아당, 자당 등 당의 양과 가스 발생력 사이의 관계는 당량 3~5%까지 비례하다가 그 이상이 되면 가스발생력이 약해져 발효시간이 길어진다.
④ 반죽 온도가 높을수록 가스 발생력은 커지고 발효시간은 짧아진다.

**56** 알레르기성 식중독의 원인이 될 수 있는 가능성이 가장 높은 식품은?

① 문어
② 청어
③ 갈치
④ 조기

**57** 스펀지 케이크의 기본 배합률로 밀가루 : 계란 : 설탕 : 소금의 비율로 가장 적당한 것은?

① 180 : 100 : 100 : 9
② 130 : 166 : 100 : 5
③ 100 : 166 : 166 : 2
④ 100 : 140 : 130 : 1

**58** 파운드 케이크를 팬닝 시 밑면의 껍질 형성을 방지하기 위한 팬으로 가장 적절한 것은?

① 은박팬
② 오븐팬
③ 종이팬
④ 이중팬

**59** 자당은 이스트의 발효과정 중 효소에 의해 어떻게 분해되는가?

① 포도당+포도당
② 포도당+유당
③ 포도당+과당
④ 과당+유당

**60** 크림 아이싱에 포함되지 않는 것은?

① 퐁당 아이싱
② 퍼지 아이싱
③ 단순 아이싱
④ 마시멜로 아이싱

# 제과·제빵기능사

## 1000제

기능사 필기 대비

제과기능사
필기

# I

# 3회 제과기능사 필기

**01** 이스트에 물의 경도를 조절하여 제빵성을 향상시키는 물 조절제 역할을 하는 성분은?

① 인산암모늄
② 과산화칼슘
③ 효소제
④ 요오드염

**02** 퐁당을 만들고자 시럽을 끓일 때 시럽의 온도는 얼마가 적당한가?

① 38~45℃
② 65~72℃
③ 90~100℃
④ 114~118℃

**03** 포장 전 빵의 온도가 너무 높을 때는 다음 중어떤 현상이 일어날 수 있는가?

① 껍질이 건조해질 수 있다.
② 곰팡이가 생기기 쉽다.
③ 노화가 가속화된다.
④ 수분손실이 많다.

**04** 제분수율에 대한 설명으로 옳지 않은 것은?

① 제분수율이 증가하면 단백질과 섬유소 함량이 증가하므로 소화율은 감소한다.
② 제분수율이 증가하면 비타민 $B_1$, 비타민 $B_2$ 함량과 회분 함량은 감소한다.
③ 제분수율이 낮을수록 껍질부위가 적으며 고급분이 된다.
④ 밀가루의 사용 목적에 맞게 제분수율 조정이 가능하다.

**05** 어린 반죽으로 만든 빵 제품의 특성으로 옳은것은?

① 더욱 발효된 맛을 지녔다.
② 구운 상태에서 연하다.
③ 부피가 작다.
④ 껍질이 바삭거리고 두껍다.

**06** HACCP의 준비 단계 중 작성된 공정 흐름도 · 평면도가 작업 현장과 일치하는지 검증하는 것은 몇 단계인가?

① 2단계
② 3단계
③ 4단계
④ 5단계

**07** 밀가루의 주요 단백질 중 중성 용매에 불용성이며, 단백질의 약 20%를 차지하는 것은?

① 글로불린
② 글리아딘
③ 메소닌
④ 글루테닌

**08** 제품에 따라 분유, 계란 분말, 밀가루, 소금, 설탕 등의 재료와 이스트, 베이킹소다, 베이킹파우더와 같은 팽창제 등이 제품의 특성에 맞게 균일하게 혼합된 원료는?

① 쇼트닝
② 프리믹스
③ 향신료
④ 글루텐

**09** 퍼프 페이스트리 제조 시 본 반죽에 넣는 유지를 증가시킬수록 어떤 결과가 생기는가?

① 식감이 나빠진다.
② 밀어 펴기가 어렵다.
③ 부피가 줄어든다.
④ 결이 분명해진다.

**10** 케이크 도넛의 반죽 온도가 높은 경우에만 제품에 나타나는 현상은?

① 과도한 팽창
② 톱니모양의 외피
③ 외부 '링' 과대
④ 딱딱한 내부

**11** 설탕을 마쇄한 분말로 3%의 옥수수 전분을 혼합하여 덩어리가 생기는 것을 방지하는 정제당은?

① 황설탕
② 액당
③ 분당
④ 전화당

**12** 세균의 최적 pH(수소이온 농도)는 얼마인가?

① pH 1.5~pH 3
② pH 3.5~pH 5
③ pH 6.5~pH 7.5
④ pH 8.5~pH 10.5

**13** 유화 쇼트닝을 70% 사용해야 할 화이트 레이어 케이크 배합에 48%의 초콜릿을 넣어 초콜릿 케이크를 만든다면 원래의 쇼트닝 70%는 얼마로 조절해야 하는가?

① 34%
② 42%
③ 61%
④ 75%

**14** 일반적으로 비중이 가장 낮은 제품은?

① 레이어 케이크
② 퍼프 페이스트리
③ 롤 케이크
④ 스펀지 케이크

**15** 고온 살균법으로 가장 일반적인 조건은?

① 60~65℃에서 30분간 가열
② 75~80℃에서 45초간 가열
③ 95~120℃에서 30분~1시간 가열
④ 145~160℃에서 15분간 가열

**16** 수용성 향료의 특징으로 옳은 것은?

① 고농도의 제품을 만들기 쉽다.
② 내열성에 강하다.
③ 유상의 방향성분을 혼합용액에 녹여 만든다.
④ 기름에 쉽게 용해된다.

**17** 탄수화물의 상대적 감미도 순서로 옳은 것은?

① 자당 > 전화당 > 맥아당 > 포도당 > 유당
② 자당 > 맥아당 > 전화당 > 유당 > 포도당
③ 전화당 > 유당 > 포도당 > 맥아당 > 자당
④ 전화당 > 자당 > 포도당 > 맥아당 > 유당

**18** 단과자빵의 껍질에 흰 반점이 생긴 경우 그 원인에 해당하지 않는 것은?

① 굽기 전 찬 공기를 오래 접촉
② 숙성 덜된 반죽 사용
③ 발효 중 반죽이 식음
④ 높은 반죽 온도

**19** 커스터드 푸딩을 컵에 채워서 몇 ℃의 오븐에서 중탕으로 굽는 것이 가장 적절한가?

① 50~60℃

② 120~130℃

③ 160~170℃

④ 200~210℃

**20** 데블스 푸드 케이크 제조 시 소다를 10g 사용했을 경우 가스 발생량으로 비교했을 때 베이킹파우더 몇 g과 효과가 동일한가?

① 10g

② 20g

③ 30g

④ 40g

**21** 유지 1g을 검화하는 데 소용되는 수산화칼륨(KOH)의 밀리그램(mg) 수를 무엇이라고 하는가?

① 과산화물가

② 검화가

③ 요오드가

④ 산가

**22** 식빵류의 부피가 너무 작은 경우 적절한 조치 방법은?

① 분할 무게를 감소시킨다.

② 물 흡수량을 줄인다.

③ 발효시간을 증가시킨다.

④ 팬 기름칠을 넉넉하게 증가시킨다.

**23** 직경이 20cm, 높이가 8.5cm인 원형 팬에 부피가 $2.5cm^3$당 1g인 반죽을 70%로 팬닝한다면 채워야할 반죽의 무게는 약 얼마인가?

① 354g

② 578g

③ 748g

④ 953g

**24** 동물성 안정제에 해당하는 것은?

① 젤라틴

② 펙틴

③ 로커스트빈검

④ 알긴산

**25** 레시틴과 모노디글리세리드는 제과·제빵에서 어떤 역할을 하는가?

① 주요 영양소
② 유지
③ 감미제
④ 계면 활성제

**26** 인수 공통 감염병 중 오염된 유제품이나 우유를 통해 사람에게 감염되는 것은?

① 탄저병
② 야토병
③ 결핵
④ 돈단독

**27** 파이를 냉장고에서 휴지시키는 이유와 거리가 먼 것은?

① 전 재료의 수화 기회를 준다.
② 반죽을 연화 및 이완시킨다.
③ 끈적거림을 방지하여 작업성을 좋게 한다.
④ 유지와 반죽의 굳은 정도를 다르게 한다.

**28** 슈의 제조 공정상 구울 때 주의할 사항으로 옳지 않은 것은?

① 너무 빠른 껍질 형성을 막고자 처음에 윗불을 약하게 한다.
② 220℃ 정도의 오븐에서 바삭한 상태로 굽도록 한다.
③ 너무 빨리 오븐에서 꺼내면 주저앉거나 찌그러지기 쉽다.
④ 굽는 중간 오븐문을 여닫아 자주 수증기를 제거한다.

**29** 급성 전염병을 일으키는 병원체로 포자는 내열성이 강하며 생물테러나 생물학전에 사용될 수 있는 위험성이 높은 병원체는?

① 결핵균
② 리스테리아균
③ 탄저균
④ 브루셀라균

**30** 지용성 비타민인 것은?

① 비타민 $B_1$
② 비타민 $B_{12}$
③ 비타민 C
④ 비타민 D

**31** 비스킷 반죽을 오랫동안 믹싱할 시 나타나는 현상인 것은?

① 제품이 부드러워진다.

② 성형이 쉬워진다.

③ 제품의 크기가 커진다.

④ 글루텐이 단단해진다.

**32** 흰자를 사용한 머랭 제조 시 좋은 머랭을 얻기 위한 방법으로 옳은 것은?

① 주석산 크림을 넣지 않는다.

② 노른자는 첨가하지 않는다.

③ 머랭의 온도를 차갑게 한다.

④ 사용하는 용기 내에 유지가 있어야 한다.

**33** 다음 중 전란 대신에 흰자를 사용하는 케이크는?

① 엔젤 푸드 케이크

② 레이어 케이크

③ 파운드 케이크

④ 롤 케이크

**34** 여름철 실온 30℃에 사과파이껍질을 제조할 때 적당한 물의 온도는?

① 4℃

② 20℃

③ 28℃

④ 34℃

**35** 다음은 어떤 페이스트리 반죽법에 해당하는가?

> 유지를 감쌀 반죽을 만들 때 물, 소금, 밀가루 이외에 반죽용 유지가 들어가는 것으로 제품의 부피가 다소 떨어지지만 결이 균일하고 좀 더 부드러운 제품을 만들 수 있는 반죽법

① 속성법(아메리칸식)

② 반죽형(스코틀랜드식)

③ 프랑스식 반죽법

④ 영국식 반죽법

**36** 아미노산과 아미노산의 결합은?

① 글리코사이드 결합

② 이온 결합

③ 수소 결합

④ 펩타이드 결합

**37** 밀가루의 믹싱 내구성, 흡수율, 믹싱 시간을 측정하는 반죽의 물리적 시험은?

① 익스텐소그래프
② 레오그래프
③ 패리노그래프
④ 아밀로그래프

**38** 식중독과 관련 내용의 연결이 옳은 것은?

① 보툴리누스균 식중독 – 복통 증상이 나타남
② 포도상구균 식중독 – 급성 위장염 증상이 나타남
③ 장염 비브리오균 식중독 – 주요 원인은 민물고기 생식임
④ 병원성 대장균 식중독 – 치사율이 높음

**39** 병원체가 바이러스인 질병은?

① 홍역
② 파라티푸스
③ 결핵
④ 발진티푸스

**40** 밀알에서 배아가 차지하는 무게 구성비는?

① 2~3%
② 12~13%
③ 22~23%
④ 32~33%

**41** 혼성주 중 체리 성분을 원료로 하여 만든 것은?

① 트리플 섹
② 만다린 리큐르
③ 키르슈
④ 그랑마니에르

**42** 다음 중 유도 단백질에 해당하는 것은?

① 금속 단백질
② 프롤라민
③ 메타단백질
④ 알부민

**43** 다음 제품 중 거품형 제품인 것은?

① 머핀 케이크

② 바움쿠엔

③ 마들렌

④ 엔젤 푸드 케이크

**44** 제과 재료의 pH의 연결이 잘못된 것은?

① 증류수 : pH 4.0~4.5

② 흰자 : pH 8.8~9

③ 베이킹소다 : pH 8.4~8.8

④ 박력분 : pH 5.2

**45** 하루 2,400kcal를 섭취하는 20대의 경우 단백질의 적절한 섭취량은?

① 5~15g

② 35~45g

③ 60~70g

④ 85~95g

**46** 데블스 푸드 케이크에서 설탕 180%, 유화 쇼트닝 63%, 천연 코코아 20%를 사용하였다면 분유와 물의 사용량으로 적절한 것은?

① 분유 14.07%, 물 103.63%

② 분유 17.07%, 물 153.63%

③ 분유 150.7%, 물 12.53%

④ 분유 160.7%, 물 14.3%

**47** 옐로 레이어 케이크에서 쇼트닝과 전란의 사용량 관계를 바르게 제시한 것은?

① 쇼트닝×0.5=전란

② 쇼트닝×0.8=전란

③ 쇼트닝×1.1=전란

④ 쇼트닝×1.5=전란

**48** 지방은 무엇으로 이루어지는가?

① 지방산과 알부민

② 지방산과 인베르타아제

③ 지방산과 에렙신

④ 지방산과 글리세롤

**49** 가나슈크림은 몇 ℃에서 살균한 생크림을 사용하는가?

① 5℃ 이하

② 10~30℃

③ 50~70℃

④ 80℃ 이상

**50** 시금치에 들어 있으며 칼슘의 흡수를 방해하는 유기산은?

① 옥살산

② 호박산

③ 구연산

④ 초산

**51** 초콜릿 케이크에서 우유 사용량을 구하는 공식은?

① 설탕+30+(코코아÷1.5)+계란

② 설탕+30+(코코아×1.5)-계란

③ 설탕-30+(코코아×1.5)+계란

④ 설탕-30+(코코아×1.5)-계란

**52** 무스크림을 만들 때 가장 많이 사용되는 머랭의 종류는?

① 이탈리안 머랭

② 프렌치 머랭

③ 스위스 머랭

④ 온제 머랭

**53** 다음 제품 중 건조방지를 목적으로 나무틀을 사용해 굽기를 시행하는 제품은?

① 케이크 도넛

② 카스텔라

③ 애플 파이

④ 밀푀유

**54** 주방설계에 있어 주의할 점으로 옳지 않은 것은?

① 주방의 환기는 소형의 여러 개를 설치하는 것보다 대형의 환기장치 1개를 설치한다.

② 손님의 출입구는 별도로 하여 재료의 반입을 종업원 출입구로 한다.

③ 창의 면적은 바닥면적을 기준으로 30%가 좋다.

④ 공장 배구관의 최소내경은 10cm 정도가 적당하다.

**55** 티아민의 생리작용이 아닌 것은?

① 에너지 대사

② TPP로 전환

③ 각기병

④ 괴혈병

**56** 파운드 케이크를 구운 직후 노른자에 설탕을 넣고 칠하는 목적이 아닌 것은?

① 착색 효과

② 무광택 효과

③ 보조기간 개선

④ 맛의 개선

**57** 제조 공정시 표면 건조를 시행하지 않은 제품은?

① 밤과자

② 핑거 쿠키

③ 마카롱

④ 슈

**58** 밀가루로 오인하는 경우가 있으며 농약 및 불순물로 식품에 혼입되는 경우가 많은 물질은?

① Sn

② As

③ Hg

④ Cu

**59** 제과에 사용하는 밀가루의 단백질 함량은?

① 7~9%

② 10~12%

③ 13~15%

④ 16~18%

**60** 무기질과 관련된 결핍증·과잉증의 연결이 옳지 않은 것은?

① 인(P) – 악성 빈혈

② 요오드(I) – 바세도우씨병

③ 칼륨(K) – 결핍증 거의 없음

④ 마그네슘(Mg) – 결핍증 거의 없음

**제과·제빵기능사**

**1000제**

기능사 필기 대비

# 4회

제과기능사
필기

# 4회 제과기능사 필기

**01** 다음 중 식중독 관련 곰팡이의 증식이 억제 되는 수분활성도는?

① Aw 0.10
② Aw 0.20
③ Aw 0.50
④ Aw 0.80

**02** 굳은 아이싱을 데우는 정도로 안 되면 설탕 시럽을 넣는데 이때 설탕과 물의 비율로 옳은 것은?

① 설탕1 : 물1
② 설탕1 : 물2
③ 설탕2 : 물1
④ 설탕3 : 물1

**03** 과자 반죽 믹싱법 중에서 크림법으로 믹싱하는 방법은?

① 계란+밀가루
② 쇼트닝+밀가루
③ 쇼트닝+설탕
④ 밀가루+설탕

**04** 스펀지 케이크 반죽에 용해버터를 넣을 경우 몇 도에서 중탕하여 가루 재료를 넣어 섞는가?

① 20~40℃
② 50~70℃
③ 80~100℃
④ 130~150℃

**05** 파운드 케이크 굽기 시 이중팬을 사용하는 목적이 아닌 것은?

① 제품의 조직을 좋게 하고자
② 제품의 맛을 좋게 하고자
③ 제품 옆면의 두꺼운 껍질형성 방지를 위해
④ 제품 바닥의 두꺼운 껍질형성을 위해

**06** 다음 식품첨가물 중 착향료에 해당하지 않는 것은?

① 캐러멜
② 멘톨
③ 계피알데히드
④ 바닐린

**07** 식빵 제조 시 과도한 부피의 제품이 되는 원인은?

① 미숙성 소맥분을 사용해서
② 오븐온도가 너무 높아서
③ 소금량이 부족해서
④ 배합수가 부족해서

**08** 쿠키 반죽의 퍼짐 정도를 조절하여 표면을 크게 만들 수 있는 재료는?

① 밀가루
② 유지
③ 소금
④ 설탕

**09** 뉴로톡신이라는 균체의 독소를 생산하는 식중독균은?

① 살모넬라균
② 황색포도상구균
③ 보툴리누스균
④ 병원성 대장균

**10** 전분을 가수분해할 때 두 번째로 생성되는 덱스트린은?

① 아크로덱스트린
② 에리트로덱스트린
③ 말토덱스트린
④ 아밀로덱스트린

**11** 우유의 종류에 대한 설명으로 적절하지 않은 것은?

① 응용 우유 – 우유에 초콜릿, 커피, 과즙 등을 혼합하여 맛을 낸 것
② 탈지 우유 – 우유에서 지방 이외에 모든 것을 제거한 것
③ 가공 우유 – 우유에 비타민 또는 탈지 분유 등을 강화한 것
④ 보통 우유 – 우유에 아무것도 넣지 않고 살균, 냉각하여 포장한 것

**12** 생산 관리의 목표는 무엇인가?

① 출고, 재고, 출고의 관리
② 원가, 재고, 품질의 관리
③ 원가, 납기, 생산량의 관리
④ 재고, 납기, 판매의 관리

**4회**

**13** 케이크 도넛에 기름이 많다면 그 원인으로 옳지 않은 것은?

① 묽은 반죽을 사용했다.
② 어린 반죽이나 지친 반죽을 썼다.
③ 튀김온도가 낮았다.
④ 튀김시간이 짧았다.

**14** 판매가격은 어떻게 계산하는가?

① 총원가 + 이익
② 직접원가 + 제조 간접비
③ 제조원가 + 판매비 + 일반관리비
④ 직접노무비 + 직접재료비 + 직접경비

**15** 공립법으로 제조한 케이크의 최종 제품이 열린 기공과 거친 조직감을 갖게 되는 원인은?

① 오버 믹싱된 높은 비중의 반죽으로 제조
② 달걀 이외의 액체 재료 함량이 높게 배합
③ 품질이 좋은 달걀을 배합에 사용
④ 적정 온도보다 높은 온도에서 굽기

**16** 반죽 온도와 관련해 제품에 미치는 영향으로 옳지 않은 것은?

① 온도가 높으면 기공이 열리고 큰 공기구멍이 생긴다.
② 온도가 높으면 팽창 작용이 일어나 표면이 터지고 색이 짙어진다.
③ 온도가 낮으면 기공이 조밀해 부피가 작다.
④ 온도가 낮으면 식감이 나쁘며 굽는 시간이 더 필요하다.

**17** 커스터드 푸딩 반죽을 팬에 넣을 때 적당한 팬닝비(%)는?

① 50%
② 60%
③ 75%
④ 95%

**18** 파운드 케이크를 제조하고자 할 때 유지의 품온으로 가장 알맞은 것은?

① −6~2℃
② 18~25℃
③ 30~38℃
④ 40~47℃

**19** 유화 쇼트닝을 50% 사용해야 할 옐로 레이어 케이크 배합에 16%의 초콜릿을 넣어 초콜릿 케이크를 만든다면 원래의 쇼트닝 50%는 얼마로 조절해야 하는가?

① 26%

② 47%

③ 58%

④ 72%

**20** 설탕공예용 당액 제조 시 고농도화된 당의 결정을 막아주는 재료는?

① 베이킹파우더

② 중조

③ 물엿

④ 주석산

**21** 식빵의 바닥이 움푹 들어간 원인이 아닌 것은?

① 팬에 기름칠을 하지 않아서

② 초기 굽기의 지나친 온도로 인해서

③ 팬 바닥에 구멍이 없어서

④ 2차 발효실 습도가 낮아서

**22** 병원체가 세균인 질병이 아닌 것은?

① 장티푸스

② 결핵

③ 발진열

④ 성홍열

**23** 장내에서 흡수 속도가 가장 느린 영양소는?

① 아라비노스

② 프락토스

③ 자일로스

④ 만노오스

**24** 산화적 연쇄반응을 방해함으로써 유지의 안정 효과를 갖게 하는 물질인 것은?

① 산가

② 구아검

③ 카르보닐가

④ 아세틸가

**4회**

**25** 열원으로 수증기를 이용했을 때 열 전달방식은?

① 고주파
② 대류
③ 복사
④ 전도

**26** 튀김기름이 갖추어야 할 조건으로 옳은 것은?

① 산가가 높아야 한다.
② 짙은 색을 띠어야 한다.
③ 겨울철에는 융점이 높아야 한다.
④ 가열 시 푸른 연기가 나며 발연점이 높아야 한다.

**27** 릴 오븐의 활차를 2개로 만들어 체인을 걸어 그것으로 트레이를 받치는 오븐은?

① 트레이 오븐
② 락크 오븐
③ 터널 오븐
④ 컨벡션 오븐

**28** 퍼프 페이스트리에서 불규칙하거나 팽창이 부족한 이유로 옳지 않은 것은?

① 휴지시간이 부족하였기 때문이다.
② 덧가루를 적게 사용하였기 때문이다.
③ 오븐 온도가 너무 높거나 낮았기 때문이다.
④ 수분이 없는 경화쇼트닝을 사용하였기 때문이다.

**29** 슈에 대한 설명으로 옳지 않은 것은?

① 패닝 후 반죽표면에 물을 뿌려 슈 껍질에 수막을 형성시켜 껍질의 착색을 방지한다.
② 껍질 반죽은 액체재료를 많이 사용하므로 굽기 중 증기 발생으로 팽창한다.
③ 반죽에 색이 나기 전 오븐 문을 자주 열어 찬 공기가 들어가면 슈가 주저앉게 된다.
④ 기름칠이 적으면 껍질 밑부분이 접시 모양으로 올라오거나 위와 아래가 바뀐 모양이 된다.

**30** 식품을 부풀게 하여 적당한 형체를 갖추게 하고자 사용하는 첨가물에 해당하지 않는 것은?

① 염화암모늄
② 제1 인산칼슘
③ 탄산수소암모늄
④ 규소수지

**31** 과당을 분해해 $CO_2$ 가스와 알코올을 만드는 효소는?

① 프로테아제
② 인버타아제
③ 락타아제
④ 치마아제

**32** 휘핑용 생크림은 유지방 함량이 몇 %인가?

① 6~10%
② 12~13%
③ 24~25%
④ 35~36%

**33** 하루 2,000kcal를 섭취하는 사람의 이상적인 탄수화물의 섭취량은?

① 50~75g
② 125~205g
③ 275~350g
④ 370~420g

**34** 보툴리누스균 식중독에 대한 설명으로 옳은 것은?

① 감염경로는 식품 취급자, 쥐의 분변 등에 의한 식품의 오염이다.
② 호흡곤란, 구토 등 치사율이 가장 높아 사망에 이르기도 한다.
③ 열에 강하여 100℃에서 4시간 가열하여도 살아남는다.
④ 화농성 질환의 대표균이 있다.

**35** 일반적으로 작은 규모의 제과점에서 사용하는 믹서는?

① 에어믹서
② 수평형 믹서
③ 스파이럴 믹서
④ 버티컬 믹서

**36** 다음 중 식빵의 껍질색이 너무 옅은 결점의 원인은?

① 부적당한 믹싱
② 굽기 시간의 과도
③ 1차 발효시간의 부족
④ 효소제 사용량의 부족

4회

**37** 식품과 부패에 관여하는 주요 미생물의 연결이 옳은 것은?

① 어패류 – 곰팡이
② 곡류 – 세균
③ 통조림 – 포자형성세균
④ 육류 – 곰팡이

**38** 퍼프 페이스트리는 무엇에 의해 팽창되는가?

① 이스트에 의한 팽창
② 무팽창
③ 유지에 의한 팽창
④ 공기에 의한 팽창

**39** 도넛 반죽의 휴지 효과로 옳은 것은?

① 이산화탄소가 발생하지 않는다.
② 각 재료에 수분이 발산된다.
③ 표피가 빠르게 마른다.
④ 도넛의 조직을 균질화시킨다.

**40** 케이크 도넛에 묻힌 설탕이나 글레이즈가 수분에 녹아 시럽처럼 변하는 발한현상에 대한 대처 방법으로 옳은 것은?

① 도넛의 수분 함량을 38~45%로 한다.
② 스테아린이 첨가되지 않은 튀김기름을 사용한다.
③ 설탕 사용량을 줄인다.
④ 튀김시간을 늘려 도넛의 수분 함량을 줄인다.

**41** 대장균 O-157이 내는 독성 물질은?

① 삭시톡신
② 플라톡신
③ 베로톡신
④ 테트로도톡신

**42** 식품 접객업에 해당하지 않는 것은?

① 유흥주점
② 휴게음식점
③ 식품조사처리업
④ 위탁급식

**43** 씨를 통째로 갈아 만든 것으로 상큼한 향기와 부드러운 쓴맛과 단맛을 가진 향신료는?

① 정향
② 오레가노
③ 캐러웨이
④ 카다몬

**44** 콜레스테롤에 대한 설명으로 옳은 것은?

① 에르고스테롤에 비해 융점이 낮다.
② 효모, 클로렐라, 버섯에 많다.
③ 동물성 스테롤이다.
④ 자외선에 의해 비타민 $D_2$로 전환된다.

**45** 케이크 반죽이 60L 용량의 그릇 20개에 가득 차 있다면 이것으로 분할 반죽 200g 짜리 900개를 만들었다면 이 반죽의 비중은 얼마인가?

① 0.15
② 0.35
③ 0.50
④ 0.85

**46** 칼슘염의 설명으로 옳지 않은 것은?

① 이스트 성장을 위한 질소공급을 한다.
② 로프 박테리아와 곰팡이의 억제효과가 있다.
③ 글루텐을 강하게 하여 반죽을 건조하고 되게 한다.
④ 인산칼슘염은 반응 후 산성이 된다.

**47** 케이크 도넛을 튀길 때 적정 기름의 깊이는?

① 5~8cm
② 12~15cm
③ 20~23cm
④ 35~38cm

**48** 설탕이나 밀가루 등을 손쉽게 퍼내기 위한 도구는?

① 스패튜라
② 스파이크 롤러
③ 스쿱
④ 스크래퍼

**4회**

**49** 경구 감염병의 종류 중 잠복기가 가장 긴 것은?

① 세균성 이질
② 폴리오
③ 디프테리아
④ 유행성 간염

**50** 일반 파운드 케이크의 배합률로 적절한 것은?

① 설탕 50, 소맥분 100, 계란 100, 버터 50
② 설탕 100, 소맥분 100, 계란 100, 버터 100
③ 설탕 100, 소맥분 200, 계란 100, 버터 50
④ 설탕 200, 소맥분 200, 계란 200, 버터 100

**51** 반죽형 케이크를 굽는 도중에 수축하는 경우의 원인으로 옳지 않은 것은?

① 재료들이 고루 섞이지 않은 경우
② 액체재료와 설탕의 사용량이 많은 경우
③ 밀가루 사용량이 과다한 경우
④ 베이킹파우더의 사용이 과다한 경우

**52** 식빵 제조 시 정량보다 많은 우유를 사용할 경우 나타나는 결과가 아닌 것은?

① 세포가 거칠어진다.
② 속색이 흰색이다.
③ 껍질색이 진해진다.
④ 브레이크와 슈레드가 적다.

**53** 빵의 제조 과정에서 빵 반죽을 분할기에서 구울 때나 분할할 때 달라붙지 않게 하고, 모양을 그대로 유지하고자 사용하는 첨가물은?

① 카세인
② 메틸셀룰로오스
③ 유동파라핀
④ 알긴산나트륨

**54** 수분 50g, 무기질 2g, 섬유질 3g, 단백질 5g, 지질 2g, 당질 35g이 함유되어 있는 식품의 열량은?

① 178kcal
② 198kcal
③ 218kcal
④ 238kcal

**55** 단백질의 가장 중요한 기능은?

① 유화작용
② 체액의 압력조절
③ 효소 및 호르몬 구성
④ 혈당에 관여

**56** 법정 감염병 중 전파가능성을 고려하여 발생 및 유행 시 24시간 내 신고해야 하고 격리가 필요한 감염병은?

① 제1급
② 제2급
③ 제3급
④ 제4급

**57** 포장용기 선택 시 고려사항으로 옳지 않은 것은?

① 방수성이 있고 통기성도 있어야 한다.
② 단가가 낮고 포장에 의해 제품이 변형되지 않아야 한다.
③ 포장 시 상품의 가치를 높일 수 있어야 한다.
④ 포장지와 용기에 유해 물질이 없는 것을 선택해야 한다.

**58** 다음 콩과 쌀에 대한 설명 중 ( ) 안에 알맞은 것은?

> 콩에는 메티오닌이, 쌀에는 리신이 부족하다. 이를 콩단백질과 쌀의 ( )이라고 한다.

① 필수 아미노산
② 제한 아미노산
③ 불필수 아미노산
④ 아미노산 불균형

**59** 시폰 케이크의 반죽 비중으로 가장 적절한 것은?

① 0.35~0.4
② 0.60~0.65
③ 0.75~0.80
④ 0.85~0.90

**60** 소독력이 매우 강한 일종의 표면활성제로서 종업원의 손을 소독할 때나 기구 및 용기의 소독, 공장의 소독제로 사용하는 것은?

① 크레졸
② 과산화수소
③ 석탄산액
④ 양성비누

**4회**

# 제과·제빵기능사

# 1000제

기능사 필기 대비

# 5회

## 제과기능사 필기

# 5회 제과기능사 필기

**01** 모시조개, 바지락, 굴이 갖고 있는 독성분은?

① 베네루핀
② 삭시톡신
③ 아코니틴
④ 테트로도톡신

**02** 다음 제품 중 반죽형 제품인 것은?

① 슈크림
② 파운드 케이크
③ 카스텔라
④ 호두 파이

**03** 스펀지 케이크에서 계란 사용량을 감소시킬 때 조치할 사항으로 잘못된 것은?

① 밀가루 사용량을 줄인다.
② 양질의 유화제를 병용한다.
③ 물 사용량을 추가한다.
④ 베이킹파우더를 사용한다.

**04** 유해금속과 식품용기의 관계로 잘못 연결된 것은?

① 카드뮴 – 동그릇
② 주석 – 통조림
③ 구리 – 놋그릇
④ 납 – 도자기

**05** 다량의 설탕, 유지, 밀가루로 만든 것으로 지방이 가장 많으며 바삭한 맛이 특징인 쿠키는?

① 쇼트 브레드 쿠키
② 슈거 쿠키
③ 스펀지 쿠키
④ 머랭 쿠키

**06** 미생물의 크기가 가장 큰 것은?

① 효모
② 바이러스
③ 리케치아
④ 곰팡이

**07** 초콜릿 제조 공정 시 1차 가공에 해당하는 것은?

① 정제
② 콘칭
③ 템퍼링
④ 분쇄

**08** 반죽 시 글루텐을 연화시켜 연하고 끈적거리게 하는 물의 종류는?

① 경수(180ppm 이상)
② 연수(60ppm 이하)
③ 아연수(61~120ppm 미만)
④ 아경수(120~180ppm 미만)

**09** 다음 중 반죽형 케이크의 반죽 제조법에 속하는 것은?

① 크림법
② 스펀지법
③ 머랭법
④ 제노와즈법

**10** 달걀 흰자를 이용한 머랭 제조 시 좋은 머랭을 얻기 위한 방법으로 옳지 않은 것은?

① 머랭의 온도는 따뜻하게 한다.
② 주석산 크림을 넣는다.
③ 사용 중 용기 내에 유지가 없도록 한다.
④ 달걀 노른자를 첨가해 부드럽게 한다.

**11** 산소가 없을 때나 있을 때나 둘 다 살아갈 수 있는 균은?

① 편성호기성균
② 편성혐기성균
③ 통성호기성균
④ 통성혐기성균

**5회**

**12** 식품첨가물의 조건으로 옳지 않은 것은?

① 식품의 영양가를 유지할 것
② 독성이 없거나 극히 적을 것
③ 사용하기 간편하고 경제적일 것
④ 자극성은 없으나 맛과 향은 있을 것

**13** 빵의 노화를 지연시키는 방법으로 옳지 않은 것은?

① 반죽에 α-아밀라아제를 첨가한다.

② 저장 온도를 −18℃ 이하 또는 35℃로 유지한다.

③ 물의 사용량을 줄여 반죽의 수분 함량을 감소시킨다.

④ 탈지분유와 계란을 이용하여 단백질을 증가시킨다.

**14** 파운드 케이크를 구울 때 윗면이 자연적으로 터지는 원인으로 옳은 것은?

① 설탕입자가 너무 많이 녹아서

② 오븐 온도가 낮아 껍질이 느리게 생겨서

③ 반죽에 수분이 과도해서

④ 팬닝 후 장시간 방치하여 표면이 말라서

**15** 화이트 레이어 케이크에서 설탕 128%, 흰자 80%로 사용한 경우 유화 쇼트닝의 사용량은?

① 55.9%

② 114.4%

③ 156.7%

④ 210.4%

**16** 비용적을 구하는 방법은?

① 틀 부피÷반죽 무게

② 틀 부피×반죽 무게

③ 틀 부피+반죽 무게

④ 틀 부피−반죽 무게

**17** 도넛 제조 시 사용하는 향신료로 메이스와 같은 나무에서 생산되는 향신료는?

① 올스파이스

② 넛메그

③ 오레가노

④ 시나몬

**18** 이스트의 사용량을 증가시키는 경우는?

① 반죽 온도가 다소 높을 경우

② 발효 시간을 늘릴 경우

③ 물이 알칼리성일 경우

④ 우유 사용량이 적을 경우

**19** 캐러멜화가 가장 높은 온도에서 일어나는 것은?

① 과당
② 설탕
③ 포도당
④ 유당

**20** 식중독의 예방원칙으로 옳은 것은?

① 잔여음식은 하루정도 놓았다가 섭취한다.
② 종사자는 비정기적으로 건강검진을 받는다.
③ 장기간 냉동보관을 한다.
④ 화농성 질환 종사자는 작업을 금한다.

**21** 일반적으로 전란의 수분 함량은?

① 30%
② 45%
③ 60%
④ 75%

**22** 고추장, 잼, 팥앙금류, 식육 가공품에 사용하는 보존료는?

① 프로피온산칼슘
② 소르브산
③ 안식향산
④ 데히드로초산

**23** 다음 중 반죽 온도가 가장 높은 제품은?

① 퍼프 페이스트리
② 스펀지 케이크
③ 슈
④ 롤 케이크

**24** 파리가 매개체이며 백혈구 감소 등을 일으키는 급성 전신성 열성질환은?

① 세균성 이질
② 디프테리아
③ 콜레라
④ 장티푸스

**5회**

**25** 숙성 전 밀가루의 특성으로 옳은 것은?

① 효소작용이 활발하다.

② pH가 5.8~5.9로 낮아져 발효가 촉진
된다.

③ 흰색을 띤다.

④ 환원성 물질이 산화되어 글루텐의 파괴를
막아준다.

**26** 기업 활동의 구성요소 중 제1차 관리에 해당
하는 것은?

① 방법

② 시간

③ 재료

④ 시설

**27** 반죽형 쿠키의 굽기 과정에서 퍼짐성이 나쁜
경우 퍼짐성을 좋게 하고자 사용할 수 있는
방법은?

① 오븐의 온도를 낮춘다.

② 설탕의 양을 줄인다.

③ 반죽을 길게 한다.

④ 입자가 작은 설탕을 소량으로 사용한다.

**28** 냉과류에 해당하지 않는 것은?

① 젤리

② 양갱

③ 무스

④ 푸딩

**29** 제2급 감염병으로 소화기계 감염병에 해당
하는 것은?

① 성홍열

② 결핵

③ 디프테리아

④ 파라티푸스

**30** 데블스 푸드 케이크(devil's food cake)에서
천연 코코아 사용량이 40%일 때 탄산수소
나트륨의 사용량은?

① 0.8%

② 2.8%

③ 4.6%

④ 5.8%

**31** 유지의 기능이 아닌 것은?

① 팽창제

② 쇼트닝성

③ 안정성

④ 가소성

**32** 신체를 구성하는 단백질은 체중의 몇 % 정도를 차지하는가?

① 2%

② 10%

③ 16%

④ 25%

**33** 로프균에 대한 설명으로 옳지 않은 것은?

① 산에 강하여 pH 5.5의 약산성에는 사멸하지 않는다.

② 제과제빵 작업 중 99℃의 제품 내부온도에서도 생존한다.

③ 점조성을 갖는 점질물을 만들기 때문에 점질균이다.

④ 내열성이 강해 최고 200℃에서도 죽지 않고 치사율이 높다.

**34** 제과 · 제빵 제품의 껍질 색에 영향을 주는 물질은?

① 유지방

② 유당

③ 칼슘

④ 무기질

**35** 파운드 케이크를 팬닝 시 파운드 틀을 사용하여 안쪽에 종이를 깔고 틀 높이의 몇 % 정도만 채우면 되는가?

① 30%

② 50%

③ 70%

④ 90%

**36** 도넛 설탕이 물에 녹는 현상을 방지하는 설명으로 옳은 것은?

① 포장용 도넛의 수분을 38% 전후로 한다.

② 냉각 중 환기를 더 많이 시키면서 충분히 냉각한다.

③ 튀김시간을 더 줄인다.

④ 도넛에 묻는 설탕량을 감소시킨다.

**5회**

**37** 친수성–친유성 균형에 대한 설명으로 옳은 것은?

① HLB의 수치는 1~10까지 표시된다.
② HLB의 수치가 9 이하이면 친수성으로 물에 용해된다.
③ HLB의 수치가 11 이상이면 친유성으로 기름에 용해된다.
④ 친유성단에 대한 친수성단의 강도와 크기의 비를 친수성–친유성의 균형이라고 한다.

**38** 스펀지 케이크를 먹는 경우 가장 많이 섭취하게 되는 영양소는?

① 소금
② 쇼트닝
③ 계란
④ 밀가루

**39** 융점이 높아서 상온에서 가장 딱딱한 유지가 되는 포화지방산의 탄소 수는?

① 12개
② 16개
③ 18개
④ 22개

**40** 반죽형 케이크를 구운 후 가볍고 부서지는 현상의 원인이 아닌 것은?

① 반죽에 밀가루 사용량이 부족했다.
② 반죽의 크림화가 지나쳤다.
③ 유지 사용량이 많았다.
④ 화학 팽창제 사용량이 부족했다.

**41** 우리나라의 수돗물 소독에 사용되는 물질은?

① 질소
② 탄소
③ 염소
④ 나트륨

**42** 화학적 종류에 따라 효소를 분류할 경우 2개 분자의 축합·결합을 촉매하는 효소는?

① 전이 효소
② 이성화 효소
③ 분해 효소
④ 합성 효소

**43** 롤 케이크 말기를 할 때 표면의 터짐을 방지하는 방법으로 옳은 것은?

① 계란에 노른자를 추가시켜 사용한다.
② 밑불이 너무 강하지 않도록 하여 굽는다.
③ 반죽의 비중을 매우 높여 휘핑한다.
④ 배합에 덱스트린을 사용하지 않는다.

**44** 비용적의 단위로 적절한 것은?

① $cm^2/g$
② $cm^3/g$
③ $cm^2/ml$
④ $cm^3/ml$

**45** 푸딩을 제조할 때 계란 : 설탕의 사용비율로 옳은 것은?

① 2 : 1
② 1 : 2
③ 3 : 1
④ 3 : 2

**46** 스펀지 케이크 850g짜리 완제품을 만들 때 굽기 손실이 15%라면 분할 반죽의 무게는 얼마인가?

① 600g
② 1,000g
③ 1,300g
④ 1,500g

**47** 다음 중 비터(beater)를 이용해 교반하는 것이 적당한 제법으로 알맞은 것은?

① 블렌딩법
② 별립법
③ 공립법
④ 제노와즈법

**48** 열량 계산공식 중 맞는 것은?

① [(탄수화물의 양+지방의 양)×9+(단백질의 양×4)]
② [(단백질의 양+지방의 양)×9+(탄수화물의 양×4)]
③ [(탄수화물의 양+단백질의 양)×4+(지방의 양×9)]
④ [(탄수화물의 양+지방의 양)×4+(단백질의 양×9)]

**49** 과당과 포도당이 1:1로 혼합된 당으로 자당이 가수 분해될 때 생기는 중간산물은?

① 올리고당
② 설탕
③ 전화당
④ 글리코겐

**50** 야채, 통조림, 과실, 버터 등의 변패가 되는 곰팡이는?

① 솜털곰팡이 속
② 푸른곰팡이 속
③ 누룩곰팡이 속
④ 거미줄곰팡이 속

**51** 다음 중 산화방지제의 종류가 아닌 것은?

① 에르소르브산
② 토코페롤
③ 프로필갈레이드
④ 소르브산

**52** 과일 파운드 케이크를 만들 때 과일이 가라앉는 이유로 옳지 않은 것은?

① 시럽에 담근 과일의 시럽을 배수시켜 사용해서
② 과일 사용 전 물을 충분히 빼지 않아서
③ 진한 속색을 위한 탄산수소나트륨을 과다로 사용해서
④ 강도가 약한 밀가루를 사용해서

**53** 다음 중 허용되지 않는 감미료는?

① 아스파탐
② D-솔비톨
③ 사이클라메이트
④ 사카린나트륨

**54** 초콜릿 제품을 제작할 시 꼭 필요한 도구는?

① 데포지터
② 디핑 포크
③ 스크래퍼
④ 파이 롤러

**55** 성형한 파이 반죽을 포크를 이용하여 구멍을 내주는 이유로 가장 적절한 것은?

① 제품이 원활히 팽창하도록 하고자
② 제품에 수포가 생기는 것을 막고자
③ 제품의 수축을 방지하고자
④ 제품을 부드럽게 하고자

**56** 버터의 독특한 향과 관련이 깊은 물질은?

① 디아세틸
② 캐러웨이
③ 모노글리세리드
④ 오레가노

**57** 알레르기성 식품에 해당하는 것은?

① 고등어
② 광어
③ 오징어
④ 갈치

**58** 초고온 순간 살균법으로 가장 일반적인 조건은?

① 75~95℃에서 5초간 가열
② 110~120℃에서 7초간 가열
③ 130~140℃에서 2초간 가열
④ 160~175℃에서 10초간 가열

**59** 수용성 비타민인 것은?

① 비타민 A
② 비타민 C
③ 비타민 E
④ 비타민 K

**60** 반죽형 케이크를 구울 때 증기를 분사하는 목적이 아닌 것은?

① 표면의 캐러멜화 반응을 연장한다.
② 수분 손실을 막는다.
③ 껍질을 두껍게 만든다.
④ 윗면의 터짐을 방지한다.

5회

# 제과·제빵기능사

## 1000제

기능사 필기 대비

# 제과기능사
# 필기
# 정답 및 해설

# 1회

# 제과기능사 필기
# 정답 및 해설

| 01 | ① | 02 | ③ | 03 | ③ | 04 | ① | 05 | ② |
|----|---|----|---|----|---|----|---|----|---|
| 06 | ③ | 07 | ① | 08 | ④ | 09 | ③ | 10 | ④ |
| 11 | ③ | 12 | ② | 13 | ③ | 14 | ① | 15 | ① |
| 16 | ② | 17 | ③ | 18 | ① | 19 | ② | 20 | ④ |
| 21 | ① | 22 | ③ | 23 | ③ | 24 | ④ | 25 | ③ |
| 26 | ③ | 27 | ③ | 28 | ③ | 29 | ③ | 30 | ② |
| 31 | ③ | 32 | ③ | 33 | ③ | 34 | ② | 35 | ① |
| 36 | ③ | 37 | ④ | 38 | ③ | 39 | ③ | 40 | ④ |
| 41 | ① | 42 | ③ | 43 | ③ | 44 | ④ | 45 | ① |
| 46 | ③ | 47 | ① | 48 | ③ | 49 | ③ | 50 | ① |
| 51 | ③ | 52 | ② | 53 | ③ | 54 | ① | 55 | ③ |
| 56 | ③ | 57 | ① | 58 | ③ | 59 | ② | 60 | ② |

## 01
정답 ①

제과에서 설탕은 수분 보습력이 있어 제품의 노화를 지연시키고 신선도를 지속시킨다.

### 제과에서 설탕의 기능
- 착색제 : 캐러멜화와 메일라드 반응을 통해 껍질색이 남
- 연화작용 : 제과 시 밀가루 단백질을 부드럽게 함
- 수분 보습제 : 보습 효과가 있어 제품의 노화를 지연시키며 신선도를 지속시킴
- 감미제 : 제품의 단맛(감미)을 부여함
- 향 부여 : 감미제 특유의 향과 갈변반응으로 생성되는 냄새로 제품에 향을 부여함
- 윤활작용 : 흐름성을 이용하여 쿠키 반죽의 퍼짐률을 조절함

## 02
정답 ③

핑거 쿠키는 스펀지 쿠키의 대표적인 예로, 스펀지 반죽을 원형깍지를 이용하여 5~6cm정도 길이로 짜서 만든 손가락 모양의 쿠키를 말한다.

## 03
정답 ③

반죽형 반죽 제품이 거품형 반죽 제품보다 비중이 더 높다. 마들렌은 반죽형 반죽 제품에 해당한다.

### 반죽형 반죽과 거품형 반죽

| 제품 | 적정 비중 | 예 |
|------|-----------|-----|
| 반죽형 반죽 | 0.8±0.05의 값 | 마들렌, 바움쿠헨, 레이어 케이크류, 파운드 케이크, 과일 케이크 등 |
| 거품형 반죽 | 0.5±0.05의 값 | 카스텔라, 롤 케이크, 스펀지 케이크, 엔젤 푸드 케이크 등 |

## 04
정답 ①

단순 아이싱은 물, 물엿, 향료, 분당을 섞고 43℃로 데워 되직한 페이스트 상태로 만드는 것을 말한다.

### 아이싱의 종류

| 아이싱의 종류 | | 아이싱의 특성 |
|-------------|---|-------------|
| 단순 아이싱 | | 물, 물엿, 향료, 분당을 섞고 43℃로 데워 되직한 페이스트 상태로 만든 것 |
| 크림 아이싱 | 마시멜로 아이싱 | 달걀 흰자, 젤라틴에 설탕 시럽을 넣어 거품을 일게 하여 많은 공기가 들어가게 한 것 |
| | 퍼지 아이싱 | 우유, 초콜릿, 버터, 설탕을 주재료로 크림화시켜 만든 것 |
| | 퐁당 아이싱 | 설탕 시럽을 기포하여 만든 것 |

## 05 정답 ②

과일 케이크는 pH 4.4~5.0에 해당한다.
① 화이트 레이어 케이크 : pH 7.4~7.8
③ 스펀지 케이크 : pH 7.3~7.6
④ 데블스 푸드 케이크 : pH 8.5~9.2

### 제품별 반죽의 pH

| 제품명 | 반죽의 pH |
|---|---|
| 데블스 푸드 케이크 | pH 8.5~9.2 |
| 초콜릿 케이크 | pH 7.8~8.8 |
| 화이트 레이어 케이크 | pH 7.4~7.8 |
| 스펀지 케이크 | pH 7.3~7.6 |
| 옐로 레이어 케이크 | pH 7.2~7.6 |
| 파운드 케이크 | pH 6.6~7.1 |
| 엔젤 푸드 케이크 | pH 5.2~6.0 |
| 과일 케이크 | pH 4.4~5.0 |

## 06 정답 ③

우유에는 단백질 3.4%, 유지방 3.65%, 유당 4.8%, 회분 0.7% 가 함유되어 있다.

## 07 정답 ①

개인음식점에서 식중독이 발생했을 시 의사가 환자의 식중독을 확인하는 대로 가장 먼저 보고해야 할 이는 시장·군수·구청장이다.

> **식중독에 관한 조사보고**
> • 의사 또는 한의사가 식중독 환자나 식중독이 의심되는 증세를 보이는 자의 혈액 또는 배설물을 보관하는 데 필요한 조치를 하고, 지체 없도록 시장·군수·구청장에게 보고하도록 함
> • 시장·군수·구청장은 지체 없이 시·도지사, 식품의약품안전처장에게 보고하고, 원인을 파악하여 결과를 보고함

## 08 정답 ④

덱스트린은 β-아밀라아제에 의해 맥아당을 형성한다.

> **전분이 가수분해할 때 생기는 중간 생성물**
> • 전분은 α-아밀라아제에 의해 덱스트린을 형성
> • 덱스트린은 β-아밀라아제에 의해 맥아당을 형성
> • 맥아당은 말타아제에 의해 포도당을 형성
> • 포도당은 치마아제에 의해 열, 탄산가스, 알코올을 형성

## 09 정답 ③

코코넛 기름에는 포화지방산이 불포화지방산보다 더 높은 비율로 들어 있다.

### 포화지방산과 불포화지방산

| 포화지방산 | • 탄소와 탄소의 결합에 이중 결합 없이 이루어진 지방산<br>• 동물성 유지에 다량 함유되어 있음<br>• 산화되기가 어렵고 융점이 높아 상온에서 고체임<br>• 종류 : 미리스트산, 팔미트산, 스테아르산, 뷰티르산, 카프르산 등 |
|---|---|
| 불포화지방산 | • 탄소와 탄소의 결합에 이중결합이 1개 이상 있는 지방산<br>• 식물성 유지에 다량 함유되어 있음<br>• 산화되기 쉽고 융점이 낮아 상온에서 액체임<br>• 종류 : 올레산, 리놀렌산, 리놀레산, 아라키돈산 등 |

## 10 정답 ④

단단계법은 유지에 모든 재료를 한꺼번에 넣고 반죽하는 방법으로 가장 오래된 전통적인 제법이다.

### 반죽형 반죽을 만드는 제법의 종류 및 특징

| 블렌딩법 | 유지에 밀가루를 넣어 파슬파슬하게 혼합한 뒤 건조 재료와 액체 재료를 넣는 방법 |
|---|---|
| 크림법 | 유지에 설탕을 넣고 균일하게 혼합한 뒤 달걀을 나누어 넣으면서 부드러운 크림 상태로 만든 다음 베이킹파우더와 밀가루를 체에 쳐서 넣고 가볍게 섞는 방법 |

| 1단계법<br>(단단계법) | 유지에 모든 재료를 한꺼번에 넣고 반죽하는 방법으로 가장 오래된 전통적인 제법 |
|---|---|
| 설탕/<br>물 반죽법 | 유지에 설탕물 시럽을(비율은 설탕2 : 물1로 끓여 만든 액당) 넣고 균일하게 혼합한 후 건조 재료를 넣고 섞은 다음 달걀을 넣고 반죽하는 방법 |

## 11 정답 ③

비중 측정법에 대한 문제이다. 반죽과 물을 같은 비중컵에 차례로 담아 무게를 측정한 뒤 비중컵의 무게를 빼고 반죽의 무게를 물의 무게로 나누면 된다. 비중을 계산하면 다음과 같다. '비중 $= \dfrac{(\text{반죽 무게} - \text{컵 무게})}{(\text{물 무게} - \text{컵 무게})} =$ $\dfrac{\text{같은 부피의 반죽 무게}}{\text{같은 부피의 물 무게}} = \dfrac{230-50}{250-50} = 0.9$'가 된다.

> **비중 계산법**
>
> 비중 $= \dfrac{(\text{반죽 무게} - \text{컵 무게})}{(\text{물 무게} - \text{컵 무게})} = \dfrac{\text{같은 부피의 반죽 무게}}{\text{같은 부피의 물 무게}}$

## 12 정답 ②

'공정흐름도 작성'은 HACCP의 12절차 중 준비 단계에 해당한다.

> **HACCP의 준비 5단계**
> - HACCP팀 구성
> - 제품설명서 작성
> - 용도확인
> - 공정흐름도 작성
> - 공정흐름도 현장 확인
>
> **HACCP 7원칙 설정**
> - 위해요소 분석
> - 중요 관리점(CCP) 결정
> - CCP 한계 기준 설정
> - CCP 모니터링 체계 확립
> - 개선조치 방법 수립
> - 검증절차 및 방법수립
> - 문서화, 기록유지 방법설정

## 13 정답 ③

아밀로펙틴은 아밀로오스보다 노화가 느리다.
①, ②, ④ 아밀로오스에 대한 설명이다.

### 아밀로펙틴과 아밀로오스의 비교

| 항목 | 아밀로펙틴 | 아밀로오스 |
|---|---|---|
| 요오드<br>용액 반응 | 적자색 | 청색 |
| 포도당<br>결합 형태 | $\alpha-1,4$ 결합<br>(직쇄상 구조),<br>$\alpha-1,6$ 결합<br>(측쇄상 구조 혹은<br>곁사슬 구조) | $\alpha-1,4$ 결합<br>(직쇄상) |
| 분자량 | 많음 | 적음 |
| 노화 | 느림 | 빠름 |
| 호화 | 느림 | 빠름 |

## 14 정답 ①

식빵에서 쇼트닝이 정량보다 많을 경우 브레이크와 슈레드가 작다.
②, ③, ④ 식빵에 쇼트닝이 정량보다 적을 경우 나타나는 결과이다.

### 쇼트닝의 양에 따른 제품의 결과

| 항목 | 쇼트닝이 정량보다 적은 경우 | 쇼트닝이 정량보다 많은 경우 |
|---|---|---|
| 껍질색 | 엷은 껍질색,<br>윤기없는 표면 | 진한 어두운색,<br>약간 윤이 남 |
| 외형의<br>균형 | • 둥근 모서리<br>• 브레이크와 슈레드가 큼 | • 각진 모서리<br>• 브레이크와 슈레드가 작음<br>• 흐름성이 좋음 |
| 부피 | 작아짐 | 작아짐 |
| 껍질<br>특성 | 얇고 건조해짐 | 거칠고 두꺼움 |
| 속색 | 엷은 황갈색 | 황갈색 |
| 기공 | 세포가 파괴되어<br>기공이 열리고 거침 | 세포가 거칠어짐 |
| 맛 | 발효가 미숙한 맛 | 기름기가 느껴짐 |
| 향 | 발효가 미숙한 냄새 | 불쾌한 냄새 |

## 15
정답 ①

고율배합인 경우 굽는 온도는 낮춘다.
②, ③, ④ 저율배합에 대한 설명이다.

**저율배합과 고율배합**

| 항목 | 저율배합 | 고율배합 |
|---|---|---|
| 믹싱 중 공기 혼입 정도 | 적음 | 많음 |
| 화학 팽창제 사용량 | 늘림 | 줄임 |
| 반죽의 비중 | 높음 | 낮음 |
| 굽기 온도 | 고온 단시간 굽는 언더 베이킹 (under baking) | 저온 장시간 굽는 오버 베이킹 (over baking) |

## 16
정답 ②

튀김기름은 산패에 대한 안정성이 있어야 한다.
① 산가(Acid Value)가 높아야 한다.
③ 겨울철에 융점이 낮은 기름, 여름철에 융점이 높은 기름을 사용한다.
④ 발연점이 높아야 한다.

> **튀김기름이 갖추어야 할 조건**
> • 산패에 대한 안정성이 있어야 함
> • 튀김기름에는 수분이 없고 저장성이 높아야 함
> • 엷은 색과 부드러운 맛을 띰
> • 제품이 냉각되는 동안 충분히 응결되어야 함
> • 발연점이 높아야 함
> • 포장과 형태 면에서 사용이 쉬운 기름이 좋음
> • 이상한 맛이나 냄새가 나지 않아야 함
> • 열을 잘 전달해야 함

## 17
정답 ③

스펀지 케이크 반죽을 팬에 넣을 때 적당한 팬닝비(%)는 50~60%이다.

**제품별 팬닝 정도(팬 높이에 대한 팬닝량)**

| 스펀지 케이크 | 50~60% |
|---|---|
| 레이어 케이크 | 55~60% |
| 파운드 케이크 | 70% |
| 커스터드 푸딩 | 95% |

## 18
정답 ①

전도열은 굽기 시 반죽에 열이 가해지는 방식으로 가열된 오븐에 팬이 직접 닿음으로써 열이 전달되어 반죽을 가열하는 방식이다.

**굽시 시 반죽에 열이 가해지는 방식**

| 전도열 | • 가열된 오븐에 팬이 직접 닿음으로써 열이 전달되이 반죽을 가열하는 것<br>• 전도열은 반죽에 열을 직접 전달하여 반죽 속에서 공기의 팽창과 수증기압 증가를 가져와 반죽의 오븐 팽창을 유도<br>• 종류 : 하스 브레드 전용 오븐 |
|---|---|
| 복사열 | • 가열된 오븐의 윗면 및 측면으로부터 방사되는 적외선이 반죽에 흡수되어 열로 변환된 후 반죽을 가열하는 것<br>• 종류 : 데크 오븐 |
| 대류열 | • 가열된 오븐에 의해 뜨거워진 공기가 팽창하여 순환하면서 반죽을 가열하는 것<br>• 종류 : 컨벡션 오븐(대류식 오븐) |

## 19
정답 ②

아경수는 물의 경도가 120~180ppm이다.

> **물의 경도에 따른 분류**
> • 연수 : 60ppm 미만
> • 아경수 : 120~180ppm
> • 경수 : 180ppm 이상

## 20 정답 ④

칼슘흡수를 돕는 비타민은 비타민 D이다. 비타민 D는 칼슘의 흡수를 도우며 골격발육과 관계가 깊은 비타민으로 산과 알칼리 및 열에서 비교적 안정을 유지한다.

## 21 정답 ①

지방은 1일 총열량의 20% 이하 섭취가 적당하므로 2,250kcal ×20% = 450kcal내로 섭취하는 것이 좋다. 지방은 1g당 9kcal의 열량을 내므로 450kcal÷9kcal = 50g내로 섭취하는 것이 이상적이다.

## 22 정답 ③

살모넬라균 식중독에 감염되었을 때는 급성위장염 질환이 나타난다.

> **살모넬라균 식중독**
> • 쥐나 곤충류에 의해서 발생될 수 있으며, 급성 위장염을 일으킴
> • 통조림 제품류는 제외하고 유가공류, 육류, 어패류 등 거의 모든 식품에 의해 감염
> • 오염식품 섭취 10~24시간 후 발열(38~40℃)이 나타나며 1주일 이내 회복
> • 62~65℃에서 30분간 가열하거나 70℃ 이상에서 3분만 가열해도 사멸되기 때문에 조리식품에 2차 오염이 없다면 살모넬라에 의한 식중독은 발생되지 않음

## 23 정답 ③

퍼프 페이스트리는 밀가루 반죽에 유지를 넣어 많은 결을 낸 유지층 반죽 과자류의 대표적인 제품으로 프렌치 파이라고도 한다. 기본 배합률은 밀가루 100%, 유지 100%, 물 50%, 소금 1~3%이다.
① 레이어 케이크 : 반죽형 반죽 과자의 대표적인 제품으로 설탕 사용량이 밀가루 사용량보다 많은 고율배합 제품이다. 레이어 케이크의 종류에 따라 기본 배합률에는 차이가 있다.
② 스펀지 케이크 : 거품형 반죽 과자의 대표적인 제품으로 전란을 사용해 만드는 스펀지 반죽으로 만든 제품이다. 기본 배합률은 밀가루 100%, 계란 166%, 설탕 166%, 소금 2%이다.

④ 쿠키 : 케이크 반죽에 밀가루의 양을 증가시켜 수분이 5% 이하로 적고 크기가 작은 건과자와 케이크 반죽을 그대로 사용하여 만든 수분이 30% 이상으로 많고 크기가 작은 생과자를 말한다. 건과자의 기본재료는 밀가루, 설탕, 유지이며 기본 배합률은 밀가루 100%, 설탕 50%, 유지 50%이다.

## 24 정답 ④

발효 후 가스빼기는 제빵 시 하는 공정에 해당한다.

> **과자 반죽의 모양을 만드는 방법**
> • 손으로 정형하기
> • 밀어펴서 정형하기
> • 냉동시켜 자르기
> • 판에 등사하기
> • 짤주머니로 짜기

## 25 정답 ③

차아염소산나트륨은 살균제로, 식품 부패의 원인이 되는 원인균이나 병원균 사멸을 위해 사용한다. 이와 같은 살균제의 종류에는 차아염소산나트륨과 표백분이 있다.
① 프로피온산나트륨 : 과자류에 사용
② 소르브산 : 어육 연제품, 식육 제품, 고추장, 잼, 팥앙금 등에 사용
④ 안식향산 : 청량음료, 간장 등에 사용

> **방부제(보존료)**
> • 식품의 변질 및 부패를 방지하고 신선도를 유지하기 위해 사용
> • 종류 : 프로피온산칼슘(빵류), 프로피온산나트륨(과자류), 소르브산(어육 연제품, 식육 제품, 고추장, 잼, 팥앙금 등), 데히드로초산(버터, 마가린, 치즈 등), 안식향산(청량음료, 간장 등)

## 26 정답 ③

가루 재료를 체로 치는 이유는 흡수율이 증가하기 때문이다.

**가루 재료를 체질하는 이유**
- 흡수율 증가
- 공기의 혼입
- 가루속의 이물질 제거
- 재료의 고른 분산
- 밀가루의 15%까지 부피 증가

## 27 정답 ②

디프로매트 크림은 무가당 생크림과 커스터드 크림을 1 : 1 비율로 혼합하는 조합형 크림이다.

## 28 정답 ③

밀가루 개량제는 밀가루의 숙성 기간과 표백을 단축시키며, 제빵 효과의 저해 물질을 파괴시켜 품질을 개량하는 것을 말한다. 여기에는 염소, 이산화염소, 브롬산칼륨, 과황산암모늄, 과산화벤조일 등이 있다.
①, ②, ④ 표백제에 해당한다.

## 29 정답 ④

공장은 제조공정의 특성상 습도와 온도의 영향을 받으므로 바다 가까운 곳은 멀리한다.

**작업환경 관리**
- 공장은 제조공정의 특성상 온도와 습도의 영향을 받으므로 바다 가까운 곳은 멀리함
- 매장과 주방의 크기는 1 : 1이 이상적임
- 창의 면적은 바닥면적을 기준으로 30%가 좋음
- 바닥은 미끄럽지 않고 배수가 잘되어야 함
- 공장 배수관의 최소내경은 10cm 정도가 적당함
- 방충, 방서용 금속망은 30메시(mesh)가 적당함
- 종업원의 출입구와 손님의 출입구는 별도로 하여 재료의 반입을 종업원 출입구로 함
- 주방의 환기는 소형의 환기장치를 여러 개 설치하여 주방의 공기오염 정도에 따라 가동률을 조정하고 가스를 사용하는 장소에는 환기덕트를 설치해야 함

## 30 정답 ②

높은 기술 추구는 제조 시 불량률이 발생하는 원인에 해당하지 않는다.

**제조 시 불량률을 줄이는 방법**

| 작업의 미숙 | • 사내 연구회, 교육 기관을 통한 수강을 통해 자기 계발<br>• 전문가를 초청해 교육, 훈련을 시키거나 현장에서의 기술 개선 지도 |
|---|---|
| 작업 여건의 문제 | • 기계와 작업 기기가 정상 작동하도록 보수<br>• 작업의 표준화 |
| 작업자의 부주의 | • 검사 기준을 설정해 다른 사람이 점검<br>• 작업 표준 또는 작업 지시에 맞는지 스스로 점검 |

## 31 정답 ③

이 식품의 생물가(B.V)는

'생물가(B.V) = $\dfrac{\text{체내에 보유된 질소량}}{\text{체내에 흡수된 질소량}} \times 100$'에 따라

$\dfrac{15g - (0.9g + 3g)}{15g} \times 100 = 74\%$'가 된다.

## 32 정답 ③

칼슘(Ca)은 성인의 경우 체중 1.5~2%를 차지한다. 그 중 99%는 치아나 골격 등의 경조직을 구성하고, 1%는 세포 연조직, 혈액에서 대사를 조절한다.
① 철(Fe)의 역할에 해당한다.
② 나트륨(Na)의 역할에 해당한다.
④ 구리(Cu)의 역할에 해당한다.

**칼슘(Ca)의 기능**
- 혈액 응고 작용에 관여
- 근육의 수축 및 이완 작용
- 신경의 자극 전달 유지
- 골격과 치아 조직의 형성

## 33 정답 ②

스냅 쿠키의 크기가 퍼지지 않고 작은 이유에는 반죽이 산성인 것이 여러 원인 중 하나이다.
① 유지가 너무 적었다.
③ 된 반죽을 사용했다.
④ 굽기 온도가 높았다.

> **쿠키의 퍼짐이 작은 이유**
> • 유지가 너무 적었음
> • 굽기 온도가 높았음
> • 된 반죽을 사용함
> • 믹싱을 많이 함
> • 가루 설탕을 사용했거나 설탕을 적게 사용함
> • 반죽이 산성이 됨

## 34 정답 ②

'마찰계수 = (결과 온도×6) − (실내 온도 + 밀가루 온도 + 설탕 온도 + 쇼트닝 온도 + 계란 온도 + 수돗물 온도)' 이므로 '(32℃×6) − (28℃ + 24℃ + 25℃ + 26℃ + 19℃ + 22℃) = 48'이 된다. 마찰계수 계산법은 다음과 같다.

> **마찰계수 계산법**
> 마찰계수 = (결과 온도×6) − (실내 온도 + 밀가루 온도 + 설탕 온도 + 쇼트닝 온도 + 계란 온도 + 수돗물 온도)

## 35 정답 ①

지방은 지방산 3분자와 글리세롤 1분자가 결합하여 만들어진 화합물이다.
② **펩톤** : 유도 단백질 중 하나로 펩티드 직전의 분자량이 적은 분해 산물로 교질성이 없고 수용성인 분해 산물
③ **이눌라아제** : 다당류 분해 효소로 이눌린을 과당으로 분해하는 효소
④ **프로테아제** : 단백질 분해 효소로 단백질을 폴리펩티드, 펩티드, 아미노산, 펩톤으로 분해하는 효소

## 36 정답 ③

밀가루를 용도별로 나눌 때 문제에 제시된 우동용, 마카로니용, 과자용, 식빵용 중에서는 과자용이 회분 함량이 가장 낮다. 단백질의 경도와 양에 따른 밀의 분류는 다음과 같다.

**단백질의 경도와 양에 따른 밀의 분류**

| 밀의 경도 | | 제품 유형 | 단백질량 (%) | 용도 |
|---|---|---|---|---|
| 연질밀 | 분상질 (초자율 30% 이하) | 박력분 | 7~9 | 과자 |
| | | 중력분 | 8~10 | 면류, 우동 |
| 반경질밀 | 반초자질 (초자율 30%) | 준강력분 | 10.5~12 | 과자빵용 |
| 경질밀 | 초자질 (초자율 70%) | 듀럼분 | 11~12.5 | 마카로니, 스파게티 |
| | | 강력분 | 12~15 | 식빵용 |

## 37 정답 ④

수분 보유력이 있어 제품의 노화를 지연시키고 신선도를 지속시킨다.

## 38 정답 ③

레이어 케이크 중 초콜릿 케이크에서 조절한 유화 쇼트닝을 구하는 공식은 '조절한 유화 쇼트닝 = 원래 유화 쇼트닝 − (카카오 버터×$\frac{1}{2}$)'이다.

> **초콜릿 케이크 배합률 공식**
> • 조절한 유화 쇼트닝 = 원래 유화 쇼트닝 − (카카오 버터×$\frac{1}{2}$)
> • 코코아 = 초콜릿량×62.5%($\frac{5}{8}$)
> • 카카오 버터 = 초콜릿량×37.5%($\frac{3}{8}$)

- 우유 = 설탕 + 30 + (코코아×1.5) − 계란
- 분유 = 우유×0.1
- 물 = 우유×0.9
- 설탕 : 110∼180%
- 초콜릿 = 코코아 + 카카오 버터
- 계란 = 쇼트닝×1.1

## 39 　　　　　　　　　　　　　　　정답 ③

퍼프 페이스트리는 유지의 물리적 성질을 이용해 팽창시키는 제품으로 이산화탄소 가스를 발생시키지 않는다.

### 퍼프 페이스트리 반죽을 냉장고에서 휴지시키는 목적
- 정형을 하고자 반죽을 절단 시 수축을 방지함
- 반죽을 연화 및 이완시켜 밀어 펴기를 용이하게 함
- 믹싱과 밀어 펴기로 손상된 글루텐을 재 정돈시킴
- 밀가루가 수화를 완전히 하여 글루텐을 안정시킴
- 반죽과 유지의 되기를 같게 하여 층을 분명히 함

## 40 　　　　　　　　　　　　　　　정답 ④

우유의 산도는 pH 6.60이다. 유산균에 의해 발효되면 유산이 되고 산가가 0.5∼0.7(pH 4.6)에 이르면 단백질 카세인이 응고한다.

## 41 　　　　　　　　　　　　　　　정답 ①

대량 생산 공장에서 많이 사용되는 오븐으로, 반죽이 들어가는 입구와 제품이 나오는 출구가 서로 다른 것은 터널 오븐이다.
② 컨백션 오븐 : 팬으로 열을 강제 순환해 반죽을 균등하게 착색하여 제품으로 만든다.
③ 로터리 래크 오븐 : 구울 팬을 래크의 선반에 끼워 넣고 래크 채로 오븐에 넣고 굽는 오븐이다.
④ 데크 오븐 : 가장 보편적인 형태의 오븐으로 반죽을 넣는 입구와 제품을 꺼내는 출구가 같은 '단 오븐'으로 소규모 제과점에서 많이 사용한다.

### 오븐의 종류

| 종류 | 특징 |
|---|---|
| 데크 오븐 | 가장 보편적인 형태의 오븐으로 반죽을 넣는 입구와 제품을 꺼내는 출구가 같은 '단 오븐'으로 소규모 제과점에서 많이 사용함 |
| 로터리 래크 오븐 | 구울 팬을 래크의 선반에 끼워 넣고 래크 채로 오븐에 넣고 굽는 오븐 |
| 컨백션 오븐 | 팬으로 열을 강제 순환하여 반죽을 균등하게 착색하여 제품으로 만듦 |
| 프랑스빵 전용 오븐 | 바닥을 하스형으로 만들고 증기를 분무하도록 하여 프랑스빵을 굽기 적합하도록 설계한 오븐 |
| 터널 오븐 | 반죽이 들어가는 입구와 제품이 나오는 출구가 서로 다른 오븐으로 대량 생산 공장에서 많이 사용함 |

## 42 　　　　　　　　　　　　　　　정답 ④

빵 냉각 시 냉각실의 상대습도는 75∼85%, 온도는 20∼25℃가 적합하다.

## 43 　　　　　　　　　　　　　　　정답 ②

온제 머랭에 대한 설명이다. 온제 머랭은 흰자와 설탕을 섞어 43℃로 중탕 후 거품을 내다가 안정되면 분설탕을 섞는다. 이때 흰자 100, 설탕 200, 분설탕 20을 넣는다. 공예과자, 세공품을 만들 때 사용한다.
① 스위스 머랭 : 흰자(1/3)와 설탕(2/3)을 섞어 43℃로 중탕 후 거품내면서 레몬즙을 첨가하고, 나머지 흰자에 설탕을 섞어 거품을 낸 냉제 머랭을 섞는다. 하루가 지나도 사용 가능하고 구웠을 때 광택이 난다.
③ 이탈리안 머랭 : 흰자를 거품내면서 설탕 시럽(설탕 100에 물 30을 넣고 114∼118℃ 끓임)을 부어 만든 머랭으로 냉과나 무스를 만들 때 사용하거나, 케이크 위에 장식으로 얹고 토치를 사용해 강한 불에 구워 착색하는 제품을 만들 때 사용한다.
④ 프렌치 머랭(냉제 머랭) : 흰자를 거품 내다가 설탕을 조금씩 넣으면서 튼튼한 거품체를 만든다. 이때 흰자 100, 설탕 200을 넣으며 거품 안정을 위해 소금 0.5와 주석산 0.5를 넣기도 한다.

## 44 정답 ④

블라망제(Blancmanger)는 흰(Blance) 음식(Manger)을 뜻하는 용어로서 아몬드를 넣은 희고 부드러운 냉과를 가리킨다.

① 젤리(Jelly) : 떠다니는 과일 입자가 없는 과즙이나 와인 같은 액체에 젤라틴, 안정제인 펙틴, 알긴산, 한천 등과 유기산을 이용해 만든 저장성이 뛰어난 일종의 반고체 식품, 당절임이다.

② 푸딩(Pudding) : 우유와 설탕을 끓기 직전이 80~90℃까지 데운 후 계란을 풀어준 볼에 혼합하여 중탕으로 구운 제품으로 과일, 빵, 육류, 야채를 섞어 만들기도 한다.

③ 바바루아(Bavarois) : 설탕, 생크림, 젤라틴, 계란, 우유를 기본재료로 해서 만든 제품으로 과실 퓌레를 사용해 맛을 보강한다. 독일 바바리아 지방의 음료를 19세기 초에 현재와 같은 모양으로 만들었다.

## 45 정답 ②

껍질형성은 외부평가 기준에 해당한다.

### 제품 평가 항목

| 평가 항목 | | 세부사항 |
|---|---|---|
| 외부 평가 | 터짐성 | 옆면에 적당한 터짐과 찢어짐이 있어야 함 |
| | 부피 | 분할 무게에 대한 완제품의 부피로 평가 |
| | 굽기의 균일화 | 전체가 균일하게 구워진 것이 좋음 |
| | 외형의 균형 | 앞·뒤, 좌·우 대칭이 된 것이 좋음 |
| | 껍질형성 | 두께가 일정하고 너무 질기거나 딱딱하지 않아야 함 |
| | 껍질색 | 식욕을 돋우는 황금 갈색이 가장 좋음 |
| 내부 평가 | 기공 | 균일한 작은 기공과 얇은 기공벽으로 이루어진 길쭉한 기공들로 이루어져야 함 |
| | 속결 색상 | 줄무늬나 얼룩이 없고 광택을 지닌 밝은 색이 바람직함 |
| | 조직 | 탄력성이 있으면서 부드럽고 실크와 같은 느낌이 있어야 함 |
| 식감 평가 | 맛 | 제품 고유의 맛이 나면서 유쾌하고 만족스러운 식감이 있어야 바람직하며 빵에 있어서 가장 중요한 평가 항목임 |
| | 냄새 | 이상적인 빵은 고소하고 상쾌한 냄새가 남 |

## 46 정답 ③

폐디스토마의 제1 중간 숙주는 '다슬기'이고 제2 중간 숙주는 '민물 게, 가재'이다.

## 47 정답 ①

병원성 대장균 식중독은 구토, 복통, 식욕부진, 두통, 설사 등을 유발하지만 발열증상이 없고 치사율도 거의 없다.

### 병원성 대장균 식중독

• 구토, 복통, 식욕부진, 두통, 설사 등을 유발하지만 발열증상이 없고 치사율도 거의 없음
• 그람음성균이며 무아포 간균임. 대장균 O − 157 등이 대표적임
• 호기성 또는 통성 혐기성이며 유당을 분해하고 분변 오염의 지표가 됨
• 보균자나 환자의 분변 등에 의해서 감염됨
• 베로톡신을 생성하여 대장점막에 궤양을 유발하는 대장균도 있음
• 대장균은 열에 약하며 75℃에서 3분간 가열하면 사멸됨

## 48 정답 ③

신선한 계란은 햇빛을 통해 볼 때 속이 맑게 보인다.
① 껍질은 윤기가 없으며 까슬까슬하다.
② 깼을 때 노른자가 바로 깨지지 않아야 한다.
④ 흔들어 보았을 때 소리가 없다.

## 49

정답 ③

코코아는 카카오 매스를 압착하여 카카오 박과 카카오 버터로 분리하고, 카카오 박을 분말로 만든 것이 코코아이다.

① 카카오 버터 : 카카오 매스에서 분리한 지방이며, 초콜릿의 풍미를 결정하는 가장 중요한 원료이다. 향이 뛰어나고 입 안에서 빨리 녹으며, 감촉이 좋은 천연 식물 지방이다.

② 카카오 닙스 : 초콜릿을 만드는 원료인 카카오 콩의 껍데기를 제거하여 코코아를 꺼낸 뒤, 이를 건조하여 먹기 좋게 부순 형태의 건조식품이다.

### 초콜릿의 구성성분과 제조과정

껍질부위, 배유, 배아 등으로 구성된 카카오 빈(cacao bean)을 발효시킨 후 볶아 마쇄하여 외피와 배아를 제거한 배유의 파편(카카오 닙스, cacao nibs)을 미립화하여 페이스트상의 카카오 매스(cacao mass, cacao paste, cacao liquor)를 만든 후, 압착(press)하여 기름을 채취한 것이 카카오 버터(cacao butter)이고 나머지는 카카오 박(cacao cake)으로 분리됨. 카카오 박을 분말로 만든 것이 코코아 분말(cacao powder)임

## 50

정답 ①

치마아제는 포도당과 과당을 분해해 알코올과 탄산가스를 생성하며 빵 반죽 발효를 최종적으로 담당하는 효소이다. 최적 pH는 5 정도이고, 적정 온도는 30~35℃이다.

② 프로테아제 : 단백질을 분해시켜 펩티드, 아미노산을 생성한다.

③ 리파아제 : 세포액에 존재하며, 지방을 지방산과 글리세린으로 분해한다.

④ 말타아제 : 맥아당을 2분자의 포도당으로 분해시켜 지속적인 발효가 진행되게 한다.

## 51

정답 ③

결핵은 투베르쿨린 반응검사 및 X선 촬영으로 감염여부를 조기에 알 수 있는 인·축 공통감염병(인수 공통감염병)이다. 결핵의 원인균은 마이코박테리움 투베르쿠로시스로 세균성 질병이며 병에 걸린 동물의 젖(우유)을 통해 경구적으로 감염된다.

① 브루셀라증(파상열) : 병에 걸린 동물의 유즙, 유제품이나 식육을 거쳐 경구 감염된다. 소나 돼지 등의 동물에게 유산을 일으키며, 사람에게는 열성 질환을 가져온다.

② 돈단독 : 주로 돼지에 의한 세균성 감염병으로 급성 패혈증과 만성 병변이 특징적이다.

④ Q열 : 증상이 비교적 뚜렷하지 않으나 발열과 함께 호흡기 증상이 나타난다. 우유 살균, 흡혈 곤충 박멸, 소의 감염 진단 등의 예방법이 있다. 병원체는 소, 양, 설치류 등이다.

### 그 이외 인·축 공통감염병(인수 공통감염병)의 종류

| | |
|---|---|
| 탄저 | • 조리하지 않은 수육을 섭취하였을 시 감염됨<br>• 소, 산양, 말 등의 가축에게 수막염, 급성 패혈증을 일으킴<br>• 잠복기는 1~4일 정도 |
| 야토병 | • 산토끼나 설치류 사이에서 유행 |
| 리스테리아증 | • 소나 성인에게 뇌수막염을, 임산부에게 자궁 내 패혈증을 일으키기도 함<br>• 병원체는 리스테리아균으로, 감염 동물과 접촉하거나 오염된 식육, 유제품 등을 섭취해 감염. 소, 양, 염소, 닭 등이 있음 |

## 52

정답 ②

아크릴아마이드는 탄수화물이 많이 든 식품을 튀길 때 또는 고온에서 가열할 때 발생하는 발암성 물질이다.

### 유기 화합물

• 아크릴아마이드 : 탄수화물이 많이 든 식품(감자 등)을 튀길 때 또는 고온에서 가열할 때 발생하는 발암 물질

• 벤조피렌 : 발암 물질의 하나로, 타르에 들어 있으며, 배기 가스나 담배 연기에도 들어 있는 발암 물질

• 다이옥신 : 일반 폐기물, 특정 폐기물들의 소각, 폐기물 무단 투기 때 많이 발생하며, 독성이 강하고 잔류성이 강함

• 니트로사민 : 발색제인 아질산염, 질산염이 환원 효소에 의해 아질산염이 되고, 아질산염은 위속의 산성 pH 하에서 식품 성분들과 쉽게 반응하여 발암 물질인 니트로사민을 생성

• 메틸 알코올 : 실명, 시신경 장애

## 53 정답 ③

도넛의 흡유량이 높았을 때 그 원인으로는 묽은 반죽을 쓴 것이 있다.
① 튀김시간이 길었다.
② 팽창제 사용량이 많았다.
④ 튀김온도가 낮았다.

> **도넛 튀김시 흡유량이 높아 완제품에 기름이 많은 이유**
> • 튀김시간이 길었음
> • 튀김온도가 낮았음
> • 지친 반죽이나 어린 반죽을 썼음
> • 팽창제, 유지, 설탕의 사용량이 많았음
> • 묽은 반죽을 썼음

## 54 정답 ①

파운드 케이크가 비용적이 가장 작다. 각 제품별 비용적은 다음과 같다.

**각 제품별 비용적**

| 파운드 케이크 | $2.40cm^3/g$ |
|---|---|
| 레이어 케이크 | $2.96cm^3/g$ |
| 엔젤 푸드 케이크 | $4.71cm^3/g$ |
| 스펀지 케이크 | $5.08cm^3/g$ |

## 55 정답 ③

식혜는 쌀의 전분을 가수분해하여 부분적으로 당화시킨 것으로 맥아당이 많은 양을 구성한다.

## 56 정답 ③

락토글로불린과 락토알부민은 산에 의해 응고되지 않고 열에 의해 변성되어 응고된다.
① **카세인** : 산과 효소 레닌에 의해 응유된다.
② **글루테닌** : 밀가루의 주요 단백질이다.
④ **메소닌** : 밀가루의 주요 단백질이다.

## 57 정답 ①

$LD_{50}$은 한 무리의 실험동물 중 50%를 사망시키는 독성물질의 양으로 독성을 나타내는 지표이다. $LD_{50}$의 값이 작을수록 독성이 높다.

## 58 정답 ③

발육소는 세포 내에서 합성되지 않아 세포 외에서 흡수하여야 하며, 미량 필요한 영양소이다. 주로 비타민 B군이다.
① **질소원** : 단백질 식품에서 구성하는 기본 단위인 아미노산을 통해 질소원을 얻고자 균 체외로 단백질 분해 효소를 분비하여 단백질을 아미노산까지 분해한 후 균 체내로 흡수하여 질소원을 얻는다.
② **탄소원** : 유기산, 알코올, 지방산, 포도당, 탄수화물에서 주로 에너지원으로 이용된다.
④ **무기염류** : 인(P) 및 황(S)을 다량 요구하며, 조절작용, 세포 구성 성분에 필요하다.

## 59 정답 ②

익스텐소그래프는 반죽의 신장과 신장성에 대한 저항을 측정하는 기계로 패리노그래프의 결과를 보완해 주는 기계이다. 밀가루 개량제의 효과를 측정하는 역할을 한다.
① **레오그래프** : 반죽이 기계적 발달을 할 때 일어나는 변화를 측정해 그래프로 나타내는 기록형 믹서로, 밀가루의 흡수율 계산에 적합하다.
③ **패리노그래프** : 밀가루의 흡수율, 믹싱 내구성, 믹싱 시간을 측정하는데 곡선이 500B.U에 도달하는 시간(도달 시간)과 다시 아래로 떨어지는 시간 등으로 밀가루의 특성을 해석할 수 있다.
④ **믹소그래프** : 온도와 습도 조절 장치가 부착된 고속 기록 장치가 있는 믹서로, 반죽의 형성 및 글루텐의 발달 정도를 기록 · 측정하며, 밀가루 단백질의 함량과 흡수의 관계를 판단한다.

## 60
정답 ②

체표면적이 큰 사람이 기초 대사량이 크다.

①, ③ 기초대사량은 생명유지에 꼭 필요한 최소의 에너지 대사량으로 호흡, 체온유지, 심장박동 등의 무의식적 활동에 필요한 열량이다. 따라서 아무 것도 하지 않는 상태에서 기초대사량을 측정한다.

④ 1일 기초대사량이 성인 남성의 경우 1,400~1,800kcal, 성인 여성의 경우 1,200~1,400kcal이다. 기초 대사율은 여자보다 남자가 크고, 성인보다 어린아이가 크다. 더불어 기온이 낮아지면 대사량이 증가하므로 여름보다 겨울에 기초 대사율이 커지고, 체온이 높아져도 기초대사율이 커진다.

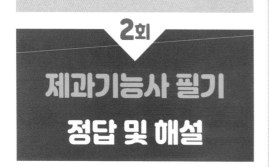

2회

# 제과기능사 필기
# 정답 및 해설

| 01 | ② | 02 | ② | 03 | ① | 04 | ④ | 05 | ④ |
|----|---|----|---|----|---|----|---|----|---|
| 06 | ① | 07 | ③ | 08 | ④ | 09 | ② | 10 | ② |
| 11 | ① | 12 | ③ | 13 | ③ | 14 | ② | 15 | ② |
| 16 | ① | 17 | ② | 18 | ② | 19 | ② | 20 | ④ |
| 21 | ③ | 22 | ③ | 23 | ④ | 24 | ② | 25 | ① |
| 26 | ① | 27 | ③ | 28 | ③ | 29 | ③ | 30 | ③ |
| 31 | ② | 32 | ② | 33 | ② | 34 | ② | 35 | ① |
| 36 | ③ | 37 | ② | 38 | ② | 39 | ① | 40 | ② |
| 41 | ① | 42 | ② | 43 | ② | 44 | ① | 45 | ③ |
| 46 | ③ | 47 | ② | 48 | ② | 49 | ② | 50 | ① |
| 51 | ② | 52 | ② | 53 | ④ | 54 | ① | 55 | ① |
| 56 | ② | 57 | ③ | 58 | ④ | 59 | ③ | 60 | ③ |

## 01 　　　　　　　　　　　　　　　　정답 ②

'얼음 사용량 =

사용할 물량 × $\dfrac{수돗물\ 온도 - 사용할\ 물\ 온도}{80 + 수돗물\ 온도}$ ,

이므로 '$4400g × \dfrac{30℃ - 20℃}{80 + 30℃} = 400g$'이 된다.

얼음 사용량 계산법은 다음과 같다.

> **얼음 사용량 계산법**
>
> 얼음 사용량
>
> = 사용할 물량 × $\dfrac{수돗물\ 온도 - 사용할\ 물\ 온도}{80 + 수돗물\ 온도}$

## 02 　　　　　　　　　　　　　　　　정답 ②

일반적으로 데블스 푸드 케이크가 반죽의 pH가 8.5~9.2로
가장 높다.
① 옐로 레이어 케이크 : pH 7.2~7.6
③ 과일 케이크 : pH 4.4~5.0
④ 파운드 케이크 : pH 6.6~7.1

제품별 반죽의 pH

| 제품명 | 반죽의 pH |
|--------|-----------|
| 데블스 푸드 케이크 | pH 8.5~9.2 |
| 초콜릿 케이크 | pH 7.8~8.8 |
| 화이트 레이어 케이크 | pH 7.4~7.8 |
| 스펀지 케이크 | pH 7.3~7.6 |
| 옐로 레이어 케이크 | pH 7.2~7.6 |
| 파운드 케이크 | pH 6.6~7.1 |
| 엔젤 푸드 케이크 | pH 5.2~6.0 |
| 과일 케이크 | pH 4.4~5.0 |

## 03 　　　　　　　　　　　　　　　　정답 ①

빵과 우유는 섞어서 만들 시 단백질의 상호 보조 효력을 지
닌다.

> **단백질의 상호 보조**
>
> • 단백가가 낮은 식품이라도 부족한 필수아미노산(제한
> 아미노산)을 보충할 수 있는 식품과 함께 섭취하면 체
> 내 이용률이 높아짐
> • 쌀과 밀에서는 필수아미노산인 리신(라이신)이 가장
> 부족하여 제1 아미노산임
> • 빵 – 우유, 쌀 – 콩, 옥수수 – 우유 등이 상호 보조효
> 과가 좋음

## 04 　　　　　　　　　　　　　　　　정답 ④

필수지방산은 체내에서 합성되지 않아 식사로 공급해야 하며
정상적인 건강 유지를 위해 필수적으로 필요한 지방산이다.

### 필수지방산(비타민 F)
- 체내에서 합성되지 않아 음식물에서 섭취해야 함
- 노인의 경우 필수지방산의 흡수를 위해 콩기름을 섭취하는 것이 좋음
- 성장을 촉진하고 피부건강을 유지시키며 혈액 내의 콜레스테롤 양을 저하시킴
- 세포막의 구조적 성분이자 신경조직, 뇌, 시각기능을 유지시킴
- 종류 : 리놀레산, 리놀렌산, 아라키돈산

## 05　　　　　　　　　　　　정답 ④

교차오염의 예방방법으로는 위생복을 식품용과 청소용으로 구분하여 사용하는 것이 있다.
① 조리 전의 채소류와 육류는 접촉되지 않도록 구분한다.
② 원재료 보관 시 벽과 바닥으로부터 일정거리를 띄워 보관한다.
③ 식자재와 비식자재를 함께 식품 창고에 보관하지 않는다.

### 교차오염의 예방방법
- 조리 전의 채소류와 육류는 접촉되지 않도록 구분
- 원재료와 완성품을 구분하여 뚜껑이 있는 청결한 용기에 덮개를 덮어서 보관
- 원재료 보관 시 벽과 바닥으로부터 일정거리를 띄워 보관
- 식자재와 비식자재를 함께 식품 창고에 보관하지 않음
- 작업장은 가능한 한 넓은 면적을 확보하고, 작업 흐름을 일정한 방향으로 배치
- 칼, 도마 등의 기구나 용기는 식품별로 구분하여 사용
- 위생복을 식품용과 청소용으로 구분하여 사용
- 철저한 개인위생 관리와 손 씻기를 생활화함

## 06　　　　　　　　　　　　정답 ①

초절임법은 구연산, 젖산, 식초산을 이용하여 저장하는 부패방지법이다.
② 가스 저장법 : 질소가스나 탄산가스 속에 넣어 보관한다.
③ 염장법 : 소금에 절여 삼투압을 이용해 탈수 건조시켜 저장한다.
④ 당장법 : 50% 이상의 설탕물에 담가 삼투압을 이용하여 부패 세균의 생육을 억제한다.

## 07　　　　　　　　　　　　정답 ③

스파이럴 믹서(나선형 믹서)는 나선형 훅이 내장되어 있어 독일빵, 프랑스빵, 토스트 브레드와 같이 된 반죽이나 글루텐 형성능력이 다소 떨어지는 밀가루를 이용해 빵을 만들 때 적합하다.
① 에어믹서 : 과자반죽에 일정한 기포를 형성시키는 제과 전용 믹서이다.
② 버티컬 믹서(수직형 믹서) : 소규모 제과점에서 제과, 제빵 반죽을 동시에 만들 때 사용한다.
④ 수평형 믹서 : 많은 양의 빵 반죽을 만들 때 사용한다.

### 스파이럴 믹서
S형(나선형) 훅이 고정되어 있는 제빵 전용 믹서로 저속으로 프랑스빵을 반죽하면 힘이 좋은 반죽이 됨. 식빵용 반죽에 고속을 너무 사용하면 지나친 반죽이 되기 쉽기 때문에 주의를 요함

## 08　　　　　　　　　　　　정답 ④

밀가루나 전분을 넣는 것은 굳은 아이싱을 풀어주는 조치가 아니다.

### 굳은 아이싱을 풀어주는 조치
- 굳은 아이싱은 데우는 정도로 안 되며 설탕 시럽(설탕 2 : 물1)을 넣음
- 아이싱에 최소의 액체를 넣음
- 35~43℃로 중탕함

## 09　　　　　　　　　　　　정답 ②

일시에 투입하는 계란의 양이 많아서 반죽형 케이크 제조 시 분리현상이 일어난다.

### 반죽형 케이크 제조 시 분리현상이 일어나는 원인
- 유지의 품온이 낮은 경우
- 유지가 밀가루나 설탕과 고르게 혼합되지 않은 경우
- 일시에 투입하는 계란의 양이 많은 경우
- 유화성이 없는 유지를 쓴 경우
- 품질이 낮은 계란을 사용한 경우
- 물, 계란, 우유 등의 액체재료의 온도가 낮은 경우
- 반죽 온도가 낮은 경우

## 10 정답 ②

무스(Mousse)란 프랑스어이다. 거품이라는 뜻으로 초콜릿 과일 퓌레 또는 커스터드에 머랭, 젤라틴, 생크림 등을 넣고 굳혀 만든 제품을 의미한다.

## 11 정답 ①

'100g 기준 과자 1개의 총 열량 = (50g×4kcal)+(14g×4kcal)+(20g×9kcal) = 436kcal'이므로 '50g 기준 과자 1개의 총 열량 = 436kcal÷(100g÷50g) = 218kcal'가 된다. 따라서 '50g 기준 과자 10개의 총 열량=218kcal×5개 = 1,090kcal'가 된다.

## 12 정답 ③

우유 단백질에 의해 믹싱내구력을 높인다.

> **제과·제빵에서 우유와 분유의 기능**
> • 우유 단백질에 의해 믹싱내구력을 높임
> • 제품의 껍질색을 강하게 함
> • 맛과 향을 향상시킴
> • 보수력이 있어 촉촉함을 지속시킴
> • 발효시 완충작용으로 반죽의 pH가 급격히 떨어지는 것을 막음
> • 분유가 1% 증가하면 수분 흡수율도 1%로 증가함

## 13 정답 ③

유해 착색료에는 로다민 B, 아우라민이 있다. 아우라민은 카레 또는 단무지에 사용되기도 하였지만 강한 독성으로 인해 사용이 금지되었다.
① **승홍** : 유해 방부제에 해당한다.
② **론갈리트** : 유해 표백제에 해당한다.
④ **과산화수소** : 유해 표백제에 해당한다.

## 14 정답 ②

면역이 성립되는 것이 많은 것은 경구 감염병에 대한 설명이다.

### 경구 감염병과 세균성 식중독

| 구분 | 경구 감염병 | 세균성 식중독 |
|------|------------|-------------|
| 잠복기 | 일반적으로 김 | 경구 감염에 비해 짧음 |
| 면역 | 면역이 성립되는 것이 많음 | 면역성이 없음 |
| 감염 | 2차 감염이 있음 | 2차 감염이 거의 없음 |
| 필요한 균량 | 소량의 균이라도 숙주 체내에서 증식하여 발병함 | 대량의 생균 또는 증식과정에서 생성된 독소에 의해서 발병함 |

## 15 정답 ②

푸딩의 표면에 기포 자국이 생기는 원인은 가열을 지나치게 하여서이다.

## 16 정답 ②

설탕공예용는 제조 시 사용하는 시럽의 온도가 155℃이다.

> **제품별 제조 시 사용하는 당액(시럽)의 적절한 온도**
> • 퐁당의 시럽, 이탈리안 머랭의 시럽, 버터크림의 시럽 : 114~118℃
> • 설탕공예용의 시럽 : 155℃

## 17 정답 ③

마이야르 반응은 당에서 분해된 환원당과 단백질에서 분해된 아미노산이 결합해 껍질이 갈색으로 변하는 반응이다. 단당류가 이당류보다 열 반응이 빠르고 같은 단당류에서는 감미도가 높은 것이 빨리 일어난다. 단당류에는 '과당, 갈락토오스, 포도당' 등이 있고 감미도 순서는 '과당(175) > 전화당(130) > 설탕(자당, 100) > 포도당(75) > 갈락토오스(32)·맥아당(32) > 유당(16)' 순이다.

## 18

정답 ②

기름의 종류에 따라 발연점이 다른데 올리브유의 발연점은 175℃이다.

### 기름의 종류에 따른 발연점(℃)

| 땅콩기름 | 올리브유 | 라드 | 면실유 |
|---|---|---|---|
| 162℃ | 175℃ | 194℃ | 223℃ |

## 19

정답 ③

이스트 푸드를 사용할 때는 곰팡이, 맥아, 균사 등 효소제를 확인해야 한다.
① 이스트와 함께 녹여 사용하지 않는다.
② 물 또는 밀가루에 균일하게 분산해야 한다.
④ 양이 적어도 효과가 크므로 정확히 계량해야 한다.

## 20

정답 ④

템퍼링이란 초콜릿에 들어 있는 카카오 버터를 안정적인 β형으로 만들어 초콜릿 전체가 안정된 상태로 굳을 수 있도록 하는 온도 조절 작업을 말한다. 템퍼링을 하면 초콜릿을 구성하는 카카오 버터의 결정이 β형이 되어 입 안에서 녹는 감촉이 좋아진다.

## 21

정답 ③

창에는 방충, 방서용 금속망을 설치해야 하며, 크기는 30mesh(메쉬)가 적절하다.

## 22

정답 ③

공정시간은 단축한다.

### 노무비의 절감

- 생산의 소요시간, 공정시간을 단축함
- 설비관리를 철저히 하여 기계가 멈추지 않도록 신경을 써서 가동률을 높임
- 단순화와 표준화를 계획함
- 생산기술 측면에서 제조방법을 개선함

## 23

정답 ④

에센스 타입의 향료는 휘발성이 강한 알코올이 첨가되어 가열 시 모두 증발되므로 굽지 않는 버터크림 제조에 적합하다. 에센스 타입의 향료는 물에 용해될 수 있게 만든 제품으로 지용성 향료보다 내열성이 약해 고농도의 제품을 만들기 어렵다.

## 24

정답 ②

유지(쇼트닝)입자의 크기에 따라 파이 결의 크기가 달라진다. 크면 긴 결이 만들어지며, 너무 작으면 흡수되어 결이 없어진다.

## 25

정답 ①

모노글리세리드와 디글리세리드는 유화제의 역할을 하며, 노화를 지연시킨다.
② 탄산수소암모늄, ③ 염화암모늄 : 암모늄계 팽창제의 일종이다.
④ 이스트 푸드 : 이스트의 발효 촉진, 반죽 조절제, 물 조절제의 역할을 한다.

## 26

정답 ①

지방의 분해효소에는 리파아제, 스테압신 등이 있다. 에렙신은 단백질 분해효소에, 인베르타아제는 탄수화물 중 이당류 분해효소에, 치마아제는 탄수화물 중 산화효소에 해당한다.

## 27

정답 ③

식품자체의 소화, 흡수, 대사를 위해 사용되는 에너지 소비량으로 단백질을 섭취 시 30%, 당질은 6%, 지방은 4%가 열로 소비된다. 균형적인 식사를 할 경우 하루 총 에너지 소모량의 10% 정도를 소모한다.

## 28  정답 ③

휘퍼는 믹서의 반죽날개 종류 중 하나이다.
① **스패튤라** : 제과제빵용 도구로 케이크 등을 아이싱하기 위한 도구이다.
② **스쿱** : 제과제빵용 도구로 설탕이나 밀가루 등을 손쉽게 퍼내기 위한 도구이다.
④ **스파이크 롤러** : 제과제빵용 도구로 롤러에 가시가 박힌 것으로서 비스킷 또는 밀어 편 도우, 퍼프 페이스트리 등을 골고루 구멍을 낼 때 사용하는 기구이다.

> **반죽날개**
> • 반죽날개는 믹서 볼에서 여러 재료를 섞어 반죽을 만드는 역할을 하는 기구로 비터, 훅, 휘퍼로 구성되어 있음
> • 비터 : 반죽을 혼합하거나 교반하고 유연한 크림으로 만드는 기구
> • 훅 : 밀가루 단백질들을 글루텐으로 생성 및 발전시키는 기구
> • 휘퍼 : 생크림이나 계란의 거품을 내는 기구

## 29  정답 ③

도넛 위에 뿌리는 설탕 사용량을 늘리면 도넛에서 발한을 제거할 수 있다.
② 설탕 접착력이 높은 튀김기름을 사용한다.
④ 튀김시간을 늘려 도넛의 수분 함량을 줄인다.

> **도넛의 발한 대처 방법**
> • 설탕 접착력이 높은 스테아린을 첨가한 튀김기름을 사용함
> • 도넛의 수분 함량을 21~25%로 만듦
> • 튀김시간을 늘려 도넛의 수분 함량을 줄임
> • 40℃ 전·후로 충분히 식히고 나서 아이싱을 함
> • 도넛 위에 뿌리는 설탕 사용량을 늘림

## 30  정답 ③

디프로마트 크림은 우유 1ℓ로 만든 커스터드 크림에 무가당 생크림 1ℓ로 거품을 낸 휘핑 크림을 혼합한 크림이다.
① **퐁당** : 설탕에 물을 넣고 끓인 뒤 고운 입자로 결정화한 것으로 114~118℃로 끓인 뒤 다시 유백색 상태로 재결정화 시킨 것으로 38~44℃로 식혀서 사용한다.

② **냉제 머랭** : 흰자를 거품 내다가 설탕을 조금씩 넣으면서 튼튼한 거품체를 만든다. 이때 흰자 100, 설탕 200을 넣으며 거품 안정을 위해 소금 0.5와 주석산 0.5를 넣기도 한다.
④ **마시멜로 아이싱** : 달걀 흰자, 젤라틴에 뜨거운 시럽을 섞어 고속으로 거품을 일게 해 많은 공기가 함유되어 있다.

## 31  정답 ②

나가사키 카스텔라 제조 시 휘젓기를 하는 이유는 내상을 균일하게 하고 껍질표면을 매끄럽게 하며 반죽 온도를 균일하게 하기 위해서이다.

## 32  정답 ②

과자 반죽의 pH가 적정 범위를 벗어나 산이 강할 경우 연한 향이 난다.
①, ③, ④ 알칼리가 강한 경우에 제품에서 나타나는 현상이다.

**pH가 제품에 미치는 영향**

| 알칼리가 강한 경우 | 산이 강한 경우 |
| --- | --- |
| 어두운 속색과 껍질색 | 여린 껍질색 |
| 소다맛 | 톡 쏘는 신맛 |
| 강한 향 | 연한 향 |
| 정상보다 제품의 부피가 큼 | 빈약한 제품의 부피 |
| 거친 기공 | 너무 고운 기공 |

## 33  정답 ②

물은 노폐물과 영양소를 운반하는 기능을 한다.

> **물의 기능**
> • 탄력이 있어 체내 내장기관을 외부의 충격에서 보호
> • 노폐물과 영양소를 운반하고, 체온을 조절
> • 소화액 등 분비액의 주요성분이며 체내 모든 대사과정의 매체가 되어 촉매작용
> • 영양소 흡수로 세포막에 농도차가 생기면 물이 바로 이동하여 체액을 정상으로 유지

## 34 정답 ②

생크림은 보관 시 온도로 0~10℃가 적절하다. 냉장온도의 경우 0~5℃가 좋다.

## 35 정답 ①

췌장에는 3대 영양소를 소화시키는 효소(트립신, 리파아제, 아밀롭신)가 포함되어 있다.
② 위는 pH 2의 강산성. 단백질 소화만 이루어진다. 영양소는 거의 흡수되지 않으며 물과 소량의 알코올을 흡수한다.
③ 대장은 수분 흡수가 대부분이고 흡수가 안 된 영양소는 변으로 배설된다.
④ 소장은 소장 벽의 융털로 섭취 에너지의 95%가 흡수되며, 대부분의 영양소가 흡수된다.

## 36 정답 ③

아연(Zn)의 기능은 인슐린 합성 및 자극 활성화이다.

**무기질의 종류 - 인(P)·황(S)·아연(Zn)·요오드(I)**

| 종류 | 기능 | 결핍증 | 급원 식품 |
|---|---|---|---|
| 인<br>(P) | 세포의 구성 요소, 골격 구성 | – | 난황, 어패류, 콩류 등 |
| 황<br>(S) | 체구성 성분 (손톱, 머리카락) | 머리카락, 손톱, 발톱 성장 지연 | 육류, 치즈, 우유, 채소, 달걀 등 |
| 아연<br>(Zn) | 인슐린 합성 및 자극 활성화 | 당뇨병, 피부염, 알츠하이머, 빈혈 | 청어, 간, 달걀, 치즈, 굴 등 |
| 요오드<br>(I) | 갑상선 호르몬 (티록신) 성분 | 갑상선종 | 미역, 다시마, 어패류 등 |

## 37 정답 ②

빵의 냉각방법에는 터널식 냉각, 공기 조절식 냉각(에어컨디션식 냉각), 자연냉각이 있다.

**냉각을 시키는 방법**

| 터널식 냉각 | 공기 배출기를 이용한 냉각이며 소요시간은 2~2.5시간이 걸림 |
|---|---|
| 공기 조절식 냉각<br>(에어컨디션식 냉각) | 습도 85%, 온도 20~25℃의 공기에 통과시켜 90분간 냉각하는 방법 |
| 자연냉각 | 상온에서 냉각하며 소요시간은 3~4시간이 걸림 |

## 38 정답 ②

온제 머랭은 설탕과 흰자를 섞어 43℃로 중탕한 후 거품을 내다가 안정되면 분설탕을 섞는 머랭이다. 흰자 100에 설탕 200과 분설탕 20을 넣어 만들며 세공품, 공예과자를 만들 때 사용한다.
① **이탈리안 머랭** : 흰자를 거품내면서 설탕 시럽(설탕 100에 물 30을 넣고 114~118℃에서 끓임)을 부어 만든 머랭이다. 냉과나 무스를 만들 때 사용하거나 케이크 위에 장식을 얹고 토치를 사용해 강한 불에 구워 착색하는 제품을 만들 때 사용한다.
③ **스위스 머랭** : 설탕(2/3)과 흰자(1/3)를 섞어 43℃로 중탕 후 거품내면서 레몬즙을 첨가해 나머지 흰자에 설탕을 섞어 거품을 낸 냉제 머랭을 섞는다. 하루가 지나도 사용가능하고 구웠을 때 광택이 난다.
④ **프렌치 머랭(냉제 머랭)** : 흰자를 거품 내다가 설탕을 조금씩 넣으면서 튼튼한 거품체를 만든다. 설탕 200과 흰자 100을 넣고 거품 안정을 위해 주석산 0.5와 소금 0.5를 넣기도 한다.

## 39 정답 ①

폴리스티렌(PS)은 단단하고 가벼운 투명 재료이지만 충격에 약한 포장재로서 발포성 폴리스티렌(EPS)은 생선류와 육류의 트레이, 계란용기, 용기면 등으로 사용된다.
② **폴리에틸렌(PE)** : 내화학성 및 가격이 저렴하며 수분차단성이 좋은 포장재이다. 그러나 기체투과성이 크다. 식빵을 제외한 과자나 빵 등 일주일 이내를 목표로 하는 저지방 식품의 간이포장에 사용된다.
③ **폴리프로필렌(PP)** : 기계적강도, 표면광택도, 투명성이 좋아 라면류, 빵류, 각종 스낵류 등 유연포장의 인쇄용으로 사용된다.
④ **오리엔티드 폴리프로필렌(OPP)** : 가열에 의해 수축하며 가열접착을 할 수 없는 포장재로 내유성, 방습성, 투명성 등이 우수하다.

## 40 정답 ②

'사용할 물 온도 = (희망 반죽 온도×6) − (밀가루 온도 + 실내 온도 + 설탕 온도 + 쇼트닝 온도 + 계란 온도 + 마찰계수)'에 따라 '(28℃×6) − (22℃ + 29℃ + 20℃ + 21℃ + 25℃ + 23) = 28℃'가 된다. 사용할 물 온도 계산법은 다음과 같다.

> **사용할 물 온도 계산법**
> 사용할 물 온도 = (희망 반죽 온도×6) − (밀가루 온도 + 실내 온도 + 설탕 온도 + 쇼트닝 온도 + 계란 온도 + 마찰계수)

## 41 정답 ①

오버 베이킹은 완제품의 수분 함량이 적어 제품의 노화가 빨리 진행된다.

> **굽기온도가 부적당하여 발생하는 현상 - 오버 베이킹 (Over Baking)**
> • 완제품의 윗면이 평평하고 조직이 부드러움
> • 낮은 온도에서 긴 시간 동안 구운 것임
> • 완제품의 수분 함량이 적어 제품의 노화가 빨리 진행됨

## 42 정답 ②

'전체 반죽량 = 완제품의 중량×개수÷(1 − 굽기 손실률)'에 따라 '600g×300개÷(1 − 0.1) = 200,000g = 200kg'이 된다. 전체 반죽량의 계산법은 다음과 같다.

> **전체 반죽량의 계산법**
> 전체 반죽량 = 완제품의 중량×개수÷(1 − 굽기 손실률)

## 43 정답 ②

튀김에 기름을 반복 사용하다 보면 과산화물가가 증가한다.

> **튀김에 기름을 반복 사용할 경우 일어나는 주요한 변화**
> • 튀김기름은 이중결합이 있는 불포화지방산의 불포화도가 높아 튀김 시 공기 중에서 산소를 흡수하여 산화, 축합, 중합의 발생이 늘어나면서 차차 점성이 증가
> • 튀김기름을 반복해서 사용하면 푸른 연기가 발생하는 지점, 즉 발연점이 낮아짐
> • 과산화물가는 유지 1kg에 함유된 과산화물의 밀리몰(mM) 수로 표시
> • 산가는 유지 1g에 함유되어 있는 유리지방산을 중화하는 데 필요한 수산화칼륨(KOH)의 mg 수

## 44 정답 ①

식빵에서 설탕을 정량보다 적게 사용했을 경우 껍질이 엷고 부드러워진다.
②, ③, ④ 식빵에서 설탕을 정량보다 많이 사용했을 때 나타나는 현상이다.

**설탕의 양에 따른 제품의 결과**

| 항목 | 설탕이 정량보다 적은 경우 | 설탕이 정량보다 많은 경우 |
|---|---|---|
| 껍질색 | 연한 색 (잔당이 적기 때문에) | 어두운 적갈색 (잔당이 많기 때문에) |
| 외형의 균형 | • 모서리가 둥긂 <br> • 팬의 흐름이 적음 | • 완만한 윗 부분 <br> • 모서리가 각이 지고 찢어짐이 적음 <br> • 발효가 느리고 팬의 흐름성이 많음 |
| 부피 | 작음 | 작음 |
| 껍질 특성 | 엷고 부드러워짐 | 두껍고 질김 |
| 속색 | 회색 또는 황갈색을 띰 | 발효만 잘 지키면 좋은 색이 남 |
| 기공 | 가스 생성 부족으로 세포가 파괴됨 | 발효가 제대로 되면 세포는 좋아짐 |
| 맛 | 발효에 의한 맛을 못 느낌 | 맛이 닮 |
| 향 | 향미가 적으며 맛이 적당하지 않음 | 정상적으로 발효가 되면 향이 좋음 |

## 45

포도상구균 식중독에 대한 설명이다.

### 포도상구균 식중독
- 조리사의 피부에 생긴 고름인 화농에 있는 황색 포도상구균에 의해 식중독이 일어남
- 독소는 엔테로톡신이며 구토, 복통, 설사증상이 나타남
- 황색 포도상구균은 열에 약하나 이 균이 체외로 분비하는 독소는 내열성이 강해 일반 가열조리법(즉, 100℃에서 30분간 가열해도 파괴되지 않음)으로 식중독을 예방하기 어려움
- 김밥, 찹쌀떡, 도시락, 크림빵이 주원인 식품이며, 봄·가을철에 많이 발생함
- 조리사의 상처가 난 자리에 생긴 고름인 화농병소와 관련이 있고 잠복기는 평균 3시간임

## 46

둘신은 감미도가 설탕의 250배이며 백색의 결정을 지녔다. 절임류, 청량음료수, 과자류 등에 사용되다가 만성 중독인 혈액독을 일으키는 문제로 우리나라에서는 사용이 금지되었다.

### 유해 감미료
- 사이클라메이트 : 설탕의 40~50배 감미, 암 유발
- 둘신 : 설탕의 250배 감미
- 니트로톨루이딘 : 설탕의 200배 감미(원폭당, 살인당이라고도 불림)
- 페닐라틴 : 설탕의 2,000배 감미, 염증 유발
- 에틸렌글리콜 : 자동차 부동액

## 47

글루텐을 강하게 하여 반죽을 단단하게 한다.

### 제과·제빵에서 소금의 역할
- 재료들의 맛을 향상시켜 풍미를 줌
- 글루텐을 강하게 하여 반죽을 단단하게 함
- 젖산균의 번식을 억제하여 빵맛이 시큼해지지 않도록 함
- 캐러멜화의 온도를 낮추므로 같은 온도에서 같은 시간 제품을 구우면 제품의 껍질색이 진해짐
- 삼투압 작용으로 잡균의 번식을 억제하여 방부 효과가 있음
- 감미를 조절하는 기능을 함
- 이스트의 발효를 억제함으로써 발효 속도를 조절하여 작업 속도를 조절함
- 적은 양의 설탕을 사용했을 때 단맛을 증진시킴
- 많은 양의 설탕을 사용했을 때 단맛을 순화시킴

## 48

갈락토오스는 육탄당에 속한다.

### 탄수화물의 분류
- 단당류 중 오탄당 : 리보오스, 디옥시리보오스, 자일로스 · 아라비노스
- 단당류 중 육탄당 : 포도당, 과당, 갈락토오스
- 이당류 : 자당(설탕), 맥아당(엿당), 유당(젖당)
- 다당류 : 전분(녹말), 섬유소(셀룰로오스), 펙틴, 글리코겐, 덱스트린(호정), 이눌린, 한천

## 49

'젖은 글루텐 함량(%) = 젖은 글루텐 반죽의 무게÷밀가루 무게×100'이고, '건조 글루텐 함량(%) = 젖은 글루텐 함량(%)÷3'이므로 이에 따라 '20(젖은 글루텐 무게)÷100(밀가루 무게)×100 = 20%'가 된다.

### 젖은 글루텐 함량·건조 글루텐 함량의 계산법
- 젖은 글루텐 함량(%) = 젖은 글루텐 반죽의 무게÷밀가루 무게×100
- 건조 글루텐 함량(%) = 젖은 글루텐 함량(%)÷3

## 50 정답 ①

럼주는 제과에서 가장 많이 쓰이며, 당밀을 원료로 한다.

## 51 정답 ②

곰팡이독의 종류에 해당하는 것은 맥각 중독이다.

### 곰팡이독의 종류

| 맥각<br>중독 | 맥각균이 밀, 호밀, 보리에 기생하여 에르고타민, 에르고톡신 등의 독소 생성 |
|---|---|
| 황변미<br>중독 | • 신경독, 간암 유발<br>• 페니실리움속 곰팡이가 원인<br>• 수분이 14~15% 이상 함유된 쌀에 발생<br>• 쌀이 곰팡이에 의해 누렇게 변하는 현상 유발 |
| 아플라<br>톡신 | 보리, 쌀, 땅콩 등에 곰팡이가 침입하여 독소 생성, 간장독 유발 |

## 52 정답 ②

제조원가는 '직접원가, 제조간접비'의 합으로 이루어진다. '일반관리비'는 제조원가에 해당하지 않는다.

### 원가의 구성요소

| 기초원가 | 직접재료비 + 직접노무비 |
|---|---|
| 직접원가<br>(생산원가) | 직접재료비 + 직접노무비 + 직접경비 |
| 제조원가 | 직접원가 + 제조간접비(제품의 원가) |
| 총원가 | 제조원가 + 판매비 + 일반관리비 |
| 판매 가격 | 총원가 + 이익 |

## 53 정답 ④

반죽형 케이크의 부피가 작아지는 원인에는 강력분을 사용해서가 있다.

> **반죽형 케이크의 부피가 작아지는 원인**
> • 우유, 물이 많거나 팽창제가 부족한 경우
> • 유지의 유화성과 크림성이 나쁜 경우
> • 반죽의 비중이 높은 경우
> • 반죽을 패닝한 후 오래 방치한 경우
> • 팽창제를 과량으로 사용한 경우
> • 계란양이 부족하거나 품질이 낮은 경우
> • 강력분을 사용한 경우
> • 오븐 온도가 지나치게 낮거나 혹은 높은 경우

## 54 정답 ①

후추는 과일을 건조시킨 향신료로 가장 활용도가 높다. 매운맛이 나며 상큼한 향기가 나는 것이 특징이다.
② 바닐라 : 바닐라 빈을 발효시켜 짙은 갈색으로 변하면 바닐린 결정이 생겨 바닐라 특유의 향을 가지게 되는 향신료. 초콜릿, 아이스크림, 과자 등에 사용
③ 넛메그 : 육두구과 교목의 열매를 일광건조 시킨 것으로 넛메그와 메이스를 얻는 향신료. 빵도넛 제조 시 사용
④ 캐러웨이 : 씨를 통째로 갈아 만든 것으로 부드러운 단맛과 쓴맛을 가졌으며 상큼한 향기가 나는 향신료. 호밀빵 제조 시 사용

## 55 정답 ①

이스트 양이 많아지면 가스 발생력은 증가하고 발효 시간은 짧아진다.

## 56 정답 ②

알레르기성 식중독은 아미노산인 히스티딘이 모르간균의 증식으로 인해 분해되어 생성된 아민류와 히스타민을 섭취하면 발병한다. 원인식품으로는 신선도가 저하된 전갱이, 꽁치, 청어 등의 등푸른생선이 있다.

## 57　　　　　　　　　　　　　　정답 ③

스펀지 케이크의 기본 배합률은 밀가루 100%, 계란 166%, 설탕 166%, 소금 2% 이다.

## 58　　　　　　　　　　　　　　정답 ④

굽기 시 이중팬을 사용하여 파운드 케이크의 바닥과 옆면의 두꺼운 껍질 형성을 방지한다.

> **굽기 시 이중팬을 사용하는 목적**
> - 제품의 맛과 조직을 좋게 하고자
> - 제품 옆면과 바닥의 두꺼운 껍질 형성을 방지하고자

## 59　　　　　　　　　　　　　　정답 ③

자당(설탕)은 효소 인베르타아제에 의하여 '포도당 + 과당'으로 가수분해되는 환원당이다.

## 60　　　　　　　　　　　　　　정답 ③

단순 아이싱은 크림 아이싱에 포함되지 않는다. 크림 아이싱에는 마시멜로 아이싱, 퐁당 아이싱, 퍼지 아이싱이 있다.

### 아이싱의 종류

| 아이싱의 종류 | | 아이싱의 특성 |
| --- | --- | --- |
| 크림 아이싱 | 마시멜로 아이싱 | 흰자에 설탕 시럽을 넣어 거품을 올려 만든 것 |
| | 퐁당 아이싱 | 설탕 시럽을 교반해 기포를 넣어 만든 것 |
| | 퍼지 아이싱 | 초콜릿, 설탕, 우유, 버터를 주재료로 크림화시켜 만든 것 |
| 단순 아이싱 | | 향료, 물엿, 분설탕, 물을 섞어 43℃의 되직한 페이스트 상태로 만든 것 |

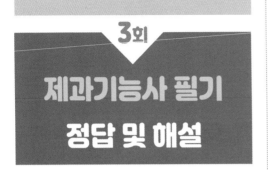

**03** 정답 ②

빵의 온도가 너무 높을 때는 포장지에 수분과다로 곰팡이 번식이 용이하며, 썰기가 어려워 찌그러지기 쉽다.

| 낮은 온도에서의 포장 | 높은 온도에서의 포장 |
|---|---|
| • 껍질이 건조됨<br>• 수분손실이 많아 노화가 가속화됨 | • 포장지에 수분과다로 박테리아 또는 곰팡이 번식이 용이함<br>• 썰기가 어려워 찌그러지기 쉬움 |

**04** 정답 ②

제분수율이 증가하면 일반적으로 비타민 $B_1$, 비타민 $B_2$ 함량과 회분(무기질) 함량이 증가한다.

> **제분율(제분수율)**
> • 밀을 제분하여 밀가루를 만들 때 밀에 대한 밀가루의 양을 %로 나타낸 것을 말함
> • 제분율이 낮을수록 껍질 부위가 적어 고급분임
> • 제분율이 높을수록 비타민$B_1$, 비타민$B_2$와 무기질의 함량이 증가함
> • 계산식 : 제분율(%) = $\frac{제분 중량}{원료 소맥 중량} \times 100$

**05** 정답 ③

어린 반죽으로 만든 빵 제품의 경우 부피가 작다.
①, ②, ④ 지친 반죽으로 만든 빵 제품의 특성이다.

| 항목 | 어린 반죽<br>(발효, 반죽이 덜된 것) | 지친 반죽<br>(발효, 반죽이 많이 된 것) |
|---|---|---|
| 기공 | 두꺼운 세포벽 | 얇은 세포벽 →<br>두꺼운 세포벽 |
| 부피 | 작음 | 커진 뒤 주저앉음 |
| 브레이크와<br>슈레드 | 터짐과 찢어짐이<br>아주 적음 | 커진 뒤에 작아짐 |
| 외형의 균형 | 뾰족한 모서리 | 둥근 모서리 |
| 껍질색 | 어두운 적갈색 | 밝은 색깔 |
| 껍질 특성 | 거칠고 질김 | 바삭거리고 두꺼움 |

# 3회 제과기능사 필기 정답 및 해설

| 01 | ② | 02 | ④ | 03 | ② | 04 | ② | 05 | ③ |
|---|---|---|---|---|---|---|---|---|---|
| 06 | ④ | 07 | ④ | 08 | ② | 09 | ③ | 10 | ① |
| 11 | ③ | 12 | ③ | 13 | ③ | 14 | ③ | 15 | ③ |
| 16 | ③ | 17 | ④ | 18 | ④ | 19 | ③ | 20 | ③ |
| 21 | ② | 22 | ③ | 23 | ② | 24 | ① | 25 | ④ |
| 26 | ③ | 27 | ④ | 28 | ② | 29 | ③ | 30 | ④ |
| 31 | ④ | 32 | ② | 33 | ① | 34 | ① | 35 | ③ |
| 36 | ④ | 37 | ③ | 38 | ② | 39 | ① | 40 | ① |
| 41 | ③ | 42 | ③ | 43 | ③ | 44 | ③ | 45 | ③ |
| 46 | ② | 47 | ③ | 48 | ④ | 49 | ④ | 50 | ① |
| 51 | ② | 52 | ① | 53 | ② | 54 | ① | 55 | ④ |
| 56 | ② | 57 | ④ | 58 | ② | 59 | ① | 60 | ① |

**01** 정답 ②

물의 경도를 조절하여 제빵성을 향상시키는 이스트 푸드의 구성 성분은 황산칼슘, 인산칼슘, 과산화칼슘이다.

**02** 정답 ④

퐁당은 설탕 100에 대해 물 30을 넣고 114~118℃로 끓여서 하얗고 뿌연 상태로 재결정화시킨 것으로 38~44℃에서 사용한다.

| 조직 | 거침 | 거침 |
|---|---|---|
| 향 | 생밀가루 냄새가 남 | 신 냄새가 남 |
| 맛 | 덜 발효된 맛 | 더욱 발효된 맛 |
| 속색 | 무겁고 어두운 속색, 숙성이 안된 색 | 색이 희고 윤기가 부족함 |
| 구운 상태 | 옆, 위, 아랫면이 모두 검음 | 연함 |

## 09 정답 ③

퍼프 페이스트리는 유지층 반죽 과자의 대표적인 제품으로 프렌치 파이라고도 한다. 유지 100%는 충전용 유지와 본 반죽에 넣는 것으로 나눈다. 충전용이 많을수록 결이 분명해지고 부피도 커진다. 그러나 밀어 펴기가 어려워진다. 반면에 본 반죽에 넣는 유지를 증가시킬수록 밀어 펴기는 쉽고 제품의 식감은 부드럽게 된다. 그러나 결이 나빠지고 부피가 줄게 된다.

① 식감이 부드럽게 된다.
② 밀어 펴기가 쉽다.
④ 결이 나빠진다.

## 06 정답 ④

HACCP는 위해 요소 분석과 중요 관리점의 영문 약자로서 '위해 요소 중점 관리 기준' 또는 '햇썹'이라고 한다. 즉, HACCP는 위해 방지를 위한 사전 예방적 식품 안전 관리 체계를 말한다. HACCP 제 5단계는 공정 흐름도 · 평면도의 작업 현장과의 일치 여부를 확인하는 단계로, 작성된 공정 흐름도 · 평면도가 현장과 일치하는지 검증한다.

### HACCP 준비 5단계
- 제 1단계 : HACCP팀 구성
- 제 2단계 : 제품 설명서 작성
- 제 3단계 : 제품의 사용 용도 파악
- 제 4단계 : 공정 흐름도, 평면도 작성
- 제 5단계 : 공정 흐름도, 평면도의 작업 현장과의 일치 여부 확인

## 07 정답 ④

글루테닌은 중성 용매에 불용성이며, 약 20%를 차지한다.
① 글로불린 : 수용성이나 세척되지 않으며, 약 7%를 차지한다.
② 글리아딘 : 반죽이 신장성을 갖게 하고 빵의 부피와 관련이 있으며, 약 36%를 차지한다.
③ 메소닌 : 묽은 초산에 용해성이 있으며, 약 17%를 차지한다.

## 08 정답 ②

프리믹스란 제품에 따라 분유, 계란 분말, 밀가루, 소금, 설탕 등의 재료와 이스트, 베이킹소다, 베이킹파우더와 같은 팽창제 등이 제품의 특성에 맞게 균일하게 혼합된 원료를 말한다.

## 10 정답 ①

케이크 도넛의 반죽 온도가 높은 경우 과도한 팽창이 일어난다.
②, ③, ④ 케이크 도넛의 반죽 온도가 낮은 경우 제품에 나타나는 현상이다.

| | |
|---|---|
| 케이크 도넛의 반죽 온도가 높은 경우 제품에 나타나는 현상 | • '혹' 모양 돌출<br>• 과도한 팽창<br>• 흡유 과다<br>• 표면이 갈라짐<br>• 강한 점도<br>• 표면의 요철 |
| 케이크 도넛의 반죽 온도가 낮은 경우 제품에 나타나는 현상 | • '혹' 모양 돌출<br>• 팽창부족<br>• 흡유 과다<br>• 표면이 갈라짐<br>• 강한 점도<br>• 표면의 요철<br>• 딱딱한 내부<br>• 외부 '링' 과대<br>• 톱니모양의 외피 |

## 11 정답 ③

분당은 설탕을 마쇄한 분말로 3%의 옥수수 전분을 혼합하여 덩어리가 생기는 것을 방지한다.

### 분당(슈가 파우더, 분설탕)
덩어리가 생기는 것을 방지하고자 3% 정도의 옥수수 전분을 혼합하며 전분 이외에 고화 방지제로서 인산칼슘을 1% 이내로 첨가함

## 12           정답 ③

세균의 최적 pH(수소이온 농도)는 pH 6.5∼pH 7.5이다.

## 13           정답 ③

배합률을 구하는 공식을 보면 '카카오 버터 = 초콜릿량 × 37.5%($\frac{3}{8}$)'이고, '조절한 유화 쇼트닝 = 원래 유화 쇼트닝 − (카카오 버터 × $\frac{1}{2}$)'이다. 그러므로 초콜릿 케이크를 만든다면 원래의 쇼트닝 70%는 '카카오 버터 = 48 × $\frac{3}{8}$ = 18%'에 따라 '조절한 유화 쇼트닝 = 70 − (18 × $\frac{1}{2}$) = 61%'가 된다. 따라서 61%로 조절해야 한다.

## 14           정답 ③

케이크별 반죽의 비중 차이를 보면 패닝하는 반죽의 부피가 같을 때 제시문에서 제시된 케이크 중 롤 케이크가 가장 가벼운 반죽이 되는 것을 알 수 있다.

> **제품별 반죽의 비중**
> • 시폰 케이크 : 0.35∼0.4
> • 롤 케이크 : 0.4∼0.45
> • 스펀지 케이크 : 0.55 전후
> • 파운드 케이크 : 0.75 전후
> • 레이어 케이크 : 0.85 전후

## 15           정답 ③

고온 살균법은 95∼120℃에서 30분∼1시간 가열한다.

> **가열 살균법의 종류**
> • 초고온 순간 살균법(UHT) : 130∼140℃에서 2초간 가열(과즙, 우유)
> • 고온 살균법 : 95∼120℃에서 30분∼1시간 가열
> • 고온 단시간 살균법(HTST) : 70∼75℃에서 15초간 가열
> • 저온 장시간 살균법(LTLT) : 60∼65℃에서 30분간 가열(우유의 살균에 주로 이용)

## 16           정답 ③

수용성 향료는 물에 녹지 않는 유상의 방향성분을 글리세린, 물, 알코올 등의 혼합용액에 녹여 만든다. 물에 용해될 수 있게 만든 제품으로 지용성 향료보다 내열성이 약하고 고농도의 제품을 만들기 어렵다는 단점이 있다.

## 17           정답 ④

탄수화물의 상대적 감미도 순서는 '전화당(130) > 자당(100) > 포도당(75) > 맥아당(32) > 유당(16)' 이다.

## 18           정답 ④

낮은 반죽 온도로 인해 단과자빵의 껍질에 흰 반점이 생길 수 있다.

> **과자빵류의 결함 원인 - 껍질에 흰 반점 발생**
> • 발효 중 반죽이 식음
> • 낮은 반죽 온도가 원인이 됨
> • 숙성 덜된 반죽을 사용함
> • 굽기 전 찬 공기를 오래 접촉함

## 19           정답 ③

커스터드 푸딩은 160∼170℃의 오븐에서 중탕으로 굽기를 하며 너무 온도가 높으면 푸딩 표면에 기포가 생기므로 주의한다.

## 20           정답 ③

소다(탄산수소나트륨, 중조)는 베이킹파우더의 3배 효과를 지녔다. 따라서 소다 10g은 베이킹파우더 30g(10g × 3)과 효과가 같다.

## 21           정답 ②

유지 1g을 검화하는 데 소용되는 수산화칼륨(KOH)의 밀리그램(mg) 수를 검화가라고 한다.

① **과산화물가** : 유지 중 존재하는 과산화물의 양을 나타내는 값이다.
③ **요오드가** : 유지의 불포화도를 나타내는 지표로, 100g의 유지에 흡수되는 요오드의 그램(g) 수를 나타낸다.
④ **산가** : 유지 1g 중 함유된 유리 지방산을 중화하는 데 필요한 수산화칼륨의 밀리그램(mg) 수를 말한다.

> **팬의 용적을 구하는 계산법**
> • 팬의 용적 = 반지름×반지름×3.14×높이
>
> **반죽량을 구하는 계산법**
> • 반죽량 = 용적÷비용적

## 22 　　　　　　　　　　　　　정답 ③

식빵류의 부피가 너무 작은 경우, 발효시간을 증가시킨다.

> **식빵류의 결함 원인 - 부피가 작음**
> • 반죽 속도가 빠를 때
> • 이스트 사용량 부족
> • 오븐의 증기가 적거나 많을 때
> • 오븐의 온도가 초기에 높을 때
> • 미성숙 밀가루 사용
> • 물 흡수량이 적음
> • 알카리성 물 사용
> • 부족한 믹싱
> • 2차 발효 부족
> • 성형 시 주위의 낮은 온도
> • 오래된 밀가루 사용
> • 효소제 사용량 과다
> • 소금, 분유 사용량, 설탕, 쇼트닝 과다
> • 오래되거나 온도가 높은 이스트 사용
> • 너무 차가운 믹서, 틀의 온도
> • 팬의 크기에 비해 부족한 반죽량
> • 반죽이 지나치거나 부족할 때
> • 약한 밀가루 사용
> • 이스트 푸드의 사용량 부족
> • 오븐에서 거칠게 다룸

## 23 　　　　　　　　　　　　　정답 ③

팬의 용적을 구하는 계산법은 '용적 = 반지름×반지름×3.14×높이'이므로 용적은 '용적 = 10cm×10cm×3.14×8.5cm = 2669cm³'이다. 반죽량을 구하는 계산법은 '반죽량 = 용적÷비용적'이므로 '반죽량 = 2669cm³÷2.5cm³ = 1067.6g'이다. 이때 반죽의 70%로 팬닝한다면 채워야할 반죽의 무게는 '1067.6×0.7 = 747.32g≒748g'이다.

## 24 　　　　　　　　　　　　　정답 ①

젤라틴은 동물의 연골과 껍질 속에 있는 콜라겐을 정제한 것으로 동물성 안정제에 해당한다.

## 25 　　　　　　　　　　　　　정답 ④

레시틴과 모노디글리세리드는 계면 활성제(유화제)로 과자와 빵의 조직 및 부피를 개선하고 노화를 지연시키는 등의 역할을 한다.

## 26 　　　　　　　　　　　　　정답 ③

결핵은 원인균이 마이코박테리움 투베르쿠로시스로 세균성 질병이며 병에 걸린 동물의 우유(젖)를 통해 경구적으로 감염된다.
① **탄저병** : 사람의 탄저는 주로 축산물 및 가축으로부터 감염된다. 원인균은 바실러스 안트라시스로 세균성 질병이며 수육을 조리하지 않고 섭취하였거나 피부상처 부위로 감염되기 쉽다.
② **야토병** : 세균성 질병으로 동물은 진드기, 벼룩, 이에 의해 전파되고 사람은 병에 걸린 토끼고기, 모피에 의해 피부 점막에 균이 침입하거나 경구적으로 감염된다.
④ **돈단독** : 세균성 질병으로 돼지의 피부에 단독, 즉 다이아몬드 모양의 피부병을 일으킨다. 돼지 등 가축의 고기나 장기를 다룰 때 피부의 창상으로 균이 침입하거나 경구감염이 되기도 한다.

### 그 이외 인·축 공통감염병(인수 공통감염병)의 종류

| Q열 | • 증상이 비교적 뚜렷하지 않으나 발열과 함께 호흡기 증상이 나타남<br>• 우유 살균, 흡혈 곤충 박멸, 소의 감염 진단 등의 예방법이 있음<br>• 병원체는 소, 양, 설치류 등 |
|---|---|

| 브루셀라증 (파상열) | • 병에 걸린 동물의 유즙, 유제품이나 식육을 거쳐 경구 감염됨<br>• 소나 돼지 등의 동물에게 유산을 일으키며, 사람에게는 열성 질환을 가져옴 |
|---|---|
| 리스테리아증 | • 소아나 성인에게 뇌수막염을, 임산부에게 자궁 내 패혈증을 일으키기도 함<br>• 병원체는 리스테리아균으로, 감염 동물과 접촉하거나 오염된 식육, 유제품 등을 섭취해 감염. 소, 양, 염소, 닭 등이 있음 |

## 지용성 비타민의 종류

| 구분 | 기능 | 결핍증 | 급원 식품 |
|---|---|---|---|
| 비타민 A (레티놀) | 시력에 관여, 발육을 촉진하여 저항력 증강 | 야맹증, 건조성 안염 | 버터, 난황, 간유, 김, 녹황색 채소 |
| 비타민 D (칼시페롤) | 뼈의 성장에 관여, 칼슘과 인의 흡수력 증강 | 구루병, 골연화증, 골다공증 | 간유, 어유, 난황, 버터 |
| 비타민 E (토코페롤) | 근육 위축 방지, 항산화제 | 근육 위축증, 불임증 | 식물성 기름, 난황, 우유 |
| 비타민 K (필로퀴논) | 포도당의 연소에 관계, 혈액 응고 작용 | 혈액 응고 지연 | 난황, 간유, 녹색 채소 |

## 27
정답 ④

유지와 반죽의 굳은 정도를 같게 한다. 파이를 냉장고에서 휴지시키는 이유는 다음과 같다.

> **파이를 냉장고에서 휴지시키는 이유**
> • 끈적거림을 방지해 작업성을 좋게 함
> • 유지와 반죽의 굳은 정도를 같게 함
> • 반죽을 연화 및 이완시킴
> • 전 재료의 수화 기회를 줌

## 28
정답 ④

슈를 구울 때는 찬 공기가 들어가면 주저앉게 되므로 팽창 과정 중에서 오븐 문을 자주 여닫지 않도록 한다.

## 29
정답 ③

탄저의 원인 균은 바실러스 안트라시스이며, 수육을 조리하지 않고 섭취하거나 또는 피부 상처 부위로 감염되기 쉽다.

## 30
정답 ④

비타민 D는 지용성 비타민에 해당한다. 비타민은 지용성 비타민과 수용성 비타민으로 나눌 수 있다. 지용성 비타민에는 '비타민 A, 비타민 D, 비타민 E, 비타민 K'가 있으며, 수용성 비타민에는 '비타민 $B_1$, 비타민 $B_2$, 비타민 $B_3$, 비타민 $B_6$, 비타민 $B_9$, 비타민 $B_{12}$, 비타민 C'가 있다.

## 31
정답 ④

비스킷 반죽을 오랫동안 믹싱하면 성형이 어렵고 크기가 작아지며, 글루텐이 단단해진다.
①, ④ 글루텐이 단단해진다.
② 성형이 어려워진다.
③ 제품의 크기가 작아진다.

## 32
정답 ②

머랭에 지방 성분이 들어가면 거품이 오르지 않으며, 노른자에는 지방 성분이 많다.
① 주석산 크림을 넣는다.
③ 머랭의 온도를 따뜻하게 한다.
④ 사용하는 용기 내에 유지가 없어야 한다.

## 33
정답 ①

엔젤 푸드 케이크는 계란의 거품을 이용한다는 측면에서 스펀지 케이크와 유사한 거품형 제품이나 전란 대신에 흰자를 사용하는 것이 다르다. 완제품 속색이 흰색의 속결로 마치 천사와 같다고 하여 엔젤 푸드 케이크라 불린다. 엔젤 푸드 케이크(pH 5.2~6.0)는 케이크류에서 반죽비중이 가장 낮다.
② **레이어 케이크** : 반죽형 반죽 과자류의 대표적인 제품 중 설탕 사용량이 밀가루 사용량보다 많은 고율배합 제품이다.
③ **파운드 케이크** : 반죽형 반죽 과자류의 대표적인 제품 중 저율배합 제품이다.

④ **롤 케이크** : 거품형 반죽에서 전란을 사용해 해면성이 큰 스펀지 반죽으로 롤 케이크를 만든다. 스펀지 케이크를 변형시켜 만든 롤 케이크는 기본 배합인 스펀지 케이크보다 수분이 많아 말 때 표피가 터지지 않게 된다.

## 34          정답 ①

사과파이껍질의 온도는 20℃ 정도가 적당하므로 실온 30℃을 감안하여 물의 온도는 4℃가 적당하다.

## 35          정답 ③

프랑스식 반죽법에 대한 문제이다. 페이스트리 반죽을 만드는 반죽법은 다음과 같다.

### 페이스트리 반죽법

| | |
|---|---|
| **속성법<br>(아메리칸식)** | • 층이 없으면서 바삭한 파이를 만들고자 할 때 사용함<br>• 피복용 유지를 밀가루 위에 놓고 잘게 잘라 밀가루와 혼합한 후 물을 투입해 반죽을 완료하는 반죽법 |
| **반죽형<br>(스코틀랜드식)** | • 쉽게 작업할 수 있는 편리한 반죽법이지만 대신 덧가루가 많이 들어 완제품이 단단함<br>• 직사각형으로 밀어 편 반죽 위에 피복용 유지를 조금씩 떼어내어 바르는 방법 |
| **프랑스식<br>반죽법** | • 영국식 반죽법에 비해 제품의 부피가 다소 떨어지지만 결이 균일하고 좀 더 부드러운 제품을 만들 수 있음<br>• 유지를 감쌀 반죽을 만들 때 소금, 밀가루, 물 이외에 반죽용 유지가 들어감 |
| **영국식<br>반죽법** | • 큰 부피의 제품을 만들고자 하는 경우에 사용함<br>• 유지를 감쌀 반죽을 만들 때 소금, 밀가루, 물 이외에 반죽용 유지가 들어가지 않음<br>• 반죽을 직사각형으로 밀어 편 후에 2/3 정도의 부분을 피복용 유지로 덮는 방법 |

## 36          정답 ④

펩타이드(펩티드)는 아미노산과 아미노산 간의 결합으로 이루어진 단백질의 2차 구조를 말한다.

## 37          정답 ③

밀가루의 믹싱 내구성, 흡수율, 믹싱 시간을 측정하는 반죽의 물리적 시험은 패리노그래프이다.
① **익스텐소그래프** : 반죽의 신장성과 신장에 대한 저항을 측정하는 기계
② **레오그래프** : 반죽이 기계적 발달을 할 때 나타나는 변화를 측정하여 그래프로 표시하는 기록형 믹서
④ **아밀로그래프** : 물의 현탁액과 밀가루를 매분 1.5℃씩 온도를 균일하게 상승시켜 이때 일어나는 밀가루의 점도 변화를 계속적으로 자동 기록하는 장치

## 38          정답 ②

포도상구균 식중독은 화농에 황색 포도상구균이 있으며, 포도상구균 자체는 열에 약하나 이 균이 체외로 분비하는 독소인 엔테로톡신은 내열성이 강해 일반가열조리법 즉, 100℃에서 30분간 가열해도 파괴되지 않는다. 급성위장염, 설사, 복통, 구토 등의 증상이 나타난다.
① 보툴리누스균 식중독 – 구토 및 설사, 호흡곤란, 신경마비, 동공확대, 시력저하, 사망 등
③ 장염 비브리오균 식중독 – 장염 비브리오는 바닷물에서 서식하는 해수 세균의 일종(민물고기는 관련 없음)
④ 병원성 대장균 식중독 – 설사, 복통, 두통, 구토, 식욕부진 등을 유발하지만 발열증상이 없고 치사율도 거의 없음

## 39          정답 ①

바이러스성 전염병에는 홍역, 감염성 설사증, 소아마비, 유행성 간염, 일본뇌염 등이 있다.
② **파라티푸스** : 세균성 감염병
③ **결핵** : 세균성 감염병
④ **발진티푸스** : 리케치아성 감염병

정답<br>및<br>해설

**병원체에 따른 감염병의 종류**
- 바이러스성 감염병 : 홍역, 소아마비(급성 회백수염, 폴리오), 감염성 설사증, A형 간염(유행성 간염), 인플루엔자, 천열, 유행성 이하선염, 일본뇌염, 광견병 등
- 세균성 감염병 : 파라티푸스, 장티푸스, 콜레라, 세균성 이질, 장출혈성 대장균감염증, 비브리오 패혈증, 디프테리아, 탄저, 성홍열, 브루셀라증, 결핵 등
- 리케치아성 감염병 : 쯔쯔가무시증, Q열, 발진티푸스, 발진열 등
- 원생 동물성 감염병 : 아메바성 이질 등

## 40　　　　　　　　　　　　　　　　정답 ①

배아(씨유)는 밀 전제 무게의 2~3% 정도를 차지한다.

### 밀의 구조

| 밀의 구조 | 차지하는 무게 구성비 |
| --- | --- |
| 내배유(배유) | 밀 전체 무게의 83% 차지 |
| 배아(씨눈) | 밀 전체 무게의 2~3% 차지 |
| 껍질(밀기울) | 밀 전체 무게의 14% 차지 |

## 41　　　　　　　　　　　　　　　　정답 ③

키르슈와 마라스키노는 체리 성분을 원료로 만든 리큐르이다. 리큐르는 증류주에 과즙, 과실, 약초, 향초 등을 배합하고 설탕 같은 감미료와 착색료를 더해 만든 술 혼성주를 말한다.

### 리큐르의 종류

| 체리 리큐르 | 키르슈 | 잘 익은 체리의 과즙을 발효·증류시켜 만든 브랜디 |
| --- | --- | --- |
| | 마라스키노 | 마라스카종(블랙체리)을 사용하며, 달고 강렬한 풍미가 특징 |
| 오렌지 리큐르 | 쿠앵트로 | 오렌지 껍질로 만든 리큐르로, 쿠앵트로사에서 만든 오렌지 술 |
| | 큐라소 | 오렌지 껍질로 만든 리큐르로, 달면서도 쓴맛이 강함 |
| | 그랑 마르니에 | 오렌지를 원료로 한 큐라소 계열의 리큐르 중 대표적인 상품명 |
| | 트리플섹 | 오렌지로 만든 리큐르로, 가격이 가장 저렴함 |

| 만다린 리큐르 | 만다린 오렌지의 껍질을 이용해서 만든 리큐르로 큐라소와 같은 오렌지계 리큐르의 하나 |
| --- | --- |
| 트로피컬 프루츠 리큐르 | 여러 가지 과일을 원료로 하여 만든 리큐르 |
| 칼루아 | 데킬라, 커피, 설탕으로 만든 술로, 색상은 갈색이며 티라미수처럼 커피 향이 필요한 제품에 사용함 |

## 42　　　　　　　　　　　　　　　　정답 ③

유도 단백질은 알칼리, 열, 산, 효소 등의 작용제에 의한 분해로 얻어지는 단백질의 1차, 2차 분해 산물을 말한다. 여기에는 메타단백질, 펩톤, 펩티드, 프로테오스 등이 있다. 금속 단백질은 복합 단백질에, 프롤라민과 알부민은 단순 단백질에 해당한다.

## 43　　　　　　　　　　　　　　　　정답 ④

거품형 반죽법으로 만든 제품에는 엔젤 푸드 케이크, 스펀지 케이크, 카스텔라, 오믈렛, 롤 케이크 등이 있다.
①, ②, ③ 반죽형 반죽법에 따른 제품에 해당한다.

**반죽법별 해당 제품**
- 반죽형 반죽법에 따른 제품 : 머핀 케이크, 파운드 케이크, 과일 케이크, 바움쿠엔, 마들렌, 레이어 케이크류 등
- 거품형 반죽법에 따른 제품 : 엔젤 푸드 케이크, 스펀지 케이크, 카스텔라, 오믈렛, 롤 케이크 등
- 시폰형 반죽법에 따른 제품 : 시폰 케이크 등
- 페이스트리 반죽법에 따른 제품 : 사과 파이, 호두 파이, 나비 파이, 슈크림 등

## 44　　　　　　　　　　　　　　　　정답 ①

증류수는 pH 7에 해당한다.

### 가장 많이 쓰는 재료의 pH

| 치즈 | pH 4.0~4.5 |
| --- | --- |
| 박력분 | pH 5.2 |

| 우유 | pH 6.6 |
|---|---|
| 설탕 | pH 6.5~7 |
| 증류수 | pH 7 |
| 베이킹파우더 | pH 6.5~7.5 |
| 베이킹소다(중조) | pH 8.4~8.8 |
| 흰자 | pH 8.8~9 |

## 45 정답 ④

하루 2,400kcal를 섭취하는 20대의 경우 단백질의 적절한 섭취량은 '2,400kcal×15%÷4 = 90g'이다.

## 46 정답 ②

달걀의 사용량 계산법은 '달걀(전란) = 쇼트닝×1.1'이므로 해당 제시문에 따라 달걀의 사용량은 '63×1.1 = 69.3%'가 된다. 우유의 사용량 계산법은 '우유 = 설탕 + 30 + (코코아×1.5) − 달걀'이므로 해당 제시문에 따라 우유 사용량은 '180 + 30 + (20×1.5) − 69.3 = 170.7%'이 된다. 우유 중 수분은 90%, 고형분은 10%를 차지하며, 수분은 물로 고형분은 분유로 사용한다. 따라서 분유는 170.7×0.1 = 17.07%이며, 물은 170.7×0.9 = 153.63%이다.

> **달걀의 사용량 계산법**
> 달걀(전란) = 쇼트닝×1.1
>
> **우유 사용량 계산법**
> 우유 = 설탕 + 30 + (코코아×1.5) − 달걀(전란)

## 47 정답 ③

옐로 레이어 케이크에서 쇼트닝과 전란의 사용량 관계는 '전란(달걀) = 쇼트닝×1.1'이다.

## 48 정답 ④

지방은 지방산 3분자와 글리세롤(글리세린) 1분자가 결합하여 만들어진 에스테르 화합물이다.

## 49 정답 ④

가나슈크림은 80℃ 이상 끓여 살균한 생크림에 초콜릿을 1 : 1 비율로 섞어서 만든 크림이다.

## 50 정답 ①

칼슘의 흡수를 방해하는 흡수방해물질에는 '시금치의 옥살산'과 '콩류의 피트산'이 있다.

> **칼슘(Ca)**
> • 결핍증 : 골연화증, 구루병, 골다공증
> • 흡수방해물질 : 시금치의 옥살산(수산), 콩류(대두)의 피트산
> • 급원식품 : 계란, 우유 및 유제품, 뼈째 먹는 생선

## 51 정답 ②

계란과 우유는 구성재료와 수분공급의 역할을 하고 설탕, 코코아는 연화재료와 고형분의 역할을 한다. '우유 + 계란(전란) = 설탕 + 30 + (코코아×1.5)'이므로 우유 사용량 계산법은 '우유 = 설탕 + 30 + (코코아×1.5) − 계란(전란)'이 된다.

## 52 정답 ①

이탈리안 머랭은 흰자를 거품내면서 설탕 시럽(설탕 100에 물 30을 넣고 114~118℃ 끓임)을 부어 만든 머랭으로 냉과나 무스를 만들 때 사용하거나, 케이크 위에 장식으로 얹고 토치를 사용해 강한 불에 구워 착색하는 제품을 만들 때 사용한다.
② 프렌치 머랭(냉제 머랭) : 흰자를 거품 내다가 설탕을 조금씩 넣으면서 튼튼한 거품체를 만든다. 이때 흰자 100, 설탕 200을 넣으며 거품 안정을 위해 소금 0.5와 주석산 0.5를 넣기도 한다.
③ 스위스 머랭 : 흰자(1/3)와 설탕(2/3)을 섞어 43℃로 중탕 후 거품내면서 레몬즙을 첨가하고, 나머지 흰자에 설탕을 섞어 거품을 낸 냉제 머랭을 섞는다. 하루가 지나도 사용 가능하고 구웠을 때 광택이 난다.
④ 온제 머랭 : 흰자와 설탕을 섞어 43℃로 중탕 후 거품을 내다가 안정되면 분설탕을 섞는다. 이때 흰자 100, 설탕 200, 분설탕 20을 넣는다. 공예과자, 세공품을 만들 때 사용한다.

## 53 정답 ②

카스텔라는 반죽의 건조를 방지하고 밑면 및 옆면의 껍질이 두꺼워지는 것을 방지하기 위해 나무틀을 사용해 굽는다. 굽기 온도는 180~190℃가 적합하다.

① 케이크 도넛 : 화학팽창제를 사용해 팽창시키며 도넛의 껍질 안쪽 부분이 보통의 케이크와 조직이 비슷해 붙여진 이름이다. 배합의 향료, 배합, 향신료의 사용으로 다양한 제품을 만들 수 있다.

③ 애플 파이 : 미국을 대표하는 음식으로 속성법으로 반죽을 만들며 일명 '아메리칸 파이, 쇼트 페이스트리'라고도 불린다. 껍질을 위아래로 덮는 과일 파이(애플 파이, 파인애플 파이, 체리 파이 등)와 밑면에만 껍질이 있는 파이(호두 파이, 고구마 파이, 호박 파이 등)가 있다.

## 54 정답 ①

주방의 환기는 소형의 환기장치를 여러 개 설치하여 주방의 공기오염 정도에 따라 가동률을 조정하고 가스를 사용하는 장소에는 환기덕트를 설치해야 한다.

## 55 정답 ④

괴혈병은 비타민 C의 결핍증에 해당한다. 티아민은 비타민 B₁을 가리킨다. 티아민은 당질 에너지 대사의 조효소 기능을 한다. 흡수된 비타민 B₁은 체내에서 비타민 B₁의 80%는 TPP(Thiamin pyrophosphate)로 전환되어 존재한다.

## 56 정답 ②

파운드 케이크를 구운 직후 노른자에 설탕을 넣고 칠하면 광택제 효과가 있다.

> **파운드 케이크를 구운 직후 노른자에 설탕을 넣고 칠하는 목적**
> • 착색 효과
> • 광택제 효과
> • 보조기간 개선
> • 맛의 개선

## 57 정답 ④

슈는 표면에 침지나 분무를 하여 수막을 만든다.

① 밤과자 : 성형 후 덧가루를 제거하고자 분무 후 표면을 건조시킨 다음 노른자 착색을 한다.

② 핑거 쿠키 : 표면 건조 후 가운데를 의도적으로 길게 칼집을 내어 터짐을 유도하는 경우도 있다.

③ 마카롱 : 완제품의 표면이 터지는 것을 막고자 성형 후 표면을 건조한다.

## 58 정답 ②

밀가루로 오인하는 경우가 있으며 농약 및 불순물로 식품에 혼입되는 경우가 많은 물질은 비소(As)이다.

> **비소(As)**
> • 밀가루 등으로 오인하고 섭취하여 발병
> • 농약 및 불순물로 식품에 혼입되는 경우가 많음
> • 위통, 구토, 경련 등을 야기하는 급성 중독과 습진성 피부질환을 초래

## 59 정답 ①

제과에 사용하는 밀가루의 단백질 함량은 7~9%이다.

**단백질의 경도와 양에 따른 밀의 분류**

| 밀의 경도 | | 제품 유형 | 단백질량 (%) | 용도 |
|---|---|---|---|---|
| 연질밀 | 분상질 (초자율 30% 이하) | 박력분 | 7~9 | 과자 |
| | | 중력분 | 8~10 | 면류, 우동 |
| 반경질밀 | 반초자질 (초자율 30%) | 준강력분 | 10.5~12 | 과자빵용 |
| 경질밀 | 초자질 (초자율 70%) | 듀럼분 | 11~12.5 | 마카로니, 스파게티 |
| | | 강력분 | 12~15 | 식빵용 |

## 60 정답 ①

인(P)은 결핍증이 거의 없다.
② 요오드(I)는 바세도우씨병 이외 부종, 피로, 갑상선종, 지능 미숙, 성장부진 등의 결핍증 · 과잉증이 있다.

### 무기질의 종류

| 종류 | 기능 | 결핍증 · 과잉증 |
|---|---|---|
| 나트륨 (Na) | 체액의 삼투압과 수분 조절 | 과잉 – 동맥 경화증 |
| 철 (Fe) | 적혈구 형성, 헤모글로빈 (혈색소) 생성, 산소 운반 | 빈혈 |
| 아연 (Zn) | 인슐린 합성 및 자극 활성화 | 당뇨병, 피부염, 알츠하이머, 빈혈 |
| 칼륨 (K) | 삼투압 조절 기능, 체액 중성 유지 기능, 심장의 규칙적 고동 기능, 신경 안정 기능 | 결핍증 거의 없음 |
| 칼슘 (Ca) | 근육의 수축 및 이완 작용, 혈액 응고 작용, 골격 구성 | 골다공증, 구루병, 골연화증 |
| 인 (P) | 세포의 구성 요소, 골격 구성 | 결핍증 거의 없음 |
| 마그네슘 (Mg) | 체액의 알칼리 유지, 신경 자극 전달, 근육의 수축 · 이완 작용 | 결핍증 거의 없음 |
| 요오드 (I) | 갑상선 호르몬(티록신) 성분 | 갑상선종 |
| 코발트 (Co) | 비타민 $B_{12}$의 주성분 | 결핍증 거의 없음 |
| 구리 (Cu) | 철의 흡수와 운반을 도움 | 악성 빈혈 |
| 황 (S) | 체구성 성분 (손톱, 머리카락) | 머리카락, 손톱, 발톱 성장 지연 |
| 염소 (Cl) | 위액의 주요 성분 (위산 생성) | 식욕 부진, 소화 불량 |

정답 및 해설

**4회**

# 제과기능사 필기
# 정답 및 해설

| 01 | ④ | 02 | ③ | 03 | ③ | 04 | ② | 05 | ④ |
|----|---|----|---|----|---|----|---|----|---|
| 06 | ① | 07 | ③ | 08 | ④ | 09 | ③ | 10 | ③ |
| 11 | ② | 12 | ③ | 13 | ④ | 14 | ① | 15 | ③ |
| 16 | ② | 17 | ④ | 18 | ② | 19 | ② | 20 | ④ |
| 21 | ④ | 22 | ③ | 23 | ① | 24 | ② | 25 | ② |
| 26 | ④ | 27 | ① | 28 | ② | 29 | ④ | 30 | ④ |
| 31 | ④ | 32 | ④ | 33 | ③ | 34 | ② | 35 | ④ |
| 36 | ① | 37 | ③ | 38 | ③ | 39 | ④ | 40 | ④ |
| 41 | ③ | 42 | ③ | 43 | ③ | 44 | ③ | 45 | ① |
| 46 | ① | 47 | ② | 48 | ③ | 49 | ④ | 50 | ② |
| 51 | ③ | 52 | ② | 53 | ③ | 54 | ① | 55 | ③ |
| 56 | ② | 57 | ① | 58 | ② | 59 | ① | 60 | ④ |

## 01    정답 ④

수분활성도가 곰팡이는 Aw 0.80일 때 증식이 억제된다.

## 02    정답 ③

굳은 아이싱은 데우는 정도로 안 되면 설탕 시럽을 설탕2 : 물1로 넣어주도록 한다.

## 03    정답 ③

'쇼트닝 + 설탕'은 크림법으로 믹싱하는 방법이다.

**반죽형 반죽을 만드는 제법**
- 블렌딩법 : 유지(쇼트닝) + 밀가루
- 크림법 : 유지(쇼트닝) + 설탕
- 1단계법(단단계법) : 유지(쇼트닝) + 모든 재료
- 설탕/물 반죽법 : 유지(쇼트닝) + 설탕/물

## 04    정답 ②

스펀지 케이크 반죽에 용해버터를 넣을 경우 50~70℃로 중탕하여 가루 재료를 넣어 섞은 다음 마지막 단계에 넣어 가볍게 섞는다.

## 05    정답 ④

제품 바닥의 두꺼운 껍질형성을 방지하고자 파운드 케이크 굽기 시 이중팬을 사용한다.

**파운드 케이크 굽기 시 이중팬을 사용하는 목적**
- 제품 바닥의 두꺼운 껍질형성을 방지하기 위해
- 제품 옆면의 두꺼운 껍질형성을 방지하기 위해
- 제품의 조직과 맛을 좋게 하기 위해

## 06    정답 ①

캐러멜은 착색료에 해당한다. 착향료는 후각신경을 자극하여 특유의 방향을 느끼게 함으로써 식욕을 증진시킬 것을 목적으로 식품에 첨가한다. 착향료에는 벤질 알코올, 바닐린, 멘톨, 계피알데히드 등이 있다.

## 07    정답 ③

소금이 정량보다 적은 경우 부피가 과도하게 커진다.

| 항목 | 소금이 정량보다 적은 경우 | 소금이 정량보다 많은 경우 |
|------|------------------------|------------------------|
| 껍질색 | 흰색 | 검은 암적색 |
| 외형의 균형 | • 둥근 모서리<br>• 브레이크와 슈레드가 큼 | • 예리한 모서리<br>• 약간 터지고 윗면이 편편함 |

| 부피 | 큼 | 작음 |
|---|---|---|
| 껍질 특성 | 얇고 부드러워짐 | 거칠고 두꺼움 |
| 속색 | 회색 | 진한 암갈색 |
| 기공 | 얇은 세포벽 | 두꺼운 세포벽, 거친 기공 |
| 맛 | 부드러운 맛 | 짠 맛 |
| 향 | 향이 많음 | 향이 없음 |

## 08 정답 ④

설탕은 퍼짐성을 조절하는 역할을 한다. 퍼짐성은 반죽 속에 남아 있는 설탕 입자가 굽는 과정에서 녹으면서 반죽 전체에 퍼져 쿠키의 표면을 크게 한다.

### 제과·제빵에서의 설탕(자당)의 기능

| 노화 지연 | 수분 보유력이 있어 제품을 부드럽게 하고 오랫동안 저장 |
|---|---|
| 윤활 작용 | 유동성을 크게 해 윤활제 역할 |
| 색 조절 | • 오븐 열로 인한 캐러멜화 반응 등의 갈변 작용으로 색이 나타남<br>• 설탕을 많이 사용할 시 과도한 착색이 발생 |
| 퍼짐성 조절 | 흐름성을 이용해 제품의 퍼짐 정도를 조절 |
| 독특한 향 부여 | 열과 반응해 풍미 물질로 변해 제품에 독특한 향을 부여 |
| 감미제 역할 | • 설탕이 가장 많이 사용되며 전화당, 물엿, 포도당, 유당 등도 있음<br>• 풍미를 주어 최종 제품에 단맛을 부여하는 감미제로 작용 |
| 연화 작용 | 글루텐의 생성과 발전을 방해해 조직이 연화되어 제품을 부드럽게 함 |

## 09 정답 ③

보툴리누스균 식중독은 내열성 포자를 형성하며, 주로 식중독은 A, B, E, F형이며 특히 A, B형 균의 포자는 내열성이 강해 120℃에서 4시간 정도 가열해야 파괴된다. 그러나 독소 뉴로톡신(Neurotoxin)은 열에 약하여 80℃에서 30분 정도 가열로 파괴된다.

## 10 정답 ③

전분을 가수분해하면 아밀로덱스트린, 말토덱스트린 순으로 분해되며 최종적으로는 포도당으로 분해된다.

## 11 정답 ②

탈지 우유는 우유에서 지방을 제거한 것을 말한다.

### 우유의 종류

| 응용 우유 | 우유에 초콜릿, 커피, 과즙 등을 혼합하여 맛을 낸 것 |
|---|---|
| 탈지 우유 | 우유에서 지방을 제거한 것 |
| 가공 우유 | 우유에 비타민 또는 탈지 분유 등을 강화한 것 |
| 보통 우유 | 우유에 아무것도 넣지 않고 살균, 냉각하여 포장한 것 |

## 12 정답 ③

생산 관리의 목표는 원가 관리, 납기 관리, 생산량 관리, 품질 관리에 있다.

## 13 정답 ④

케이크 도넛에 기름이 많은 이유는 튀김시간이 길었기 때문이다.

> **케이크 도넛에 기름이 많은 이유**
> • 튀김시간이 길었음
> • 튀김온도가 낮았음
> • 유지, 설탕, 팽창제의 사용량이 많았음
> • 지친 반죽이나 어린 반죽을 썼음
> • 묽은 반죽을 썼음

## 14 정답 ①

'판매가격 = 총원가 + 이익'에 따라 판매가격을 계산할 수 있다.

**원가의 구성요소**

| 기초원가 | 직접재료비 + 직접노무비 |
|---|---|
| 직접원가 (생산원가) | 직접재료비 + 직접노무비 + 직접경비 |
| 제조원가 | 직접원가 + 제조간접비(제품의 원가) |
| 총원가 | 제조원가 + 판매비 + 일반관리비 |
| 판매 가격 | 총원가 + 이익 |

## 15 정답 ③

공립법으로 제조한 케이크의 최종 제품이 열린 기공과 거친 조직감을 갖게 되는 원인에는 품질이 좋은 달걀을 배합에 사용하는 것이 있다.

### 거친 조직감과 열린 기공을 갖게 되는 원인
• 품질이 좋은 달걀을 배합에 사용
• 오버 믹싱된 낮은 비중의 반죽으로 제조
• 적정 온도보다 낮은 온도에서 굽기
• 달걀 이외의 액체 재료 함량이 낮게 배합

## 16 정답 ②

온도가 낮으면 위 껍질이 형성된 후 팽창 작용이 일어나게 되어 표면이 터지고 색이 짙어진다.

### 반죽 온도의 영향

| 온도가 낮을 경우 (18℃ 이하) | • 기공이 조밀해 부피가 작고, 식감이 나쁘며 굽는 시간이 더 필요함<br>• 위 껍질이 형성된 후 팽창 작용이 일어나게 되어 표면이 터지고 색이 짙어짐 |
|---|---|
| 온도가 높을 경우 (27℃ 이하) | • 기공이 열리고 큰 공기구멍이 생겨 부피가 커짐<br>• 큰 공기 구멍으로 인해 조직이 거칠고 노화가 빨리 진행됨 |

## 17 정답 ④

커스터드 푸딩 반죽을 팬에 넣을 때 적당한 팬닝비(%)는 95%이다. 제품별 팬닝 정도(팬 높이에 대한 팬닝량)는 다음과 같다.

### 제품별 팬닝 정도(팬 높이에 대한 팬닝량)

| 스펀지 케이크 | 50~60% |
|---|---|
| 레이어 케이크 | 55~60% |
| 파운드 케이크 | 70% |
| 커스터드 푸딩 | 95% |

## 18 정답 ②

유지(쇼트닝, 버터, 마가린)의 품온인 18~25℃에 설탕과 소금을 넣으면서 크림을 만든다.

### 파운드 케이크 - 믹싱
• 파운드는 반죽형 반죽을 만들 수 있는 제법을 모두 이용할 수 있음. 그 중에서도 크림법이 가장 일반적임
• 유지(쇼트닝, 버터, 마가린)의 품온인 18~25℃에 설탕과 소금을 넣으면서 크림을 만듦
• 계란을 서서히 넣으면서 부드러운 크림을 만듦
• 밀가루와 나머지 액체 재료도 넣고 균일한 반죽을 만듦
• 밀가루를 혼합할 때 가볍게 하여 글루텐 발전을 최소화해야 부드러운 조직이 됨
• 반죽의 온도는 20~24℃가 적당함. 비중은 0.75~0.85가 일반적임

## 19 정답 ②

초콜릿은 코코아 $\frac{5}{8}$, 카카오 버터 $\frac{3}{8}$ 을 함유하고 있다. 따라서 '16×$\frac{3}{8}$ = 6%'를 구할 수 있다. 유화 쇼트닝은 카카오 버터의 $\frac{1}{2}$ 을 가지고 있다. 따라서 '6×$\frac{1}{2}$ = 3%'를 구할 수 있다. 원래의 쇼트닝에서 초콜릿 속에 있는 유화 쇼트닝을 빼주면 '50% − 3% = 47%'가 된다.

## 20 정답 ④

설탕의 재결정화를 방지할 목적으로 주석산을 사용한다.

> **설탕의 재결정화를 방지할 목적으로 주석산을 사용하는 경우**
> • 버터크림을 제조하기 위해 시럽을 만들 경우
> • 이탈리안 머랭을 제조하기 위해 시럽을 만들 경우
> • 설탕공예용 당액(시럽)을 만들 경우

## 21 정답 ④

2차 발효실 습도가 높아서 식빵의 바닥이 움푹 들어간다.

> **식빵류의 결함 원인 - 빵의 바닥이 움푹 들어감**
> • 믹싱부족
> • 초기 굽기의 지나친 온도
> • 팬 바닥에 구멍이 없음
> • 팬 바닥에 수분이 있음
> • 2차 발효실 습도 높음
> • 팬에 기름칠을 하지 않음
> • 진 반죽
> • 뜨거운 철판 · 틀 사용

## 22 정답 ③

발진열은 리케치아성 감염병에 해당한다.

> **병원체에 따른 감염병의 종류**
> • 바이러스성 감염병 : 홍역, 소아마비(급성 회백수염, 폴리오), 감염성 설사증, A형 간염(유행성 간염), 인플루엔자, 천열, 유행성 이하선염, 일본뇌염, 광견병 등
> • 세균성 감염병 : 파라티푸스, 장티푸스, 콜레라, 세균성 이질, 장출혈성 대장균감염증, 비브리오 패혈증, 디프테리아, 탄저, 성홍열, 브루셀라증, 결핵 등
> • 리케치아성 감염병 : 쯔쯔가무시증, Q열, 발진티푸스, 발진열 등
> • 원생 동물성 감염병 : 아메바성 이질 등

## 23 정답 ①

당질은 인산과 결합하여 흡수되는데 포도당의 흡수 속도를 100이라고 하면 '갈락토오스(110) > 포도당(100) > 과당(프락토스, 43) > 만노오스(만노스, 19) > 자일로스(15) > 아라비노스(10)'이다.

## 24 정답 ②

산가, 카르보닐가, 아세틸가는 유지의 산패 정도를 나타내는 값이다.

> • 유지의 산패 정도를 나타내는 값 : 산가, 카르보닐가, 아세틸가, 과산화물가 등
> • 유지의 산패를 촉진하는 요인 : 산소(공기), 물(수분), 자외선(빛), 열(온도), 금속류(철, 동 등), 이물질 등
> • 식품 첨가용 항산화제 : 구아검, 비타민 E(토코페롤), BHA, NDGA, BHT, PG(프로필갈레이트) 등

## 25 정답 ②

찜은 수증기가 움직이면서 열이 전달되는 현상인 대류를 이용한다.

> **찌기(Steaming)**
> • 찜은 수증기가 움직이면서 열이 전달되는 현상인 대류를 이용함
> • 찜은 수증기가 갖고 있는 잠열(1g 당 539kcal)을 이용해 식품을 가열하는 조리법
> • 가압하지 않은 찜기의 내부온도는 97℃임
> • 진빵을 찔 때 너무 압력이 가해지지 않도록 적당한 시간으로 쪄내도록 함
> • 수증기(찜)를 이용해 만들어진 제품에는 진빵, 찜 케이크, 중화만두 등이 있음

## 26 정답 ④

튀김기름은 가열 시 푸른 연기가 나며 발연점이 높아야 한다.
① 산가가 낮아야 한다.
② 부드러운 맛과 엷은 색을 띠어야 한다.
③ 여름에는 융점이 높고 겨울에는 융점이 낮아야 한다.

**튀김기름이 갖추어야 할 조건**
- 산패에 대한 안정성이 있어야 함
- 튀김기름에는 수분이 없고 저장성이 높아야 함
- 엷은 색과 부드러운 맛을 띰
- 제품이 냉각되는 동안 충분히 응결되어야 함
- 발연점이 높아야 함
- 포장과 형태 면에서 사용이 쉬운 기름이 좋음
- 이상한 맛이나 냄새가 나지 않아야 함
- 열을 잘 전달해야 함

## 27　　　　　　　　　　　　　　　　정답 ①

**트레이 오븐** : 릴 오븐의 활차를 2개로 만들어 체인을 걸어 그것으로 트레이를 받치는 오븐
② **락크 오븐** : 최근 유럽으로부터 들어온 오븐으로 발효기부터 나온 반죽을 락크 그대로 구워서 냉각할 수 있는 오븐
③ **터널 오븐** : 반죽이 들어가는 입구와 나오는 출구가 서로 다른 오븐
④ **컨백션 오븐** : 팬으로 열을 강제 순환시켜 반죽을 균일하게 착색시켜 제품으로 만드는 오븐

## 28　　　　　　　　　　　　　　　　정답 ②

덧가루를 많이 사용하였기 때문에 퍼프 페이스트리에서 불규칙하거나 팽창이 부족한 현상이 발생한다.

**퍼프 페이스트리에서 불규칙하거나 팽창이 부족한 이유**
- 예리하지 못한 칼을 사용하였음
- 수분이 없는 경화쇼트닝을 사용하였음
- 덧가루를 많이 사용하였음
- 오븐 온도가 너무 높거나 낮았음
- 휴지시간이 부족하였음
- 밀어펴기를 잘못하였음

## 29　　　　　　　　　　　　　　　　정답 ④

팬닝 시 사용하는 평철판에 코팅이 벗겨진 경우 기름(식용유)을 칠한다. 만약에 기름칠을 많이 하면 슈껍질 밑부분이 접시 모양으로 올라오거나 위와 아래가 바뀐 모양이 된다.

## 30　　　　　　　　　　　　　　　　정답 ④

규소수지(실리콘수지)는 소포제에 해당한다. 소포제는 식품 제조 공정 중 생긴 거품 생성을 방지하거나 제거하기 위해 사용하는 첨가물이다. 식품을 부풀게 하여 적당한 형체를 갖추게 하기 위해 사용하는 첨가물은 팽창제로 여기에는 탄산수소나트륨, 탄산수소암모늄, 염화암모늄, 소명반, 명반, 제1인산칼슘이 있다.

## 31　　　　　　　　　　　　　　　　정답 ④

치마아제는 단당류를 $CO_2$가스와 알코올로 산화시키는 효소를 말한다.
① **프로테아제** : 단백질을 아미노산, 펩티드, 펩톤, 폴리펩티드로 분해하는 효소
② **인버타아제** : 설탕을 과당과 포도당으로 분해하는 효소
③ **락타아제** : 유당을 갈락토오스와 포도당으로 분해하는 효소

## 32　　　　　　　　　　　　　　　　정답 ④

생크림은 우유의 수분 함량을 감소시켜 고형질 함량을 높인 것으로 농축우유의 일종으로 본다.

**생크림**
- 우유의 지방을 원심 분리해 농축한 것으로 만듦
- 커피용, 조리용 생크림 : 유지방 함량 16% 전후
- 휘핑용 생크림 : 유지방 함량 35% 이상
- 버터용 생크림 : 유지방 함량 80% 이상

## 33　　　　　　　　　　　　　　　　정답 ③

탄수화물의 1일 섭취량은 1일 섭취하는 총 열량의 55~70%가 적절하다.

**하루 2,000kcal를 섭취하는 사람의 탄수화물 섭취량**
- 2,000kcal×0.55÷4kcal = 275g
- 2,000kcal×0.7÷4kcal = 350g
- 하루 2,000kcal를 섭취하는 사람의 탄수화물의 1일 섭취량은 '275g~350g'이 적당함

## 34 정답 ②

보툴리누스균 식중독은 호흡곤란, 구토 등 치사율이 가장 높아 사망에 이르기도 한다.
①, ③ 웰치균 식중독에 대한 설명이다.
④ 포도상구균 식중독에 대한 설명이다.

## 35 정답 ④

버티컬 믹서(수직형 믹서)는 소규모 제과점에서 제과, 제빵 반죽을 동시에 만들 때 사용한다.
① 에어믹서 : 과자반죽에 일정한 기포를 형성시키는 제과 전용 믹서이다.
② 수평형 믹서 : 많은 양의 빵 반죽을 만들 때 사용한다.
③ 스파이럴 믹서 : 나선형 훅이 내장되어 있어 독일빵, 프랑스빵, 토스트 브레드와 같이 된 반죽이나 글루텐 형성능력이 다소 떨어지는 밀가루를 이용해 빵을 만들 때 적합하다.

## 36 정답 ①

부적당한 믹싱은 식빵의 껍질색이 너무 옅은 결점의 원인이 된다.
② 굽기 시간의 부족
③ 1차 발효시간의 초과
④ 효소제 사용량의 과다

> **식빵류의 결함과 원인 – 껍질색이 옅음**
> • 1차 발효시간의 초과
> • 2차 발효실의 습도 낮음
> • 오래된 밀가루 사용
> • 굽기 시간의 부족
> • 설탕 사용량 부족
> • 오븐에서 거칠게 다룸
> • 오븐 속의 습도와 온도가 낮음
> • 효소제 사용량 과다
> • 연수 사용
> • 부적당한 믹싱

## 37 정답 ③

식품과 부패에 관여하는 주요 미생물의 연결이 옳은 것은 '통조림 – 포자형성세균'이다.
① 어패류 – 세균
② 곡류 – 곰팡이
④ 육류 – 세균

## 38 정답 ③

퍼프 페이스트리는 유지에 의해 팽창하는 물리적 방법을 사용한다. 물리적 방법에는 유지 팽창, 공기 팽창, 무팽창이 있다. 유지 팽창은 밀가루 반죽에 유지를 넣고 구울 때 유지층 사이에서 발생하는 증기압에 의해 팽창하는 것을 말한다. 이와 같은 방법으로 팽창하는 제품이 바로 퍼프 페이스트리인 것이다.

## 39 정답 ④

도넛 반죽의 휴지 효과에 따라 도넛의 조직을 균질화시킨다.
① 이산화탄소가 발생하여 반죽이 부푼다.
② 각 재료에 수분이 흡수된다.
③ 표피가 빠르게 마르지 않는다.

> **도넛 반죽의 휴지 효과**
> • 각 재료에 수분이 흡수됨
> • 케이크 도넛의 조직을 균질화시켜 과도한 지방흡수를 막음
> • 반죽의 글루텐을 연화시켜 적당한 부피팽창으로 제품의 모양을 균형있게 만듦

## 40 정답 ④

케이크 도넛에 묻힌 설탕이나 글레이즈가 수분에 녹아 시럽처럼 변하는 발한현상이 일어났을 때는 튀김시간을 늘려 도넛의 수분 함량을 줄인다.
① 도넛의 수분 함량을 21~25%로 한다.
② 설탕 점착력이 높은 스테아린을 첨가한 튀김기름을 사용한다.
③ 설탕 사용량을 늘린다.

정답 및 해설

케이크 도넛에 묻힌 설탕이나 글레이즈가 수분에 녹아 시럽처럼 변하는 발한현상에 대한 대처
- 도넛의 수분 함량을 21~25%로 함
- 설탕 점착력이 높은 스테아린을 첨가한 튀김기름을 사용함
- 설탕 사용량을 늘림
- 40℃ 전후로 충분히 식히고 나서 아이싱 함
- 튀김시간을 늘려 도넛의 수분 함량을 줄임

**41**　　　　　　　　　　　정답 ③

베로톡신은 대장균 O - 157이 내는 독소이다. 산과 저온에 강하지만 열에 약하다는 특징을 가졌다. 주요 증상으로는 구토, 복통, 설사, 때때로 발열 등이 있다.

**42**　　　　　　　　　　　정답 ③

식품 접객업에는 일반음식점, 단란주점, 유흥주점, 위탁급식, 제과점, 휴게음식점이 있다.

**43**　　　　　　　　　　　정답 ③

캐러웨이는 씨를 통째로 갈아 만든 것으로 상큼한 향기와 부드러운 쓴맛과 단맛을 가진 향신료이다. 호밀빵 제조 시 사용하거나 채소 스프, 샐러드, 치즈 등에 향신료로 쓰인다.

**44**　　　　　　　　　　　정답 ③

콜레스테롤은 동물성 스테롤이다.
① 에르고스테롤은 콜레스테롤에 비해 융점이 낮다.
②, ④는 에르고스테롤에 대한 설명이다.

**45**　　　　　　　　　　　정답 ①

제시된 케이크 반죽의 부피는 물의 부피와 같고 물의 부피는 물의 질량을 나타낸다. 비중 측정 시 동일한 컵에 동일한 부피만큼 반죽과 물을 계량하기 때문이다. 따라서 반죽의 비중

은 '비중 $= \dfrac{200g \times 900개}{(60 \times 1000)ml \times 20개} = 0.15$'가 된다.

**46**　　　　　　　　　　　정답 ①

이스트에 질소를 공급하는 것은 암모늄염이다. 소금은 글루텐 성분을 촉진하기 때문에 반죽의 탄력성을 키워 반죽 시간이 길어진다.

**47**　　　　　　　　　　　정답 ②

케이크 도넛 제작 시 튀김기에 붓는 적정 기름의 깊이는 12~15cm 정도이다. 기름이 많으면 떠오르기 전에 둥글게 되어 뒤집기 어렵게 된다. 반대로 기름이 적으면 도넛을 뒤집기 어렵고 과열되기 쉽다.

**48**　　　　　　　　　　　정답 ③

스쿱은 설탕이나 밀가루 등을 손쉽게 퍼내기 위한 도구이다.
① **스패튜라** : 케이크 등을 아이싱하기 위한 도구이다.
② **스파이크 롤러** : 롤러에 가시가 박힌 것으로서 밀어 편 도우, 퍼프 페이스트리이나 비스킷 등을 골고루 구멍을 낼 때 사용하는 기구이다.
④ **스크래퍼** : 반죽을 분할하고 한데 모으도록 하며, 작업대에 들러붙은 반죽을 떼어낼 때 사용하는 도구이다.

**49**　　　　　　　　　　　정답 ④

유행성 간염은 잠복기가 '20~25일'로 경구 감염병 중 가장 길다.

**50**　　　　　　　　　　　정답 ②

파운드 케이크는 반죽형 반죽 과자류의 대표적인 제품 중 저율배합 제품이다. 파운드 케이크란 이름은 기본재료인 설탕, 버터, 밀가루, 계란 4가지를 각각 1파운드씩 같은 양을 넣어 만든 것에서 유래되었다고 한다.

## 51  정답 ③

밀가루 사용량이 부족한 경우 반죽형 케이크를 굽는 도중에 수축이 일어날 수 있다.

**반죽형 케이크를 굽는 도중에 수축하는 경우의 원인**
- 재료들이 고루 섞이지 않은 경우
- 밀가루 사용량이 부족한 경우
- 설탕과 액체재료의 사용량이 많은 경우
- 베이킹파우더의 사용이 과다한 경우
- 오븐의 온도가 너무 낮거나 너무 높은 경우
- 반죽에 과도한 공기혼입이 된 경우
- 염소 표백하지 않은 박력분을 쓴 경우(단, 설탕이 밀가루보다 많은 경우)

## 52  정답 ②

속색이 흰색인 경우는 정량보다 우유를 적게 사용했을 경우 나타나는 결과이다.

| 항목 | 우유가 정량보다 적은 경우 | 우유가 정량보다 많은 경우 |
|---|---|---|
| 껍질색 | 엷은 색 | 진한 색 |
| 외형의 균형 | • 둥근 모서리<br>• 브레이크와 슈레드가 큼 | • 예리한 모서리<br>• 브레이크와 슈레드가 적음 |
| 부피 | 발효가 빠르고 부피가 작아짐 | 커짐 |
| 껍질 특성 | 얇고 건조해짐 | 거칠고 두꺼움 |
| 속색 | 흰색 | 황갈색 |
| 기공 | 세포가 강하지 않아 기공이 점차적으로 열림 | 세포가 거칠어짐 |
| 맛 | 단맛이 적고 약간 신맛이 남 | 우유 맛이 나고 약간 닮 |
| 향 | 지나친 발효로 약한 쉰 냄새 | 미숙한 발효 냄새와 껍질 탄내 |

## 53  정답 ③

유동파라핀은 빵의 제조 과정에서 빵 반죽을 분할기에서 구울 때나 분할할 때 달라붙지 않게 하고, 모양을 그대로 유지하고자 사용하는 첨가물이다.
①, ②, ④ 호료(증점제)에 해당한다. 이들은 식품에 유화 안정성, 선도 유지, 형체 보존, 점착성 증가에 도움을 주며, 점착성을 줌으로써 촉감을 좋게 하기 위해 사용한다.

**품질 개량 및 유지를 위한 식품첨가물**

| 이형제 | • 제과·제빵에서 제품을 틀에서 쉽게 분리하고자 사용<br>• 종류 : 유동파라핀 |
|---|---|
| 유화제 (계면활성제) | • 서로 혼합되지 않는 두 종류의 액체를 유화시키기 위해 사용. 반죽에 첨가 시 빵의 부피가 커지며 노화가 억제됨<br>• 종류 : 글리세린, 레시틴, 대두 인지질, 모노디글리세리드 |
| 밀가루 개량제 | • 제분된 밀가루의 표백과 숙성 기간을 단축하기 위한 목적으로 사용<br>• 종류 : 아조디카본아마이드, 과산화벤조일, 이산화염소, 브롬산칼륨, 과황산암모늄, 염소 |
| 피막제 | • 채소류 및 과일류의 표면에 피막을 형성해 외관상 보기 좋게 하고 호흡작용을 억제해 신선도를 장기간 유지하기 위해 사용<br>• 종류 : 몰포린지방산염, 초산비닐수지 |
| 강화제 | • 식품에 영양소를 강화할 목적으로 사용<br>• 종류 : 비타민류, 아미노산류, 무기염류 |
| 호료 (증점제) | • 식품의 점착성 증가, 선도 유지, 형체 보존, 유화 안정성에 도움을 주며, 촉감을 좋게 하기 위해 사용<br>• 종류 : 젤라틴, 카세인, 알긴산나트륨, 메틸셀룰로오스 |

## 54  정답 ①

수분 50g, 무기질 2g, 섬유질 3g, 단백질 5g, 지질 2g, 당질 35g이 함유되어 있는 식품의 열량은 '(5×4) + (2×9) + (35×4) = 178kcal'이다.

## 55 　　　　　　　　　　　　　정답 ③

단백질은 체조직과 혈액 단백질, 호르몬, 항체, 효소 등을 구성하는 것이 가장 중요한 기능이다.

### 단백질의 기능

| | |
|---|---|
| 체액 중성 유지 | • 체액의 pH를 유지(산·알칼리 평형)<br>• 체내 삼투압 조절로 체내 수분 평형 유지 |
| 체조직 구성과 보수 | • 체조직과 혈액 단백질, 호르몬, 항체, 효소 등을 구성함 |
| 에너지 공급원 | • 소화 흡수율은 92%임<br>• 1g당 4kcal의 에너지를 공급함 |
| 효소·호르몬·항체 형성과 면역 작용 관여 | • 효소의 주성분<br>• 항체를 형성하여 면역 기능 강화<br>• 아드레날린(부신수질 호르몬), 티록신(갑상선 호르몬) 생성 |

## 56 　　　　　　　　　　　　　정답 ②

법정 감염병 중 전파가능성을 고려하여 발생 및 유행 시 24시간 내 신고해야 하고 격리가 필요한 감염병은 '제2급'이다.

### 법정 감염병의 종류와 특성
• 제1급 : 생물테러 감염병 또는 치명률이 높거나 집단 발생의 우려가 커서 발생 또는 유행 즉시 신고해야 함
• 제2급 : 전파 가능성을 고려해 발생 또는 유행 시 24시간 이내 신고해야 하며 격리가 필요함
• 제3급 : 발생을 계속 감시할 필요가 있어 발생 및 유행 시 24시간 이내에 신고해야 함
• 제4급 : 제1급 감염병부터 제3급 감염병까지의 감염병 외의 유행 여부를 조사하기 위해 표본 감시 활동이 필요함

## 57 　　　　　　　　　　　　　정답 ①

포장용기를 선택할 때는 방수성이 있고 통기성이 없어야 한다.

### 포장용기 선택 시 고려사항
• 방수성이 있고 통기성이 없어야 함
• 포장 시 상품의 가치를 높일 수 있어야 함
• 단가가 낮고 포장에 의해 제품이 변형되지 않아야 함
• 포장지와 용기에 유해 물질이 없는 것을 선택해야 함
• 세균 곰팡이가 발생하는 오염 포장이 되어서는 안 됨
• 공기의 자외선 투과율, 내산성, 투명성, 신축성, 내열성, 내약품성 등을 고려해 포장함

## 58 　　　　　　　　　　　　　정답 ②

콩에는 메티오닌이, 쌀에는 리신이 부족하다. 이를 콩단백질과 쌀의 '제한 아미노산'이라고 한다.

### 제한 아미노산
• 식품에 함유되어 있는 '필수 아미노산' 중 이상형보다 적은 아미노산을 제한아미노산이라고 함
• '제한 아미노산'이 2종 이상일 때는 가장 적은 아미노산을 '제1 제한 아미노산'이라고 함

## 59 　　　　　　　　　　　　　정답 ①

시폰 케이크의 반죽 비중은 '0.35~0.4'가 된다.

### 제품별 반죽의 비중
• 시폰 케이크 : 0.35~0.4
• 롤 케이크 : 0.4~0.45
• 스펀지 케이크 : 0.55 전후
• 파운드 케이크 : 0.75 전후
• 레이어 케이크 : 0.85 전후

## 60 　　　　　　　　　　　　　정답 ④

소독력이 매우 강한 일종의 표면활성제로서 종업원의 손을 소독할 때나 기구 및 용기의 소독, 공장의 소독제로 사용하는 것은 양성비누(역성비누)이다.

### 양성비누(역성비누)
• 음성비누(알칼리성 비누, 중성세제)와 병용하면 살균력을 잃게 되므로 혼용을 금지함
• 산이나 경수에서는 안정적이나 강알칼리에서는 불안정함

# 5회 제과기능사 필기 정답 및 해설

| 01 | ① | 02 | ② | 03 | ① | 04 | ① | 05 | ① |
|----|---|----|---|----|---|----|---|----|---|
| 06 | ④ | 07 | ④ | 08 | ② | 09 | ① | 10 | ④ |
| 11 | ④ | 12 | ④ | 13 | ③ | 14 | ④ | 15 | ① |
| 16 | ① | 17 | ② | 18 | ③ | 19 | ② | 20 | ④ |
| 21 | ④ | 22 | ② | 23 | ② | 24 | ④ | 25 | ① |
| 26 | ③ | 27 | ① | 28 | ② | 29 | ④ | 30 | ② |
| 31 | ① | 32 | ③ | 33 | ① | 34 | ③ | 35 | ③ |
| 36 | ② | 37 | ④ | 38 | ③ | 39 | ③ | 40 | ④ |
| 41 | ③ | 42 | ④ | 43 | ③ | 44 | ② | 45 | ① |
| 46 | ② | 47 | ① | 48 | ③ | 49 | ③ | 50 | ② |
| 51 | ④ | 52 | ① | 53 | ② | 54 | ② | 55 | ② |
| 56 | ① | 57 | ① | 58 | ③ | 59 | ② | 60 | ③ |

## 01  정답 ①

모시조개, 바지락, 굴이 갖고 있는 독성분은 베네루핀이다.

## 02  정답 ②

파운드 케이크는 반죽형 제품이다.
① 페이스트리 반죽법에 따른 제품
③ 거품형 반죽법에 따른 제품
④ 페이스트리 반죽법에 따른 제품

### 반죽법별 해당 제품
- 반죽형 반죽법에 따른 제품 : 머핀 케이크, 파운드 케이크, 과일 케이크, 바움쿠엔, 마들렌, 레이어 케이크류 등
- 거품형 반죽법에 따른 제품 : 엔젤 푸드 케이크, 스펀지 케이크, 카스텔라, 오믈렛, 롤 케이크 등
- 시폰형 반죽법에 따른 제품 : 시폰 케이크 등
- 페이스트리 반죽법에 따른 제품 : 사과 파이, 호두 파이, 나비 파이, 슈크림 등

## 03  정답 ①

스펀지 케이크에서 계란 사용량을 감소시킬 때는 밀가루 사용량을 추가한다.

### 계란 사용량을 1% 감소시킬 때의 조치사항
- 물 사용량 0.75%를 추가함
- 베이킹파우더 0.03%를 사용함
- 유화제 0.03%를 사용함
- 밀가루 사용량 0.25%를 추가함

## 04  정답 ①

유해금속 '카드뮴'은 식품용기 '법랑'과 관련이 있다.

### 유해금속과 식품용기의 관계
- 카드뮴 – 법랑
- 주석 – 통조림관 내면의 도금재료
- 구리 – 놋그릇, 동그릇에서 생긴 녹청에 의한 식중독
- 납 – 도자기, 통조림관 내면

## 05  정답 ①

쇼트 브레드 쿠키(Short Bread Cookies)는 유지를 많이 사용하는 쿠키 반죽으로 식감은 유지를 많이 사용하여 쇼트(short)하므로 부드럽고 바삭바삭하다.

## 06 정답 ④

미생물의 크기는 '곰팡이 > 효모 > 세균 > 리케치아 > 바이러스' 순이다.

## 07 정답 ④

'분쇄'는 1차 가공에 해당한다. 1차 가공에는 '정선, 볶기, 껍질 제거, 분쇄'가 있으며, 2차 가공에는 '혼합, 정제, 콘칭, 템퍼링, 정형·진동, 냉각 틀 제거, 포장, 숙성'이 있다.

## 08 정답 ②

연수(60ppm 이하)는 단물이라고 하며 증류수, 빗물에 해당한다. 반죽에 사용하면 글루텐을 연화시켜 연하고 끈적거리게 한다.

## 09 정답 ①

반죽형 케이크의 반죽 제조법에는 '블렌딩법, 크림법, 1단계법(단단계법), 설탕/물 반죽법'이 있다.
② 스펀지법 : 거품형 반죽법으로 전란(흰자 + 노른자)에 설탕과 소금을 넣고 거품을 낸 후 밀가루와 섞은 반죽
③ 머랭법 : 거품형 반죽법으로 흰자와 설탕을 이용해 다양한 방법으로 거품을 낸 반죽
④ 제노와즈법 : 이탈리아 제노바에서 유래된 제법으로 스펀지 케이크 반죽에 유지를 넣어 만든 방법

## 10 정답 ④

머랭법은 달걀 흰자에 설탕을 넣고 거품을 낸 반죽이다. 다양한 머랭 반죽 제조법에 관계없이 설탕과 달걀 흰자의 비율은 2 : 1이며, 머랭 제조 시 지방 성분이 들어가면 거품이 안 올라오므로 노른자나 기름기가 들어가지 않도록 주의한다.

## 11 정답 ④

통성혐기성균은 산소가 없을 때나 있을 때나 둘 다 살아갈 수 있는 균을 말한다.

① 편성호기성균 : 산소가 존재하는 상태에서만 증식하는 균
② 편성혐기성균 : 산소가 없어야만 증식하는 균
③ 통성호기성균 : 산소가 없어도 증식이 가능하지만 산소가 있으면 더욱 활발한 증식을 하는 균

## 12 정답 ④

식품첨가물은 무미, 무취이고 자극성이 없어야 한다.

### 식품첨가물의 조건
• 사용 방법이 간편해야 함
• 이화학적 변화에 안정해야 함
• 독성이 없거나 극히 적어야 함
• 미량으로 효과가 있어야 함
• 사용하기 간편하고 경제적이어야 함
• 빛, 열, 공기에 대한 안정성이 있어야 함
• 식품의 영양가를 유지해야 함

## 13 정답 ③

물의 사용량을 높여 반죽의 수분 함량을 증가시킨다.

### 빵의 노화를 지연시키는 방법
• 반죽에 α – 아밀라아제를 첨가함
• 모노 – 디글리세리드 계통의 유화제를 사용함
• 물의 사용량을 높여 반죽의 수분 함량을 증가시킴 (38% 이상)
• 탈지분유와 계란을 이용하여 단백질을 증가시킴
• 당류를 첨가하여 수분 보유력을 높임
• 저장 온도를 –18℃ 이하 또는 21~35℃로 유지시켜 보관함
• 방습 포장 재료로 포장함

## 14 정답 ④

팬닝 후 장시간 방치하여 표면이 마르면 파운드 케이크를 구울 때 윗면이 자연적으로 터진다.
① 설탕입자가 다 녹지 않아서
② 오븐 온도가 높아 껍질이 빨리 생겨서
③ 반죽에 수분이 불충분해서

---

파운드 케이크를 구울 때 윗면이 자연적으로 터지는 원인
- 설탕입자가 다 녹지 않음
- 오븐 온도가 높아 껍질이 빨리 생김
- 반죽에 수분이 불충분
- 팬닝 후 장시간 방치하여 표면이 마름

---

## 15 정답 ①

'흰자 = 쇼트닝×1.43'에 따라 화이트 레이어 케이크에서 설탕 128%, 흰자 80%로 사용한 경우 유화 쇼트닝의 사용량은 '쇼트닝 = 흰자/1.43 ≒ 55.9%'가 된다.

## 16 정답 ①

비용적은 반죽을 구울 때 1g 당 차지하는 부피($cm^3/g$)를 말한다. 비용적 계산법은 다음과 같다.

비용적 계산법
$$비용적 = \frac{틀 부피(용적)}{반죽 무게}$$

## 17 정답 ②

넛메그는 육두구과 교목의 열매를 일광건조 시킨 것으로 빵 도넛에 많이 사용한다.
① 올스파이스 : 올스파이스 나무의 열매를 익기 전에 말린 것으로 자메이카 후추라고도 불리는 향신료. 파이, 비스킷, 프루츠 케이크 등에 사용
③ 오레가노 : 피자소스에 필수적으로 들어가는 것으로 톡 쏘는 향기가 나는 향신료
④ 시나몬 : 녹나무과의 상록수 껍질로 만든 향신료. 케이크, 크림 과자, 초콜릿, 쿠키 등에 사용

## 18 정답 ③

물이 알칼리성일 경우 이스트의 사용량을 증가시킨다.
① 반죽 온도가 다소 낮을 경우
② 발효 시간을 줄일 경우
④ 우유 사용량이 많을 경우

### 이스트 사용량의 조절

| | |
|---|---|
| 다량 증가 | • 우유 사용량이 많을 경우<br>• 설탕 사용량이 많을 경우<br>• 소금 사용량이 많을 경우<br>• 발효 시간을 줄일 경우 |
| 소량 증가 | • 반죽 온도가 다소 낮을 경우<br>• 글루텐의 질이 좋은 밀가루를 사용할 경우<br>• 미숙한 밀가루를 사용할 경우<br>• 소금 사용량이 조금 많을 경우<br>• 물이 알칼리성일 경우 |

## 19 정답 ②

설탕은 흡습성이 있고 가장 높은 온도인 160℃ 이상에서 열을 받으면 캐러멜화 반응이 생긴다.

## 20 정답 ④

식중독의 예방원칙에 따라 화농성 질환 종사자는 작업을 금한다.
① 잔여음식은 폐기한다.
② 종사자는 정기적인 건강검진을 실시한다.
③ 식품은 저온 보관하고 재료를 구입하여 신속히 조리할 때는 장시간 방치하지 말고 신속히 섭취한다.

## 21 정답 ④

전란의 수분은 75%, 흰자의 수분은 88%, 노른자의 수분은 50%이다.

## 22 정답 ②

소르브산은 보존류 중 가장 안정하고 독성이 낮아 좋으며 케첩, 잼, 팥앙금류, 고추장, 식육 가공품에 사용된다

## 23      정답 ③

슈는 반죽 온도가 가장 높은 제품이다.

**제품별 반죽 희망온도**

| 일반적인 과자 반죽의 온도 | 22~24℃ |
|---|---|
| 희망 반죽 온도가 가장 높은 제품 | 슈 (40℃) |
| 희망 반죽 온도가 가장 낮은 제품 | 퍼프 페이스트리 (20℃) |

## 24      정답 ④

장티푸스는 파리가 매개체이며 우리나라에서 가장 많이 발생하는 급성 감염병이다. 잠복기가 7~14일 정도이며, 40℃ 전후의 고열이 2주간 계속된다.

## 25      정답 ①

숙성 전 밀가루는 효소작용이 활발하다는 특성을 지닌다. ②, ③, ④는 숙성 후 밀가루의 특성에 해당한다.

| 숙성 전 밀가루의 특성 | 숙성 후 밀가루의 특성 |
|---|---|
| • pH는 6.1~6.2 정도임<br>• 효소작용이 활발함<br>• 노란빛을 띰 | • pH가 5.8~5.9로 낮아져 발효가 촉진되고, 글루텐의 질을 개선하며 흡수성을 좋게 함<br>• 환원성 물질이 산화되어 글루텐의 파괴를 막아줌<br>• 흰색을 띰 |

## 26      정답 ③

'재료'는 기업 활동의 구성요소 중 제1차 관리에 해당한다. 기업 활동의 구성요소로는 제1차 관리와 제2차 관리가 있다. 제1차 관리에는 '자금·원가, 사람·질과 양, 재료·품질'이 있으며, 제2차 관리에는 '기계·시설, 시장, 방법, 시간·공정'이 있다.

> **기업 활동의 구성 요소(7M)**
> • 1차 관리 : Money(자금, 원가), Man(사람, 질과 양), Material(재료, 품질)
> • 2차 관리 : Machine(기계, 시설), Market(시장), Method(방법), Minute(시간, 공정)

## 27      정답 ①

반죽형 쿠키의 굽기 과정에서 퍼짐성이 나쁜 경우 퍼짐성을 좋게 하고자 오븐의 온도를 낮추는 방법을 사용할 수 있다.

> **퍼짐성을 좋게 하기 위한 조치**
> • 설탕의 양을 늘리며, 입자가 굵은 설탕을 많이 사용함
> • 오븐의 온도를 낮춤
> • 반죽을 짧게 함

## 28      정답 ②

냉과류 제품은 차게 만들어 굳힌 제품으로 푸딩, 젤리, 바바루아, 무스, 블라망제 등이 이에 해당한다.

## 29      정답 ④

제2급 감염병에는 홍역, 콜레라, 수두, 결핵, 파라티푸스, 세균성이질, 장티푸스 등이 있다. 그 중 소화기계에서 감염되는 감염병에는 콜레라, 세균성 이질, 파라티푸스, 장티푸스 등이 있다. 파라티푸스는 장티푸스와 감염원 및 감염경로가 같으며 증상이 장티푸스와 유사하나 경과가 짧고 증상이 가벼우며 치사율도 낮은 편이다.

**감염 경로에 따른 감염병의 분류**

| 호흡기계 | • 비말감염, 공기매개감염이라고도 함<br>• 디프테리아, 백일해, 폐렴, 결핵, 성홍열 등 |
|---|---|
| 소화기계 | 파라티푸스, 장티푸스, 세균성 이질, 콜레라 등 |

## 30　　　　　　　　　　　　　　정답 ②

데블스 푸드 케이크(devil's food cake)의 탄산수소 나트륨 사용량은 '천연코코아 사용량×0.07'이므로 '40×0.07 = 2.8%'가 된다.

## 31　　　　　　　　　　　　　　정답 ①

팽창제는 제과·제빵 제품을 부풀려 부피를 크게 하기 위해 첨가하는 것이다.

### 유지의 기능

| 유화성 | 유지가 물을 흡수하여 보유하는 성질 (파운드 케이크, 레이어 케이크류) |
|---|---|
| 쇼트닝성 | 제과·제빵 제품에 부드러움을 주는 성질 (크래커, 식빵) |
| 안정성 | 지방의 산패와 산화를 장시간 억제하는 성질 (팬기름, 유지가 많이 들어가는 건과자, 튀김 기름) |
| 가소성 | 유지가 상온에서 너무 단단하지 않으면서 높은 온도에서 너무 무르게 되지 않는 성질 (파이, 데니시 페이스트리, 퍼프 페이스트리) |
| 크림성 | 유지가 믹싱 조작 중 공기를 포집하여 크림이 되는 성질 (크림법으로 제조하는 케이크, 버터 크림) |

## 32　　　　　　　　　　　　　　정답 ③

인체 구성의 영양소의 비율은 수분(65%), 단백질(16%), 지방(14%), 무기질(5%), 당질(소량), 비타민(미량)이다.

## 33　　　　　　　　　　　　　　정답 ①

산에 약하여 pH 5.5의 약산성에도 모두 사멸한다.

## 34　　　　　　　　　　　　　　정답 ②

제품의 껍질 색에 영향을 주는 물질은 당이다. 100℃ 이상의 열을 가하면 갈변한다.

## 35　　　　　　　　　　　　　　정답 ③

파운드 케이크를 팬닝 시 파운드 틀을 사용하여 안쪽에 종이를 깔고 틀 높이의 70% 정도만 채운다.

> **파운드 케이크 - 팬닝**
> • 파운드 틀을 사용하여 안쪽에 종이를 깔고 틀 높이의 70% 정도만 채움
> • 파운드 케이크는 반죽 1g당 2.4cm³를 차지함

## 36　　　　　　　　　　　　　　정답 ②

냉각 중 환기를 더 많이 시키면서 충분히 냉각하여 도넛 설탕이 물에 녹는 현상을 방지한다.
① 도넛의 수분 함량은 21~25%로 만든다.
③ 튀김시간을 증가시킨다. 발한은 반죽 내부 수분이 밖으로 배어 나오는 현상으로 튀김시간을 줄이면 수분이 더 많아진다.
④ 도넛에 묻는 설탕량을 증가시킨다.

## 37　　　　　　　　　　　　　　정답 ④

친유성단에 대한 친수성단의 강도와 크기의 비를 '친수성 – 친유성의 균형'이라고 한다.
① HLB의 수치는 1~20까지 표시된다.
② HLB의 수치가 9 이하이면 친유성으로 기름에 용해된다.
③ HLB의 수치가 11 이상이면 친수성으로 물에 용해된다.

## 38　　　　　　　　　　　　　　정답 ③

스펀지 케이크의 기본 배합률은 밀가루 100%, 계란 166%, 설탕 166%, 소금 2%이다.

## 39　　　　　　　　　　　　　　정답 ③

포화지방산은 탄소 수가 증가함에 따라 녹는점이 높아진다. 따라서 천연유지 중에 가장 많이 존재하는 지방산은 탄소 수 18개(스테아린산)이다.

**40** 정답 ④

화학 팽창제 사용량이 많아서 반죽형 케이크를 구운 후 가볍고 부서지는 현상이 일어났다.

> **반죽형 케이크를 구운 후 가볍고 부서지는 현상의 원인**
> • 화학 팽창제 사용량이 많은 경우
> • 유지 사용량이 많은 경우
> • 반죽의 크림화가 지나친 경우
> • 반죽에 밀가루 사용량이 부족한 경우

**41** 정답 ③

염소는 수돗물 또는 수영장 소독에 사용된다. 화학기호는 $Cl_2$이다.

**42** 정답 ④

합성 효소는 2개 분자의 축합 · 결합을 촉매한다.

**43** 정답 ②

밑불이 너무 강하지 않도록 하여 구우면 롤 케이크 말기를 할 때 표면의 터짐을 방지할 수 있다.
① 노른자의 비율이 높은 경우에도 부서지기 쉬우므로 노른자를 줄이고 전란을 증가시킨다.
③ 반죽의 비중이 너무 높으면 제품의 유연성이 떨어지므로 비중이 너무 높지 않게 휘핑한다.
④ 배합에 덱스트린을 사용해 점착성을 증가시키면 터짐이 방지된다.

**44** 정답 ②

비용적의 단위는 $cm^3/g$이다. 비용적은 반죽을 구울 때 1g 당 차지하는 부피($cm^3/g$)를 말한다.

**45** 정답 ①

푸딩을 만들 때 계란과 설탕의 비는 2 : 1로 한다.

**46** 정답 ②

손실 전 반죽 무게를 구하는 법은 '손실 전 반죽 무게 = 완제품 무게÷(1 − 굽기 손실)'이다. 따라서 스펀지 케이크 850g짜리 완제품을 만들 때 굽기 손실이 15%라면 분할 반죽의 무게는 '850g÷(1 − 0.15) = 1000g'이 된다.

**47** 정답 ①

블렌딩법이란 유지에 밀가루를 넣어 파슬파슬하게 혼합한 후 건조재료와 액체재료를 넣는 방법을 말한다. 유지가 글루텐의 생성을 막아 제품의 조직을 부드럽고 유연하게 만든다는 장점이 있다.

**48** 정답 ③

칼로리 계산법은 '[(탄수화물의 양 + 단백질의 양)×4kcal + (지방의 양×9kcal)]'이다.

**49** 정답 ③

과당과 포도당이 1 : 1로 혼합된 당으로 자당이 가수 분해될 때 생기는 중간산물은 전화당이다.
① **올리고당** : 청량감은 있으나 감미도가 설탕의 20~30%로 낮은 단당류 3~10개로 구성된 당이다.
② **설탕(자당)** : 당류의 단맛을 비교할 때 기준이 된다.
④ **글리코겐** : 노화현상이나 호화를 일으키지 않으며 동물이 사용하고 남은 에너지를 간이나 근육에 저장해 두는 탄수화물이다.

**50** 정답 ②

푸른곰팡이 속은 야채, 통조림, 과실, 버터 등의 변패가 된다.

## 51 정답 ④

소르브산은 보존료(방부제)에 해당한다. 산화방지제는 유지의 산패에 의한 이취, 식품의 변색 및 퇴색 등의 방지를 위해 사용하는 첨가물로 BHA, BHT, 프로필갈레이드, 에르소르브산, 비타민 E(토코페롤) 등이 있다.

## 52 정답 ①

과일 파운드 케이크를 만들 때 과일은 건조과일을 쓰거나 시럽에 담근 과일을 사용한다. 시럽에 담근 과일은 사용 전에 물을 충분히 뺀 뒤 사용한다. 과일을 밀가루에 묻혀 사용하면 과일이 밑바닥에 가라앉는 것을 방지할 수 있다.

## 53 정답 ③

사이클라메이트는 유해 감미료에 해당한다. 유해 감미료에는 사이클라메이트, 에틸렌글리콜, 페닐라틴, 둘신, 니트로톨루이딘 등이 있다.

## 54 정답 ②

디핑 포크는 작은 초콜릿 셀을 코팅하기 위해 템퍼링한 초콜릿 용액에 담갔다 건질 때 사용하는 도구이다.
① 데포지터 : 과자 반죽이나 크림을 자동으로 모양내는 기계
③ 스크래퍼 : 제빵 반죽을 분할하거나, 롤 케이크를 만들 때 수평을 맞추는 용도로 사용함
④ 파이 롤러 : 밀대를 이용하는 것보다 일정한 두께와 간격을 만들 수 있어 균일한 제품을 생산함

## 55 정답 ②

파이 반죽(쇼트 페이스트리)은 반죽의 제조 특성상 굽기 시 불규칙하게 수포나 기포가 발생할 수 있다. 따라서 성형한 파이 반죽에 포크 등을 이용해 구멍을 내주고자 한다.

## 56 정답 ①

천연향에 들어있는 향 물질을 합성시킨 것으로 바닐라빈의 바닐린, 계피의 시나몬 알데히드, 버터의 디아세틸 등이 있다.

## 57 정답 ①

고등어, 꽁치 등 붉은색을 띠는 어류를 섭취했을 경우 두드러기가 나고 얼굴이 화끈거리며 열이 나는 경우가 있다. 이것은 미생물에 의해 생성된 히스타민이라는 물질이 축적되어 일어나는 현상이다.

## 58 정답 ③

초고온 순간 살균법은 130~140℃에서 2초간 가열한다.

> **가열 살균법의 종류**
> • 초고온 순간 살균법(UHT) : 130~140℃에서 2초간 가열(과즙, 우유)
> • 고온 살균법 : 95~120℃에서 30분~1시간 가열
> • 고온 단시간 살균법(HTST) : 70~75℃에서 15초간 가열
> • 저온 장시간 살균법(LTLT) : 60~65℃에서 30분간 가열(우유의 살균에 주로 이용)

## 59 정답 ②

비타민은 수용성 비타민과 지용성 비타민으로 나눌 수 있다. 수용성 비타민에는 '비타민 $B_1$, 비타민 $B_2$, 비타민 $B_3$, 비타민 $B_6$, 비타민 $B_9$, 비타민 $B_{12}$, 비타민 C'가 있으며, 지용성 비타민에는 '비타민 A, 비타민 D, 비타민 E, 비타민 K'가 있다.

**수용성 비타민의 종류**

| 구분 | 기능 | 결핍증 | 급원 식품 |
| --- | --- | --- | --- |
| 비타민 $B_1$ (티아민) | 식욕 촉진, 당질 대사에 중요 | 각기병, 피로, 식욕 부진, 권태감, 신경통 | 간, 쌀겨, 돼지고기, 난황, 대두, 배아 |
| 비타민 $B_2$ (리보플라빈) | 입 안의 점막 보호, 발육 촉진 | 구순구각염, 설염, 피부염, 발육 장애 | 간, 우유, 치즈, 달걀, 살코기, 녹색 채소 |
| 비타민 $B_3$ (나이아신) | 단백질, 지질, 당질 대사의 중요한 역할 | 피부병, 펠라그라 | 간, 육류, 효모, 콩, 생선 |

| 비타민 B<sub>6</sub> (피리독신) | 단백질 대사에 중요 | 피부병, 저혈색소병, 빈혈, 성장 정지 | 곡류, 난황, 배아, 육류 |
|---|---|---|---|
| 비타민 B<sub>9</sub> (엽산) | 헤모글로빈, 적혈구 세포 생성, 항빈혈성 인자로 | 빈혈 | 간, 달걀 |
| 비타민 B<sub>12</sub> (시아노코발라민) | 성장 촉진, 적혈구 생성에 관여 | 악성 빈혈, 성장 정지, 간 질환 | 간, 내장, 살코기, 난황 등 동물성 식품 |
| 비타민 C (아스코르빈산) | 세포의 산화 · 환원 작용 조절, 세포의 저항력 증강 | 괴혈병, 저항력 감소 | 시금치, 딸기, 무청, 풋고추, 감귤류 |

## 60 정답 ③

껍질을 두껍게 만드는 것은 반죽형 케이크를 구울 때 증기를 분사하는 목적이 아니다. 반대로 껍질을 얇게 만드는 것이 반죽형 케이크를 구울 때 증기를 분사하는 목적에 해당한다.

**반죽형 케이크를 구울 때 증기를 분사하는 목적**
• 표면의 캐러멜화 반응을 연장함
• 윗면의 터짐을 방지함
• 수분의 손실을 막음
• 껍질을 얇게 만듦
• 향의 손실을 막음

# 제과기능사
# 예상문제
# 200제

**001** 밀가루의 자연숙성 기간은?

① 1개월 이내
② 2~3개월
③ 4~5개월
④ 6~7개월

밀가루의 자연숙성 기간은 2~3 개월이다.

**002** 밀가루의 호화가 시작되는 온도를 측정하기에 가장 적합한 것은?

① 아밀로그래프
② 믹사트론
③ 패리노그래프
④ 레오그래프

아밀로그래프는 밀가루와 물의 현탁액을 매분 1.5℃씩 온도를 균일하게 상승시켜 이때 일어나는 밀가루의 점도 변화를 계속적으로 자동 기록하는 장치이다.

**003** 숙성한 밀가루에 대한 설명으로 틀린 것은?

① 밀가루의 황색색소가 공기 중의 산소에 의해 더욱 진해진다.
② 환원성 물질이 산화되어 반죽의 글루텐 파괴가 줄어든다.
③ 밀가루의 pH가 낮아져 발효가 촉진된다.
④ 글루텐의 질이 개선되고 흡수성을 좋게 한다.

황색색소는 공기 중 산소에 의해 연해진다.

## 004 호밀가루에 대한 설명으로 옳지 않은 것은?

① 호밀분에 지방 함량이 높으면 저장성이 떨어진다.

② 제분율에 따라 백색, 중간색, 흑색 호밀가루로 분류된다.

③ 단백질은 밀가루와 질적인 차이는 없으나 양적인 차이가 있다.

④ 펜토산 함량이 높아서 반죽을 끈적거리게 하며 글루텐의 탄력성을 약화시킨다.

## 005 단백질의 분해효소는?

① 리파아제

② 트립신

③ 퍼옥시다아제

④ 락타아제

## 006 단백질에 대한 설명이 아닌 것은?

① 질소가 7~9% 함양되어 있고 이는 단백질의 특성을 규정한다.

② 밀 단백질의 질소 계수는 5.7이다.

③ 단백질의 구조에는 1차, 2차, 3차, 4차 구조가 있다.

④ 단백질은 단순 단백질, 복합 단백질, 유도 단백질로 분류할 수 있다.

**007** 지방의 산화를 가속시키는 요소가 아닌 것은?

① 자외선에 노출시킨다.
② 공기와의 접촉이 많다.
③ 토코페롤을 첨가한다.
④ 높은 온도로 여러 번 사용한다.

정답 ③

토코페롤(비타민 E)은 대표적인 항산화제이다. 항산화제란 유지의 산화적 연쇄 반응을 방해하여 유지의 안정 효과를 갖게 하는 물질을 말한다.

**008** 지방 블룸에 대한 설명으로 옳은 것은?

① 설탕이 원인이 된다.
② 제품을 습도가 높은 장소에 방치하는 경우에 일어난다.
③ 온도가 높은 곳에서 보관하였을 경우 얼룩이 생긴다.
④ 급작스러운 온도 변화 시 나타난다.

정답 ③

온도가 높은 곳 또는 직사광선에 노출된 곳에서 보관하였을 경우 지방이 분리되었다가 다시 굳으면서 얼룩이 생기는 현상을 지방 블룸이라고 한다.

**009** 다음 중 유도 지방에 해당하는 것은?

① 왁스
② 지방산
③ 단백지질
④ 인지질

정답 ②

유도 지방은 복합 지방, 중성 지방을 가수 분해할 때 유도되는 지방으로 천연 유지에 녹아있다. 에르고스테롤, 콜레스테롤, 지방산, 글리세린 등이 있다. 왁스(납)은 단순 지방에, 단백지질과 인지질은 복합 지방에 해당한다.

**010** 단당류에 속하는 것은?

① 이눌린
② 자당
③ 글리코겐
④ 과당

과당은 단당류에 속한다. 글리
코겐과 이눌린은 다당류에 속
하며, 자당(설탕)은 이당류에
속한다.

**011** 다음 중 설탕을 포도당과 과당으로 분해하여 만든 당으로 감미도와
수분 보유력이 높은 당은?

기출
유사

① 빙당
② 전화당
③ 황설탕
④ 정백당

전화당의 감미도는 130이다. 전
화당의 예에는 대표적으로 꿀
이 있다.

예상
문제
200제

**012** 갈락토오스, 포도당, 과당과 같은 단당류를 알코올과 이산화탄소로
분해시키는 효소는?

① 트립신
② 에렙신
③ 치마아제
④ 이눌라아제

치마아제는 갈락토오스, 포도
당, 과당과 같은 단당류를 알코
올과 이산화탄소로 분해시키는
효소로 제빵용 이스트에 있다.

**013** 유당불내증이 있는 사람에게 적합한 식품은?

① 우유
② 크림소스
③ 요구르트
④ 크림스프

정답 ③

유당이 유산균에 의하여 발효가 되어 유산을 형성한 요구르트는 유당불내증이 있는 사람에게 적합한 식품이다.

**014** 동물계에 존재하는 당은?

① 과당
② 자당
③ 맥아당
④ 유당

정답 ④

유당(젖당) 동물성 당으로 포유동물의 젖에 자연 상태로 들어 있다.
① **과당** : 꿀, 과일에 많이 들어 있다.
② **자당(설탕)** : 사탕무나 사탕수수로 만든 이당류이다.
③ **맥아당(엿당)** : 곡식이 발아할 때 생기는 당으로 주로 엿기름. 발아한 보리에 들어 있다.

**015** β—아밀라아제의 설명으로 옳지 않은 것은?

① 아밀로오스의 말단에서 시작하여 포도당 2분자씩을 끊어가면서 분해한다.
② 액화 효소 또는 내부 아밀라아제라고도 한다.
③ 전분의 구조가 아밀로펙틴인 경우 약 52%까지만 가수분해한다.
④ 전분이나 덱스트린을 맥아당으로 만든다.

정답 ②

β—아밀라아제는 외부 아밀라아제라고도 한다. 또한 전분이나 덱스트린을 분해하여 맥아당을 만들어 '당화 효소'라고도 한다. '액화 효소 또는 내부 아밀라아제'라고도 하는 것은 α—아밀라아제이다.

**016** 성인과 달리 어린이에게 꼭 필요한 필수아미노산은 무엇인가?

① 젤라틴
② 히스티딘
③ 글루테닌
④ 호르데인

**정답 ②**

성인과 달리 어린이에게 꼭 필요한 필수아미노산은 히스티딘이다.
① **젤라틴** : 안정제의 종류이다.
③ **글루테닌** : 밀 단백질의 종류이다.
④ **호르데인** : 부분적 완전단백질의 종류이다.

**017** 메일라드 반응으로 인해 환원당과 아미노산이 가열에 의해 어떤 색으로 변하는가?

① 흰색
② 검은색
③ 갈색
④ 녹색

**정답 ③**

메일라드 반응은 환원당과 아미노산이 가열에 의해 반응하여 갈색으로 변하는 현상을 말한다. 비환원당인 설탕의 경우 이와 같은 반응이 일어나지 않는다.

**018** 필수지방산에 해당하는 것은?

① 아라키돈산
② 레시틴
③ 올레산
④ 에르고스테롤

**정답 ①**

필수지방산에는 아라키돈산, 리놀렌산, 리놀레산이 있다.

**019** 성인의 1일 단백질 섭취량이 체중 1kg당 1.13g일 때 50kg의 성인 섭취하는 단백질의 열량은?

① 113kcal

② 169.5kcal

③ 226kcal

④ 508.5kcal

정답 ③

$50 \times 1.13 \times 4 = 226kcal$

**020** 다음 중 체중 1kg 당 단백질 권장량이 가장 많은 대상으로 옳은 것은?

기출유사

① 1~2세 유아

② 9~11세 여자

③ 15~19세 남자

④ 65세 이상 노인

정답 ①

1~2세 때는 신체발달이 급격히 일어나는 시기이므로 단백질 권장량이 많다.

**021** 성인의 에너지 적정 비율의 연결이 옳은 것은?

① 탄수화물 30~55%

② 지질 5~10%

③ 단백질 25~30%

④ 비타민 4~5%

정답 ④

성인의 비타민 적정 비율은 4~5%이다.
① 탄수화물 60~70%
② 지질 15~20%
③ 단백질 7~20%

**022** 효소는 몇 ℃에서 가장 활동성이 큰가?

① 10~20℃

② 30~40℃

③ 50~60℃

④ 70~80℃

정답 ②

효소는 30~40℃에서 가장 활동성이 크며, 열에 의해 파괴되거나 변성되면 활성을 잃는다.

**023** 과실이 익어감에 따라 어떤 효소의 작용에 의해 수용성 펙틴이 생성되는가?

① 펙틴리가아제

② 아밀라아제

③ 프로토펙틴 가수 분해 효소

④ 브로멜린

정답 ③

프로토펙틴 가수 분해 효소는 프로토펙틴을 가수 분해하여 수용성 식물 섬유인 펙틴이나 펙틴산으로 변환시키는 효소이다.

**024** 제과에 있어 디글리세리드와 모노디글리세리드의 역할은?

① 항산화제

② 유화제

③ 필수 영양제

④ 감미제

정답 ②

디글리세리드와 모노디글리세리드는 유화제 역할과 노화를 지연시키는 역할을 한다.

137

**025** 감미도가 높고 수분 보유력이 좋으며 독특한 향을 지녀 제과 제품에 많이 쓰이는 감미제는?

① 올리고당
② 아스파탐
③ 이성화당
④ 꿀

**026** 일반적으로 버터의 수분 함량은?

① 16%
② 25%
③ 42%
④ 57%

**027** 유지의 안정성에 대한 설명으로 옳은 것은?

① 유지가 상온에서 너무 단단하지 않으면서도 높은 온도에서 너무 무르게 되지 않는다.
② 지방의 산패와 산화를 장기간 억제한다.
③ 기름과 물을 잘 섞이게 한다.
④ 제품에 바삭함과 부드러움을 더해준다.

**028** 스펀지법에서 분유를 스펀지에 첨가하는 경우가 아닌 것은?

① 밀가루가 쉽게 지칠 때
② 본 발효기간을 짧게 하고자 할 때
③ 아밀라아제 활성이 약할 때
④ 약한 밀가루를 사용하거나 단백질 함량이 적을 때

**정답 ③**

아밀라아제 활성이 과도할 때 스펀지법에서 분유를 스펀지에 첨가한다.

**029** 계란에서의 전란 : 노른자 : 흰자 수분 비율로 옳은 것은?

① 75% : 50% : 88%
② 50% : 75% : 88%
③ 45% : 70% : 98%
④ 70% : 45% : 98%

**정답 ①**

계란의 수분 비율은 '전란 : 노른자 : 흰자 = 75% : 50% : 88%' 이다.

**030** 계란 흰자의 조성과 관계가 없는 것은?

기출
유사

① 오브알부민
② 카로틴
③ 라이소자임
④ 콘알부민

**정답 ②**

카로틴은 카로티노이드 중 분자 속에 산소를 함유하지 않은 것으로 당근의 붉은색은 β-카로틴에 의한 것이다.

**031** 88%의 수분과 11.2%의 단백질(오브알부민, 코알부민, 오보뮤코이드, 아비딘)로 이루어진 달걀 흰자의 기포성을 좋게 하는 재료는?

① 설탕, 주석산 크림

② 소금, 주석산 크림

③ 레몬즙, 유지

④ 설탕, 유지

**정답 ②**

흰자의 기포성을 좋게 하는 재료에는 주석산 크림, 식초, 레몬즙, 과일즙 등의 산성재료와 소금 등이 있다. 흰자의 안정성을 좋게 하는 재료에는 산성재료, 설탕 등이 있다.

**032** 제과에서 달걀의 역할로만 묶은 것은?

① 영양가치 증가, 조직 강화, 방부 효과

② 영양가치 증가, 유화역할, pH 강화

③ 영양가치 증가, 유화역할, 조직 강화

④ 발효 시간 단축, 유화역할, 조직 강화

**정답 ③**

달걀은 완전 단백질에 속하는데 구조력을 형성하며 노른자의 레시틴은 유화제 역할을 한다.

**033** 이스트 발육의 최적온도는?

① 12~15℃

② 28~32℃

③ 37~43℃

④ 52~55℃

**정답 ②**

이스트 발육의 최적온도는 28~32℃이다.

**034** 이스트 푸드의 성분 중 물의 경도를 높여 주는 물 조절제 역할을 하는 것은?

① 칼슘염

② 암모늄염

③ 인산염

④ 전분

**035** 베이킹파우더가 반응을 일으키며 주로 발생되는 가스는?

① 산소가스

② 암모니아가스

③ 수소가스

④ 탄산가스

예상
문제
200제

**036** 베이킹파우더의 사용량이 넘칠 때 나타날 수 있는 현상이 아닌 것은?

① 건조가 빨라진다.

② 탄산가스의 기공이 작아진다.

③ 속결이 거칠어진다.

④ 주저앉는다.

**037** 제빵 시 효모(생이스트) 첨가에 가장 적절한 물의 온도는?

① 10℃

② 30℃

③ 50℃

④ 70℃

생이스트는 잘게 부수어 사용하거나 물에 녹여 사용하므로 이스트를 녹이는 물은 고온 또는 저온은 적당하지 않다. 이스트의 번식조건의 온도는 28~32℃이다.

**038** 동일한 양을 사용할 시 건조이스트는 생이스트보다 활성이 약 몇 배 더 강한가?

① 0.5배

② 2배

③ 5배

④ 7배

건조이스트는 생이스트보다 활성이 2배 강하므로 일반적으로 생이스트의 40~50%를 사용한다.

**039** 장기간의 저장성을 지녀야 하는 건과자용 쇼트닝에서 가장 중요한 제품 특성은?

① 안정성

② 신장성

③ 가소성

④ 크림성

안정성은 유통 기간이 긴 쿠키와 크래커, 높은 온도에 노출되는 튀김물의 중요한 특성이다.

② **신장성** : 제품 제조 시 끊어지지 않고 밀었을 때 늘려 퍼지는 성질

③ **가소성** : 유지가 상온에서 너무 단단하지 않으면서 높은 온도에서 너무 무르게 되지 않는 성질

④ **크림성** : 유지가 믹싱 조작 중 공기를 포집하여 크림이 되는 성질

**040** 제품의 팽창 형태가 화학적 팽창에 해당하지 않는 것은?

① 팬케이크
② 와플
③ 비스킷
④ 잉글리시 머핀

잉글리시 머핀은 제빵 제품으로 천연 팽창제인 이스트를 사용하는 팽창 형태이다. 화학적 팽창은 화학적 팽창제를 사용해 반죽을 팽창시키는 방법으로 여기에는 와플, 케이크 도넛, 반죽형 케이크, 과일 케이크 등이 있다.

**041** 화학 팽창제를 많이 사용한 제품의 결과로 옳은 것은?

① 속결이 거칠다.
② 속색이 하얗다.
③ 밀도가 높고 부피가 작다.
④ 노화가 느리다.

정답 ①

화학 팽창제를 많이 사용한 제품은 속결이 거칠다.
② 속색이 어둡다.
③ 밀도가 낮고 부피가 크다.
④ 노화가 빠르다.

**042** 식용 유지의 산화 방지제로 항산화제를 사용하고 있는데, 항산화제를 직접 산화를 방지하는 물질과 항산화 작용을 보조하는 물질 또는 앞의 두 작용을 가진 물질로 구분할 경우 항산화 작용을 보조하는 물질은?

① 비타민 A
② 비타민 C
③ BHA
④ BHT

정답 ②

항산화제와 같이 사용하면 항산화 효과를 증가시키는 항산화제의 보완제로는 비타민 C, 주석산, 인산, 구연산 등이 있다.
③, ④ 직접 산화를 방지하는 산화 방지제로는 BHA, BHT, 세사몰, 비타민 E(토코페롤) 등이 있다.

**043** 효모가 주로 증식하는 방법은?

① 영양생식법

② 복분열법

③ 출아법

④ 포자법

**044** 비터 초콜릿 48% 중에는 코코아가 약 얼마 정도 함유되어 있는가?

① 6%

② 12%

③ 30%

④ 42%

**045** 다크 초콜릿을 템퍼링(Tempering)할 때 맨 처음 녹이는 공정의 온도 범위로 가장 적합한 것은?

기출유사

① 10~20℃

② 20~30℃

③ 30~40℃

④ 40~50℃

**046** 일반적으로 초콜릿은 카카오 버터와 코코아로 나눈다. 초콜릿 80% 를 사용할 때 카카오 버터의 양은 얼마인가?

① 10%

② 20%

③ 30%

④ 40%

초콜릿은 코코아 62.5%($\frac{5}{8}$), 카카오 버터 37.5% ($\frac{3}{8}$)로 구성된다. 따라서 초콜릿 80%를 사용할 때 카카오 버터의 양은 '80$\times\frac{3}{8}$ = 30%'가 된다.

**047** 초콜릿을 완전히 용해한 다음 온도를 36℃ 정도로 낮추고 그 안에 템퍼링한 초콜릿을 잘게 부수어 용해하는 방법은?

① 대리석법

② 접종법

③ 오버나이트법

④ 수냉법

접종법에 대한 설명이다. 초콜릿을 완전히 용해한 다음 온도를 36℃ 정도로 낮추고 그 안에 템퍼링한 초콜릿을 잘게 부수어 용해하는데 이때 온도는 30~32℃까지 낮춘다.

**048** 초콜릿 제조 공정 시 2차 가공에 해당하는 것은?

① 껍질 제거

② 볶기

③ 정선

④ 정제

1차 가공에는 '정선, 볶기, 껍질 제거, 분쇄'가 있으며, 2차 가공에는 '혼합, 정제, 콘칭, 템퍼링, 정형·진동, 냉각 틀 제거, 포장, 숙성'이 있다.

예상
문제
200제

**049** 혼성주 중 오렌지 성분을 원료로 하여 만들지 않은 것은?

① 칼루아

② 큐라소

③ 쿠앵트로

④ 그랑마니에르

**050** 발효 시간을 단축시키는 물은?

① 염수

② 알칼리수

③ 연수

④ 경수

**051** 일시적 경수에 대한 설명으로 옳은 것은?

① 끓여도 경도가 제거되지 않는다.

② 가열 시 탄산염으로 되어 침전된다.

③ 제빵에 사용하기에 가장 좋다.

④ 황산염에 기인한다.

## 052 자유수를 올바르게 설명한 것은?

① 0℃ 이하에서도 얼지 않는다.

② 당류와 같은 용질에 작용하지 않는다.

③ 당류, 염류 등을 녹이고 용매로서 작용한다.

④ 정상적인 물보다 그 밀도가 크다.

## 053 동물의 연골과 껍질에서 추출하며 제과 원료나 안정제로 사용되는 것은?

① 펙틴

② 시엠시

③ 한천

④ 젤라틴

## 054 레시틴은 제과에 있어 주로 어떤 역할을 하는가?

① 감미제

② 팽창제

③ 유화제

④ 필수영양제

**055** 유화의 종류 중 유중수적형에 해당하는 것은?

① 아이스크림

② 마요네즈

③ 버터

④ 우유

정답 ③

유화의 종류

| | |
|---|---|
| 유중<br>수적형 | • 기름에 물이 분산<br>된 형태<br>• 마가린, 버터 |
| 수중<br>유적형 | • 물 속에 기름이 분<br>산된 형태<br>• 아이스크림, 우유,<br>마요네즈 |

**056** 다음 중 천연향료에 해당하는 것은?

① 분말과일

② 디아세틸

③ 바닐린

④ 시나몬 알데히드

정답 ①

천연향료에는 감귤류, 바닐라, 초콜릿, 분말과일, 코코아, 당밀, 꿀 등이 있다. 버터의 디아세틸, 바닐라빈의 바닐린, 계피의 시나몬 알데히드는 합성향료에 해당한다.

**057** ppm을 나타낸 것으로 옳은 것은?

① g당 중량 만분율

② g당 중량 십만분율

③ g당 중량 백만분율

④ g당 중량 천만분율

정답 ③

경도는 물에 녹아 있는 마그네슘염과 칼슘염을 이것에 상응하는 탄산칼슘의 양으로 환산해 백만분율인 ppm으로 표시한다.

**058** 생크림에 대한 설명으로 옳지 않은 것은?

① 유사 생크림은 코코넛유, 팜 등 식물성 기름을 사용하여 만든다.
② 생크림은 우유로 제조한다.
③ 생크림은 냉장 온도에서 보관해야 한다.
④ 생크림의 유지 함량은 82% 정도이다.

정답 ④

생크림은 우유의 지방분만을 분리한 것으로 유지방 함량이 18% 이상인 크림을 말한다.

**059** 커스터드 크림의 재료에 해당하지 않는 것은?

① 달걀
② 생크림
③ 우유
④ 설탕

정답 ②

커스터드 크림의 재료로는 달걀, 전분, 버터, 설탕, 바닐라향, 브랜디, 우유가 있다.

**060** 전분에 물을 넣고 가열하면 수분을 흡수하면서 팽윤되며 전분 입자의 미세구조가 파괴되는 현상을 무엇이라 하는가?

① 당화
② 소화
③ 호화
④ 노화

정답 ③

전분의 호화란 전분에 물을 넣고 가열하면 수분을 흡수하면서 팽윤되며 점성이 커지는데 투명도도 증가하여 반투명의 α–전분 상태가 되는 것을 말한다.

예상
문제
200제

**061** 전분에 물을 넣고 열을 가할 때 점성이 생겨서 풀처럼 끈적거리는 상태가 되는 현상을 무엇이라고 하는가?

① 호화
② 호정화
③ 당화
④ 노화

호화는 전분에 물을 넣고 열을 가할 때 부피가 늘어나고 점성이 생겨서 풀처럼 끈적거리는 상태로 쌀이 밥이 되는 원리 같은 것을 말한다.

**062** 일반적으로 과자의 노화현상에 따른 변화(Staling)와 거리가 먼 것은?

① 곰팡이 발생
② 향의 손실
③ 전분의 경화
④ 수분손실

곰팡이의 발생은 과자의 부패현상과 관련이 있다.

**063** 밀가루 전분의 아밀로펙틴은 전분의 약 몇 %를 차지하는가?

① 25~30%
② 55~60%
③ 75~80%
④ 85~90%

밀가루 전분의 아밀로펙틴 함유량은 75~80% 포함되어 있다.

**064** 냉수에 용해되지만 뜨겁게 해야 효과적인 안정제는?

① 로커스트빈검

② 젤라틴

③ 한천

④ 펙틴

로커스트빈검은 냉수에 용해되지만 뜨겁게 해야 효과적이며 산에 대한 저항성이 크다.

② **젤라틴** : 35℃ 이상의 미지근한 물부터 끓는 물에 용해되며 식으면 단단하게 굳는다.

③ **한천** : 끓는 물에만 용해되므로 물에 불린 후 끓는 물에 녹여 사용한다.

④ **펙틴** : 고온에서 녹는다.

**065** 비타민과 관련된 결핍증으로 잘못 연결된 것은?

① 니아신 – 펠라그라병

② 판토텐산 – 악성 빈혈

③ 비타민 K – 혈액 응고 지연

④ 비타민 E – 쥐의 불임증

판토텐산의 결핍증은 신경계의 변성, 피부염이다. 악성 빈혈은 비타민 $B_{12}$의 결핍증이다.

**066** 맛과 향이 떨어지는 원인이 아닌 것은?

① 설탕을 넣지 않는 제품은 맛과 향이 전혀 나지 않는다.

② 저장 중 산패된 유지, 오래된 달걀로 인한 냄새를 흡수한 재료는 품질이 떨어진다.

③ 탈향의 원인이 되는 불결한 팬의 사용과 탄화된 물질이 제품에 붙으면 맛과 외양을 악화시킨다.

④ 굽기 상태가 부적절하면 생재료 맛이나 탄 맛이 남는다.

설탕을 넣지 않으면 발효가 부족하여 맛과 향이 떨어지기는 한다. 그러나 맛과 향이 전혀 나지 않는 것은 아니다. 맛과 향을 내는 주요 요소는 소금이다.

**067** 뿌리줄기로부터 얻은 것으로 특유의 방향과 매운맛을 지닌 향신료는?

① 계피
② 생강
③ 카다몬
④ 박하

생강은 열대성 다년초의 다육질 뿌리로 특유의 방향과 매운맛을 지닌 향신료이다.

**068** 수용성 향료의 특징에 대한 설명으로 옳은 것은?

① 열에 대한 휘발성이 크다.
② 고농도의 제품을 만들기 쉽다.
③ 기름에 쉽게 용해 가능하다.
④ 제조 시 유화제가 필요하다.

수용성 향료는 열에 대한 휘발성이 커서 빙과, 청량음료, 아이싱 등에 사용한다.
② 고농도의 제품을 만들기 어렵다.
③ 물에 용해될 수 있다.
④ 유화 향료에 대한 설명이다. 유화 향료는 유화제를 사용하여 향료를 물 속에 분산 · 유화시킨 것이다.

**069** 건조된 아몬드 100g에 탄수화물 20g, 단백질 15g, 지방 32g, 무기질 4g, 수분 12g, 기타 성분 등을 함유하고 있다면 이 건조된 아몬드 100g의 열량은?

① 402kcal
② 416kcal
③ 428kcal
④ 445kcal

아몬드 100g의 열량 = (탄수화물×4) + (단백질×4) + (지방×9) = (20×4) + (15×4) + (32×9) = 428kcal

**070** 다음 단팥빵 영양가 표(영양소 100g 중 함유량)를 참고하여 단팥빵 200g의 열량을 구하면?

> ㉠ 탄수화물 20g
> ㉡ 단백질 5g
> ㉢ 지방 10g
> ㉣ 칼슘 2mg
> ㉤ 비타민 B₁ 0.12mg

① 190kcal

② 300kcal

③ 380kcal

④ 460kcal

**071** 소화는 어떠한 과정을 말하는가?

① 단백질을 생합성하는 과정이다.

② 여러 영양소를 흡수하기 쉬운 형태로 변화시키는 과정이다.

③ 열에 의해 변화되는 과정이다.

④ 물을 흡수해 영양소 흡수를 팽윤하도록 하는 과정이다.

**072** 야채 샌드위치를 만드는 일부 야채류의 어느 물질이 칼슘의 흡수를 방해하는가?

① 초산

② 말산

③ 주석산

④ 수산

**073** 갑작스럽게 물의 손실로 인해 나타날 수 있는 증상이 아닌 것은?

① 손발이 차고 창백하며 식은땀이 난다.
② 전해질의 균형이 깨지며 혈압이 낮아진다.
③ 맥박이 느리고 호흡이 길어진다.
④ 심한 경우 혼수상태에 이른다.

**074** 콜레스테롤에 관한 설명으로 옳지 않은 것은?

① 설탕의 결정화를 감소시킨다.
② 담즙의 성분이 된다.
③ 가스 발생력이 증가한다.
④ 비타민 $D_3$의 전구체가 된다.

**075** 식품위생법상 식품위생의 대상 범위가 아닌 것은?

① 식품첨가물
② 조리 방식
③ 용기 및 포장
④ 기구

**076** 작업자의 위생점검 방법으로 옳지 않은 것은?

① 화농성 질환이 있거나 설사를 하지 않는지 점검한다.
② 손은 자주 세척하고 소독하여 청결한 상태를 유지한다.
③ 정기적으로 위생교육을 받아야 하며 정기검진을 받아야 한다.
④ 위생복 등 위생용품을 착용하고 개인소지품은 반입하도록 한다.

정답 ④

위생복·위생화·위생모자 등을 착용하고 개인소지품은 반입을 금한다.

**077** 식품 취급에서 교차 오염을 예방하기 위한 행동으로 옳지 않은 것은?

① 칼, 도마를 식품별로 구분하여 사용한다.
② 고무장갑을 일관성 있게 하루에 하나씩 사용한다.
③ 조리 전의 육류와 채소류는 접촉되지 않도록 구분한다.
④ 위생복을 식품용과 청소용으로 구분하여 사용한다.

정답 ②

교차 오염을 예방하기 위해서는 고무장갑을 용도별로 나누어 사용해야 한다.

**078** HACCP 적용의 7원칙에 해당하는 것은?

① HACCP팀 구성
② 용도확인
③ CCP 한계 기준 설정
④ 공정흐름도 현장 확인

정답 ③

CCP 한계 기준 설정은 'HACCP 7원칙 설정'에 해당한다.
①, ②, ④ HACCP 준비 5단계에 해당한다.

**079** 식품 제조 시 다량의 거품이 발생할 경우 이를 제거하기 위해 사용하는 첨가물은?

① 피막제
② 소포제
③ 용재
④ 추출제

**정답 ②**

소포제는 식품 제조 공정 중 생기는 거품을 없애고자 첨가하는 것이다.

**080** 우리나라 식중독 월별 발생 상황 중 환자의 수가 92% 이상을 차지하는 계절은?

기출유사

① 1~2월
② 3~4월
③ 5~9월
④ 10~12월

**정답 ③**

식중독균의 생육이 활발한 계절은 5~9월이다. 보통 20~40℃에 활발히 활동하며 환자의 수도 5~9월에 많다.

**081** 독소형 식중독을 일으키는 것은?

① 솔라닌
② 웰치균
③ 살모넬라균
④ 고시폴

**정답 ②**

독소형 식중독을 일으키는 것에는 웰치균, 보툴리누스균, 포도상구균 등이 있다.
① 솔라닌 : 식물성 식중독을 일으킨다.
③ 살모넬라균 : 감염형 식중독을 일으킨다.
④ 고시폴 : 식물성 식중독을 일으킨다.

**082** 화농성 질병이 있는 자가 만든 제품을 먹고 식중독을 일으켰다면 가장 관계가 깊은 원인 균은?

① 황색 포도상구균

② 보툴리누스균

③ 장염 비브리오균

④ 살모넬라균

포도상구균은 화농성 질병의 대표적인 균에 해당한다.

② **보툴리누스균** : 완전 가열되지 않은 소시지, 통조림, 훈제품 등을 섭취 시 발병

③ **장염 비브리오균** : 여름철에 어류, 패류, 해조류 등을 생식할 경우 감염

④ **살모넬라균** : 통조림 제품류는 제외하고 어패류, 육류, 유가공류 등 거의 모든 식품에 의해서 감염

**083** 자연독에 의한 식중독 중 감자에 대한 설명으로 옳지 않은 것은?

① 식물성 식중독에 해당한다.

② 녹색 부위에 주로 독소가 존재한다.

③ 감자 발아 부위에서 독소가 야기된다.

④ 감자의 독소는 시큐톡신이다.

정답 ④

감자의 독소는 솔라닌이다.

**084** 살모넬라균으로 인한 식중독의 잠복기와 증상으로 옳은 것은?

① 오염 식품 섭취 8~20시간 후 복통이 있고 홀씨 A, F형의 독소에 의한 발병이 특징이다.

② 오염 식품 섭취 10~20시간 후 오한과 혈액이 섞인 설사가 나타나며 이질로 의심되기도 한다.

③ 오염 식품 섭취 10~30시간 후 점액성 대변을 배설하고 신경 증상을 보여 곧 사망한다.

④ 오염 식품 섭취 12~24시간 후 발열(38~40℃)이 나타나며 1주일 이내 회복이 된다.

정답 ④

살모넬라균 식중독의 잠복기는 12~24시간 정도이며, 발열 및 설사 증상을 보이며 1주일 이내 회복된다.

**085** 다음 중 치명률이 가장 높은 식중독은?

① 웰치균 식중독
② 보툴리누스균 식중독
③ 장염 비브리오 식중독
④ 포도상구균 식중독

정답 ②

보툴리누스균 식중독은 세균성 식중독 중 일반적으로 치명률 (치사율)이 가장 높다.

**086** 세균성 식중독과 비교하여 경구 감염병의 특징이 아닌 것은?

① 적은 양의 균으로도 질병을 일으킬 수 있다.
② 2차 감염이 된다.
③ 잠복기가 비교적 짧은 편이다.
④ 감염 후 면역 형성이 잘 된다.

정답 ③

세균성 식중독이 잠복기가 비교적 짧은 것에 비해 경구 감염병은 잠복기가 비교적 길다.

**087** 식중독 발생의 주요 경로인 배설물 – 구강 오염 경로를 차단하기 위한 방법으로 가장 적합한 것은?

① 손 씻기 등 개인위생 지키기
② 음식물 철저히 가열하기
③ 조리 후 빨리 섭취하기
④ 남은 음식물 냉장 보관하기

정답 ①

손 씻기 등 개인위생을 지키는 것이 배설물 – 구강 오염 경로를 차단하는 기본이 된다.

**088** 감염병 발생의 3대 요소가 아닌 것은?

① 감염 경로

② 숙주의 감수성

③ 감염원

④ 예방접종 시기

정답 ④

감염병 발생의 3대 요소에는 감염 경로, 감염원, 숙주의 감수성이 있다.

**089** 경구 감염병의 종류 중 잠복기가 가장 짧은 것은?

① 유행성 간염

② 성홍열

③ 콜레라

④ 장티푸스

정답 ③

콜레라는 잠복기가 '10시간 ~5일'로 경구 감염병 중 가장 짧다.

예상 문제 200제

**090** 인수 공통감염병으로만 짝지어진 것은?

① 탄저, 리스테리아증

② 결핵, 유행성 간염

③ 홍역, 브루셀라증

④ 폴리오, 장티푸스

정답 ①

인수 공통감염병(인 · 축 공통 감염병)에는 탄저, 야토병, 결핵, 리스테리아증, 돈단독, Q열, 브루셀라증(파상열)이 있다.

**091** 불완전 살균우유로 감염되는 병이 아닌 것은?

① Q열

② 결핵

③ 돈단독

④ 파상열

오염된 우유를 먹었을 때 발생할 수 있는 인·축 공통감염병(인수 공통감염병)에는 Q열, 결핵, 파상열 등이 있다.

**092** 간디스토마의 제1중간숙주는?

① 물벼룩

② 왜우렁이

③ 돼지고기

④ 쥐

간디스토마(간흡충)의 제1중간숙주는 '왜우렁이'이며 '민물고기, 잉어, 참붕어' 등은 제2중간숙주이다.

**093** 작업장의 살균 방법으로 옳은 것은?

① 가시광선 살균

② 자비 살균

③ 적외선 살균

④ 무가열 살균

무가열 살균법(자외선 살균법)은 일광 또는 자외선을 이용하여 살균하는 것으로 집단 급식 시설, 식품 공장의 실내 공기 소독, 조리대의 소독 등 작업 공간의 살균에 적합하다.

**094** 소독제의 구비 조건으로 적절하지 않은 것은?

① 침투력이 작아야 한다.
② 냄새가 나지 않아야 한다.
③ 미량으로 살균력이 있어야 한다.
④ 경제성이 있어야 한다.

정답 ①

침투력이 크며 사용법이 간단해야 한다.

**095** 식품의 변질에 관여하는 요인과 거리가 먼 것은?

① 온도
② 영양소
③ 산소
④ 압력

정답 ④

식품 변질에 영향을 미치는 미생물의 증식조건에는 산소, 영양소, 삼투압, 수분, 수소이온농도(pH), 온도 등이 있다.

예상
문제
200제

**096** 일반세균이 잘 자라는 pH 범위는?

① pH 3.0~5.2
② pH 6.5~7.5
③ pH 8.0~8.6
④ pH 9.4~10.5

정답 ②

일반 세균은 pH 6.5~7.5에서 잘 자란다.

**097** 대장균에 대한 설명으로 틀린 것은?

① 유당을 분해한다.
② 그람(Gram) 양성이다.
③ 호기성 또는 통성 혐기성이다.
④ 무아포 간균이다.

**098** 미생물의 증식 억제 수분 함량은?

① 13~15%
② 20~23%
③ 30~34%
④ 50~57%

**099** 채소를 통해 감염되는 기생충은?

① 편충
② 유구조충
③ 폐흡충
④ 긴촌충

## 100 곰팡이 독소에 해당하지 않는 것은?

① 에르고톡신
② 파툴린
③ 아플라톡신
④ 시큐톡신

정답 ④

시큐톡신은 식물성 식중독에 해당한다. 곰팡이 독소에는 아플라톡신, 시트리닌, 에르고톡신, 파툴린이 있다.

## 101 메틸알코올의 중독 증상이 아닌 것은?

① 호흡장애
② 현기증
③ 환각
④ 두통

정답 ③

**메틸알코올(메탄올)** : 주류의 대용으로 사용하며 많은 중독 사고를 일으킨다. 중독 시 두통, 호흡장애, 현기증, 구토, 설사 등과 시신경 염증을 유발시켜 실명의 원인이 된다.

## 102 미나마타병의 원인이 되는 물질은?

① 납(Pb)
② 수은(Hg)
③ 주석(Sn)
④ 구리(Cu)

정답 ②

수은(Hg)
• 미나마타병의 원인 물질
• 유기 수은에 오염된 해산물 섭취로 발병
• 구토, 설사, 복통, 전신 경련, 위장장애 등을 초래

**103** 주방 설비 중 작업의 효율성을 높이기 위한 작업 테이블의 위치로 가장 적절한 것은?

기출
유사

① 오븐 옆

② 냉장고 옆

③ 발효실 옆

④ 주방의 중앙부

작업테이블은 주방의 중앙부에 설치하는 것이 가장 작업에 있어서 효율적이다.

**104** 공장 설비 중 제품의 생산능력을 나타내는 기준이 되는 것은?

① 파이 롤러

② 오븐

③ 팬

④ 발효기

오븐은 공장 설비 중 제품의 생산능력을 나타내는 기준으로 오븐의 제품 생산능력은 오븐 내 매입 철판 수로 계산한다.

**105** 제과 · 제빵공장에서 생산관리 시 매일 점검할 사항이 아닌 것은?

① 퇴근율

② 원재료율

③ 설비 가동률

④ 제품당 평균 단가

제품당 평균 단가는 제품 제조 시 투입되는 요소에 변동폭이 발생될 때 점검할 사항이다.

**106** 공장 설비 구성에 대한 설명으로 옳지 않은 것은?

① 공장 시설 설비는 인간을 대상으로 하는 공학이다.

② 공장 시설은 식품 조리 과정의 다양한 작업을 여러 조건에 따라 합리적으로 수행하기 위한 시설이다.

③ 설계 디자인은 공간의 할당, 물리적 시설, 구조의 생김새, 설비가 갖춰진 작업장을 나타내 준다.

④ 각 시설은 그 시설이 제공하는 서비스의 형태에 기본적인 어떤 기능을 지니고 있지 않다.

**107** 공장 설비 시 배수관의 최소 내경으로 알맞은 것은?

① 5cm
② 10cm
③ 25cm
④ 30cm

**108** 어느 제과점의 이번 달 생산예상 총액이 1,000만 원인 경우에 목표 노동 생산성은 5,000원/시/인이다. 생산 가동 일수가 20일, 1일 작업시간 10시간인 경우 소요 인원은?

① 5명
② 10명
③ 16명
④ 24명

**109** S형 훅이 고정되어 있는 제빵 전용 믹서로 저속으로 프랑스빵을 반죽하면 힘이 좋은 반죽이 되는 믹서의 종류는?

① 에어 믹서
② 버티컬 믹서
③ 스파이럴 믹서
④ 수평형 믹서

정답 ③

스파이럴 믹서(나선형 믹서)
• S형(나선형) 훅이 고정되어 있는 제빵 전용 믹서
• 식빵용 반죽에 고속을 너무 사용할 시 지나친 반죽이 되기 쉽기 때문에 주의를 요함
• 저속으로 프랑스빵을 반죽하면 힘이 좋은 반죽이 됨

**110** 수직형 믹서를 청소하는 방법으로 옳지 않은 것은?

기출
유사

① 반죽을 긁어낼 때는 금속 재질의 스크래퍼를 사용한다.
② 생산 직후 청소를 한다.
③ 물을 가득 채운 후 회전시킨다.
④ 청소하기 전 전원을 차단한다.

정답 ①

제과·제빵 기기를 청소할 때는 플라스틱 재질의 스크래퍼를 사용한다.

**111** 제과용 기계 설비에 속하지 않는 것은?

① 데포지터
② 에어믹서
③ 라운더
④ 오븐

정답 ③

라운더는 제빵용 기계 설비에 해당한다.

**112** 거품을 올린 흰자에 뜨거운 시럽을 첨가하면서 고속으로 믹싱하여 만드는 아이싱은?

① 초콜릿 아이싱
② 로얄 아이싱
③ 콤비네이션 아이싱
④ 마시멜로 아이싱

**정답 ④**

마시멜로 아이싱을 만들 때는 흰자에 114℃로 끓인 시럽을 넣고 머랭을 젤라틴과 고속으로 믹싱한다.

**113** 아이싱에 사용되는 재료 중에서 조성이 나머지와 다른 하나는?

① 이탈리안 머랭
② 로열 아이싱
③ 버터크림
④ 스위스 머랭

**정답 ③**

버터크림은 버터에 이탈리안 머랭이나 시럽을 넣고 크림상태를 만드는 것으로 유지가 주재료인 점이 다르다.

**114** 단순 아이싱(Flat Icing)을 만드는 데 들어가는 재료가 아닌 것은?

① 분당
② 물
③ 물엿
④ 달걀

**정답 ④**

단순 아이싱은 물, 물엿, 분당, 향료를 43℃로 끓여 사용한다.

**115** 도넛의 글레이즈는 몇 도가 적절한가?

① 20~30℃

② 40~50℃

③ 60~70℃

④ 80~90℃

도넛의 글레이즈는 40~50℃가 적당하다. 만약 도넛에 설탕으로 아이싱을 하면 40℃ 전후가 좋고 퐁당은 38~44℃가 좋다.

**116** 빵의 노화 지연의 현실적인 온도는?

① 0~5℃

② 10~17℃

③ 21~35℃

④ 40~52℃

빵의 노화 지연의 현실적인 온도는 21~35℃이다. 냉동온도는 -18℃이면 노화 정지가 나타난다.

**117** 단백질 이외 탄수화물 등이 미생물의 분해 작용에 의해 변질되는 현상으로 냄새와 맛이 변하는 것은?

① 발효

② 산패

③ 부패

④ 변패

변패는 단백질 이외의 탄수화물 등이 미생물의 분해 작용에 의해 변질되는 현상으로 냄새와 맛이 변하는 것을 말한다.

**118** 포장된 케이크류에서 변패의 가장 중요한 원인은?

① 흡수

② 고온

③ 저장 기간

④ 작업자

냉각(35~40℃)되지 않은 케이크를 포장하면 수분이 흡수되어 이는 변패가 일어나는 원인이 된다.

**119** 퐁당 크림의 수분 보유력을 높이고 부드럽게 하고자 일반적으로 첨가하는 것은?

① 크림, 물

② 전화당 시럽, 물엿

③ 젤라틴, 소금

④ 레몬, 한천

전화당 시럽이나 물엿은 점성이 있는 액체 재료들로 수분 보유력을 높인다.

예상
문제
200제

**120** 소맥분의 패리노그래프를 그려 볼 때 믹싱타임(mixing time)이 매우 짧은 것으로 나타날 경우 이 소맥분을 빵에 사용할 때 보완하는 방법으로 옳은 것은?

① 설탕량을 늘린다.

② 물의 양을 줄인다.

③ 이스트 양을 증가시킨다.

④ 탈지분유를 첨가한다.

탈지분유와 같은 유제품을 첨가할 시 우유 단백질이 밀가루의 단백질을 강화시켜 믹싱내구성을 향상시킨다.

**121** 파이롤러를 사용하기에 부적절한 제품은?

① 퍼프 페이스트리

② 브리오슈

③ 케이크 도넛

④ 스위트 롤

파이롤러는 반죽의 두께를 조절하면서 반죽을 밀어 펼 수 있는 기계이다. 제조 가능한 제품들에는 데니시 페이스트리, 퍼프 페이스트리, 케이크 도넛, 스위트 롤 등이 있다.

**122** 중간 발효가 끝난 후 가스를 빼면서 밀어 편 후에 모양을 만드는 기계는?

① 오븐

② 라운더

③ 파이 롤러

④ 몰더

몰더(정형기)는 중간 발효가 끝나면 가스를 빼면서 밀어 편 후에 모양을 만드는 기계이다. 정형의 방법에는 기계인 몰더로 하는 방법과 손으로 직접 하는 방법이 있다.

**123** 다음에서 설명하는 믹싱 방법은?

기출유사

> ㉠ 모든 재료를 한 번에 믹싱한다.
> ㉡ 노동력과 시간을 절약한다는 장점이 있다.

① 1단계법

② 설탕/물법

③ 블렌딩법

④ 크림법

1단계법에 대한 설명이다.

② 설탕/물법 : 설탕 + 물 → 껍질 색 균일

③ 블렌딩법 : 유지 + 밀가루 → 유연감

④ 크림법 : 유지 + 설탕 → 부피감

**124** 공립법 중 더운 믹싱법으로 달걀과 설탕을 중탕하여 거품을 낼 때 몇 도에서 중탕을 하는가?

① 17℃

② 29℃

③ 43℃

④ 61℃

**정답 ③**

더운 믹싱법으로 달걀과 설탕을 중탕하여 거품을 낼 때는 43℃로 중탕한다.

**125** 거품형 반죽에 해당하는 것은?

① 단단계법

② 블렌딩법

③ 머랭법

④ 크림법

**정답 ③**

머랭법은 거품형 반죽에 속하며 흰자에 설탕을 넣고 중간 피크의 머랭을 만드는 방법이다. 꽃, 인형, 동물 등 여러 가지 모양을 만들 수 있다.
①, ②, ④ 반죽형 반죽에 속한다.

예상
문제
200제

**126** 반죽 온도에 미치는 영향이 가장 적은 것은?

① 마찰열

② 물 온도

③ 훅(Hook) 온도

④ 재료 온도

**정답 ③**

반죽 온도에 영향을 미치는 요소에는 마찰열, 물 온도, 재료 온도, 실내 온도 등이 있다. 훅(Hook)의 온도보다 믹싱하면서 생기는 반죽과의 마찰열이 반죽 온도에 영향을 미친다.

**127** 다음 중 일반적으로 반죽의 비중이 가장 낮은 것은?

① 파운드 케이크

② 레이어 케이크

③ 과일 케이크

④ 롤 케이크

**정답 ④**

제품별 반죽의 비중은 다음과 같다.

| 제품명 | 반죽의 비중 |
|---|---|
| 파운드 케이크 | 0.8±0.05 |
| 레이어 케이크 | 0.8±0.05 |
| 과일 케이크 | 0.8±0.05 |
| 스펀지 케이크 | 0.5±0.05 |
| 롤 케이크 | 0.45±0.05 |

**128** 다음 과자 반죽의 비중은?

⊙ 비중컵 = 50g

ⓛ 비중컵 + 물 = 250g

ⓒ 비중컵 + 반죽 = 170g

① 0.40

② 0.60

③ 0.68

④ 1.47

**정답 ②**

$$비중 = \frac{반죽\ 무게 - 비중컵\ 무게}{물\ 무게 - 비중컵\ 무게}$$
$$= \frac{170 - 50}{250 - 50} = 0.60$$

**129** 케이크 반죽의 혼합 완료 정도는 무엇으로 알 수 있는가?

① 반죽의 점도

② 반죽의 온도

③ 반죽의 색상

④ 반죽의 비중

**정답 ④**

케이크 반죽의 혼합 완료 정도는 반죽에 혼입되어 있는 공기의 함유량을 확인하는 반죽의 비중 측정으로 알 수 있다.

**130** 직접배합에 사용하는 물의 온도로 반죽온도 조절이 편리한 제품은?

① 스펀지 케이크

② 퍼프 페이스트리

③ 젤리 롤 케이크

④ 레이어 케이크

**정답 ②**

퍼프 페이스트리만이 각 재료들의 배합비율에 있어서 물이 50%를 차지하므로 물의 온도로 반죽온도 조절이 용이하다.

**131** 과자 반죽의 온도 조절에 대한 설명으로 틀린 것은?

① 반죽 온도가 낮으면 기공이 조밀하다.

② 반죽 온도가 낮으면 부피가 작아지고 식감이 나쁘다.

③ 반죽 온도가 높으면 기공이 열리고 큰 구멍이 생긴다.

④ 반죽 온도가 높은 제품은 노화가 느리다.

**정답 ④**

반죽 온도가 높을 경우에는 기공이 열리고 조직이 거칠어져서 노화가 빠르다.

**132** 일반적인 케이크 반죽의 패닝 시 주의할 점으로 옳은 것은?

① 팬닝 후 하루 이상 기다렸다가 굽도록 한다.

② 종이 깔개는 될 수 있으면 사용하지 않는다.

③ 철판에 넣은 반죽의 두께는 일정하도록 펴준다.

④ 팬기름을 많이 발라주도록 한다.

**정답 ③**

일반적인 케이크 반죽의 패닝 시 철판에 넣은 반죽은 두께가 일정하게 되도록 펴준다.

① 팬닝 후 즉시 굽는다.

② 종이 깔개를 사용한다.

④ 팬닝시 팬에 종이 깔개를 사용하므로 팬기름을 바를 필요가 없다.

예상 문제 200제

**133** 반죽형 케이크를 구우니 부서지기 쉽고 무게가 가벼운 현상이 나타났다. 그 원인으로 적절하지 않은 것은?

① 쇼트닝 사용량이 많았다.
② 반죽의 크림화가 과도했다.
③ 팽창제 사용량이 많았다.
④ 반죽에 밀가루 양이 많았다.

정답 ④

밀가루는 제품의 형태와 모양을 유지시키는 구조형성 기능을 하기에, 반죽에 밀가루 양이 많아지면 제품이 잘 부서지지 않고 무거운 제품이 된다.

**134** 거품형 케이크 반죽을 믹싱할 때 가장 적절한 믹싱법은?

① 중속 → 저속 → 고속
② 저속 → 고속 → 중속
③ 저속 → 중속 → 고속 → 저속
④ 고속 → 중속 → 저속 → 고속

정답 ③

거품형 케이크 반죽 믹싱은 '저속 → 중속 → 고속 → 저속'의 순으로 한다. 스펀지 케이크를 공립법으로 만들 때 우선 저속으로 설탕, 달걀, 소금을 넣고 풀어 준다. 그 다음에 중속으로 달걀에 유연성을 준 후 고속으로 공기 포집을 한다. 마지막에 다시 저속으로 균일한 기포를 만든다.

**135** 완성된 반죽형 케이크가 굽는 도중에 수축되는 원인은?

① 팽창제를 과다하게 사용해서
② 굽기 온도가 너무 높아서
③ 적합하지 않은 밀가루를 사용해서
④ 달걀을 과다할 정도로 많이 사용해서

정답 ①

팽창제를 과다하게 사용하면 기공이 너무 커서 굽는 도중에 수축이 되는 원인이 될 수 있다.

**136** 식초나 레몬즙을 첨가한 반죽을 구웠을 때 나타나는 현상은?

① 껍질색이 진하다.
② 향이 짙어진다.
③ 부피가 증가한다.
④ 조직이 치밀하다.

**137** 제과반죽이 너무 산성에 치우쳐 발생하는 현상과 거리가 먼 것은?

① 기공이 거칠다.
② 부피가 빈약하다.
③ 향이 연하다.
④ 껍질색이 여리다.

**138** 파이 반죽을 냉장고에서 휴지함으로써 얻는 효과가 아닌 것은?

① 반점 형성을 막는다.
② 유지가 흘러나오는 것을 가속화한다.
③ 밀가루의 수분 흡수를 돕는다.
④ 유지의 결 형성을 돕는다.

**139** 케이크 팬용적 525cm$^3$에 120g의 스펀지 케이크 반죽을 넣어 좋은 결과를 얻었다면 2,100cm$^3$에 넣어야 할 반죽 무게는?

① 240g

② 480g

③ 660g

④ 920g

**140** 특정 종류의 케이크를 만들고자 믹싱을 끝내고 비중을 측정한 결과 다음과 같을 때 구운 후 부피가 가장 작고 기공이 조밀해지는 것은?

① 0.30

② 0.50

③ 0.70

④ 0.90

**141** 케이크 제품의 기공이 조밀하고 속이 축축한 결점의 원인이 아닌 것은?

① 계란 함량이 적었다.

② 액체 재료 사용량이 과다했다.

③ 오븐 온도가 너무 높았다.

④ 액체당을 과도하게 사용했다.

**142** 저율배합과 고율배합 제품의 비중을 비교해 본 결과 일반적으로 맞는 것은?

① 비중의 차이가 없다.
② 제품의 크기에 따라 비중은 차이가 있다.
③ 고율배합 제품의 비중이 낮다.
④ 저율배합 제품의 비중이 낮다.

**143** 저율배합의 제품을 굽는 방법으로 옳은 것은?

① 고온 단시간
② 고온 장시간
③ 저온 단시간
④ 저온 장시간

예상
문제
200제

**144** 스펀지 케이크를 부풀리는 주된 방법은 무엇인가?

① 이스트에 의한 방법
② 계란의 기포성에 의한 방법
③ 수증기 팽창에 의한 방법
④ 화학 팽창제에 의한 방법

**145** 버터 스펀지 케이크를 만들 때 중탕한 버터를 넣는 시기로 적절한 것은?

① 처음부터 바로 넣는다.
② 물이 끓을 때 넣는다.
③ 설탕을 넣을 때 섞어 넣는다.
④ 가장 마지막에 넣는다.

**146** 스펀지 케이크 반죽에 버터를 사용하고자 할 때 버터의 온도는 얼마가 가장 좋은가?

① 20℃
② 40℃
③ 65℃
④ 85℃

**147** 스펀지 케이크에서 계란 사용량을 감소시킬 경우 조치사항으로 잘못된 것은?

기출유사

① 양질의 유화제를 병용한다.
② 베이킹파우더를 사용한다.
③ 물 사용량을 추가한다.
④ 쇼트닝을 첨가한다.

**148** 파운드 케이크 제조 시 유지의 기능이 아닌 것은?

① 안정기능
② 윤활기능
③ 팽창기능
④ 유화기능

파운드 케이크 제조 시 유지는 윤활기능(흐름성), 팽창기능, 유화기능 등의 기능을 한다.

**149** 젤리 롤 케이크는 어떤 배합을 기본으로 해 만든 제품인가?

① 하드 롤 배합
② 스펀지 케이크 배합
③ 레이어 케이크 배합
④ 파운드 케이크 배합

젤리 롤 케이크는 스펀지 케이크 배합에 수분의 비율을 높여 표피가 터지지 않게 만든 제품이다.

**150** 젤리 롤 케이크 반죽 굽기에 대한 설명으로 옳지 않은 것은?

① 두껍게 편 반죽은 낮은 온도에서 구워낸다.
② 구운 후 철판에서 꺼내어 냉각시킨다.
③ 양이 적은 반죽은 높은 온도에서 구워낸다.
④ 열이 식기 전 압력을 가하여 수직을 맞춘다.

젤리 롤 케이크는 열이 식으면 압력을 가해 수평을 맞춘다.

예상
문제
200제

**151** 다음 제품 중 오븐에 넣기 전 약간 충격을 가하여 굽기를 하는 제품은?

① 피칸 파이
② 젤리 롤 케이크
③ 슈
④ 스펀지 케이크

**152** 옐로 레이어 케이크의 적당한 굽기 온도와 시간은?

① 150℃
② 160℃
③ 180℃
④ 190℃

**153**  엔젤 푸드 케이크 제조 시 팬에 사용하는 이형제로 가장 적절한 것은?

① 밀가루
② 라드
③ 물
④ 쇼트닝

**154** 데블스 푸드 케이크를 만들려고 할 때 반죽의 비중을 재고자 할 시 필요한 무게가 아닌 것은?

① 반죽을 담은 비중 컵의 무게

② 비중 컵의 무게

③ 물을 담은 비중 컵의 무게

④ 우유를 담은 비중 컵의 무게

정답 ④

반죽의 비중은

$\frac{반죽무게 - 컵무게}{물무게 - 컵무게}$ =

$\frac{같은 \ 부피의 \ 반죽무게}{같은 \ 부피의 \ 물무게}$'에

따라 측정할 수 있다.

**155** 데블스 푸드 케이크에서 우유 사용량을 구하는 공식은?

① 설탕 + 30 + (코코아×1.5) − 전란

② 설탕 + 30 − (코코아×1.5) − 전란

③ 설탕 + 30 − (코코아×1.5) + 전란

④ 설탕 − 30 + (코코아×1.5) + 전란

정답 ①

데블스 푸드 케이크에서 우유
사용량을 구하는 공식은 '우유
= 설탕 + 30 + (코코아×1.5) −
전란'이다.

**156** 시폰 케이크 제조 시 냉각 전에 팬에서 분리되는 결점이 나타날 때 그 원인으로 옳지 않은 것은?

① 반죽에 수분이 많았다.

② 오븐 온도가 낮았다.

③ 굽기 시간이 짧았다.

④ 밀가루 양이 많았다.

정답 ④

시폰 케이크 제조 시 냉각 전에
팬에서 분리되는 이유는 완제
품이 설익었기 때문이다. 오븐
온도가 낮을 때, 굽기 시간이
짧을 때, 반죽에 수분이 많을
때 완제품이 설익을 수 있다.

예상
문제
200제

**157** 손으로 살짝 눌렀을 때 퍼프 페이스트리의 휴지가 종료되었음을 알
수 있는 현상은?

【기출유사】

① 내부의 유지가 흘러나오지 않는다.
② 누른 자국이 원상태로 돌아온다.
③ 누른 자국이 남아있다.
④ 누른 자국이 유동성 있게 움직인다.

정답 ③

반죽 후 휴지를 시킬 때 휴지의 완료점은 손가락으로 살짝 눌렀을 경우 누른 자국이 남아있다.

**158** 퍼프 페이스트리 제조 시 다른 조건이 같을 때 충전용 유지에 대한
설명으로 틀린 것은?

① 충전용 유지가 많을수록 반죽 밀어 펴기가 어려워진다.
② 충전용 유지가 많을수록 가소성 범위가 넓은 파이용이 적당하다.
③ 충전용 유지가 많을수록 결이 분명해진다.
④ 충전용 유지가 많을수록 부피가 작아진다.

정답 ④

충전용 유지가 많을수록 부피가 커진다.
① 충전용 유지가 많을수록 반죽 밀어펴기가 어려워지나, 본 반죽에 넣는 유지를 증가시킬수록 밀어펴기가 쉬워진다.

**159** 퍼프 페이스트리 굽기 후 결점과 원인으로 옳지 않은 것은?

① 작은 부피 : 수분이 없는 경화 쇼트닝을 충전용 유지로 사용
② 충전물 흘러 나옴 : 봉합 부적절, 충전물량 과다
③ 수축 : 너무 높은 오븐 온도, 밀어 펴기 과다
④ 껍질에 수포 생성 : 단백질 함량이 높은 밀가루로 반죽

정답 ④

퍼프 페이스트리 껍질에 수포가 생성된 경우의 원인으로는 껍질에 계란물 칠을 너무 많이 하는 것, 굽기 전 껍질에 구멍을 뚫어놓지 않은 것 등이 있다.

**160** 파이의 일반적인 결점 중 바닥 크러스트가 축축한 원인에 해당하지 않는 것은?

① 오븐 온도가 높아서

② 충전물 온도가 높아서

③ 파이 바닥 반죽이 고율배합이어서

④ 불충분한 바닥열로 인해서

정답 ①

파이의 바닥 크러스트가 축축한 원인으로는 오븐 온도가 낮은 경우, 반죽에 유지 함량이 많은 경우, 파이 바닥 반죽이 고율배합인 경우, 충전물 온도가 높은 경우, 바닥열이 불충분한 경우 등이 있다.

**161** 파이를 만들 때 충전물이 끓어 넘쳤다면 그 원인으로 옳은 것은?

① 껍질에 구멍이 있었다.

② 바닥 껍질이 너무 두꺼웠다.

③ 배합이 적합하지 않았다.

④ 충전물의 온도가 낮았다.

정답 ③

파이를 만들 때 배합이 적합하지 않으면 충전물이 끓어 넘친다.
① 껍질에 구멍이 없었다.
② 바닥 껍질이 너무 얇았다.
④ 충전물의 온도가 높았다.

예상 문제 200제

**162** 과일 파이의 충전물이 끓어 넘치는 이유가 아닌 것은?

① 오븐 온도가 낮다.

② 충전물의 온도가 낮다.

③ 충전물에 설탕을 너무 많이 사용하였다.

④ 껍질에 구멍을 뚫지 않았다.

정답 ②

충전물의 온도가 높으면 파이의 껍질이 익기 전에 충전물이 더 빨리 끓기 때문에 끓어 넘치게 된다.

**163** 사과파이 껍질의 결의 크기는 어떻게 조절되는가?

① 밀가루 양으로 조절

② 접기 수로 조절

③ 유지의 양으로 조절

④ 유지의 입자 크기로 조절

정답 ④

유지의 입자 크기에 따라 파이의 결이 결정된다.

**164** 도넛의 튀김 온도는 몇 ℃가 가장 적합한가?

① 130℃ 내외

② 150℃ 내외

③ 180℃ 내외

④ 220℃ 내외

정답 ③

도넛의 튀김 온도는 180℃ 전후가 가장 적합하다.

**165** 도넛에 기름이 적게 흡수되는 이유에 해당하는 것은?

① 배합에 팽창제와 설탕이 많다.

② 튀김 온도가 높다.

③ 반죽에 수분이 많다.

④ 믹싱이 불충분하다.

정답 ②

튀김 온도가 높으면 튀김 시간이 짧아져 도넛에 기름이 적게 흡수된다.

**166** 도넛을 튀길 때 사용하는 기름에 대한 설명으로 옳지 않은 것은?

① 튀김 기름의 평균 깊이는 12~15cm가 좋다.
② 발연점이 높은 기름이 좋다.
③ 튀김 기름의 양이 많으면 과열되기 쉽다.
④ 기름이 너무 많으면 온도를 올리는데 시간이 많이 걸린다.

정답 ③

튀김 기름이 적으면 기름이 과열되기 쉬우며 도넛을 뒤집기 어려워진다.

**167** 케이크 도넛의 껍질색을 진하게 하고자 할 때 설탕의 일부를 무엇으로 대치해 사용하면 되는가?

① 꿀
② 젖당
③ 포도당
④ 올리고당

정답 ③

분자의 구조가 단순한 단당류인 포도당은 분자의 구조가 복잡한 이당류인 설탕보다 낮은 온도에서 갈변 반응한다. 그러므로 설탕의 일부를 포도당으로 대치해 같은 시간을 튀기면 케이크 도넛의 껍질색을 진하게 낼 수 있다.

**168** 쿠키가 잘 퍼지는 이유로 적절한 것은?

① 알칼리 반죽 사용
② 너무 높은 굽기 온도
③ 과도한 믹싱
④ 고운 입자의 설탕 사용

정답 ①

쿠키 반죽이 알칼리가 되면 제품의 형태와 모양을 유지시키는 단백질이 용해되어 쿠키가 잘 퍼지게 된다.

예상문제 200제

**169** 반죽형 쿠키 중 수분을 가장 많이 함유한 쿠키는?

① 소프트 쿠키

② 슈가 쿠키

③ 스펀지 쿠키

④ 머랭 쿠키

정답 ①

반죽형 쿠키 중 수분을 가장 많이 함유한 쿠키는 소프트 쿠키(드롭 쿠키)이다.

**170** 다음 중 가장 묽은 반죽을 이용한 쿠키는?

① 찌는 형태의 쿠키

② 판에 등사하는 쿠키

③ 냉동 쿠키

④ 밀어 펴서 정형하는 쿠키

정답 ②

판에 등사하는 쿠키의 경우 아주 묽은 반죽을 철판에 올려놓은 틀에 흘려 넣어 모양을 만들어 굽는다.

**171** 과자 제품으로 만드는 커스터드 푸딩은 계란의 가공적성 중 무엇을 이용한 것인가?

기출유사

① 유화성

② 변색성

③ 기포성

④ 열응고성

정답 ④

계란의 열응고성을 이용하여 만든 제품이 푸딩이다.

**172** 밤과자를 성형한 후 물을 뿌리는 이유로 옳지 않은 것은?

① 껍질의 터짐을 방지한다.

② 덧가루를 제거한다.

③ 껍질색을 균일하게 한다.

④ 소성 후 철판에서 잘 떨어진다.

정답 ④

밤과자를 성형한 후 물을 뿌려주는 이유는 껍질의 터짐 방지, 껍질색의 균일화, 덧가루의 제거를 위해서이다.

**173** 완제품 슈 바닥 껍질 가운데가 위로 올라갈 경우, 이와 같은 원인으로 옳지 않은 것은?

① 팬에 기름칠을 너무 많이 했다.

② 슈 반죽을 짤 때 빈죽의 밑부분에 공기가 들어갔다.

③ 굽기 초기에 수분을 많이 잃었다.

④ 오븐 바닥 온도가 너무 약했다.

정답 ④

오븐 바닥 온도가 너무 강하면 완제품 슈 바닥 껍질 가운데가 위로 올라갈 수 있다.

**174** 설탕을 보통 사용하지 않고 제작하는 것은?

① 마카롱

② 레이어 케이크

③ 파운드 케이크

④ 슈 껍질

정답 ④

슈 껍질은 제작 시 설탕을 사용하지 않는다.

**175** 머랭을 만드는 데 1kg의 흰자가 필요하다면 껍데기를 포함한 평균 무게가 60g인 달걀은 약 몇 개가 필요한가?

① 20개

② 24개

③ 28개

④ 32개

**176** 푸딩의 제법에 관한 설명으로 틀린 것은?

① 모든 재료를 섞어서 체에 거른다.

② 푸딩 컵에 부어 중탕으로 굽는다.

③ 우유와 설탕을 섞어 설탕이 캐러멜화될 때까지 끓인다.

④ 다른 그릇에 달걀, 소금 나머지 설탕을 넣어 혼합하고 우유를 섞는다.

**177** 푸딩을 제조할 때 경도의 조절은 어떤 재료에 의해 결정이 되는가?

① 계란

② 물

③ 소금

④ 설탕

**178** 젤리를 제조하는 데 당분 60~80%, 펙틴 1~1.5%일 때 가장 적합한 pH는?

① pH 1
② pH 3.2
③ pH 7.8
④ pH 10

정답 ②

pH 2.8~3.4, 설탕 농도 50% 이상에서 젤리를 형성한다. 메톡실기 7% 이하에서는 당과 산의 영향을 받지 않지만, 7% 이상의 펙틴은 당과 산이 존재해야 교질이 형성된다.

**179** 아이스크림 제조 시 오버런(Overrun)의 의미는?

① 교반에 의해 크림의 체적이 몇 % 증가하는지를 나타내는 수치
② 생크림 안에 들어 있는 유지방이 응집해서 완전히 액체로부터 분리된 것
③ 살균 등의 가열 조작에 의해 불안정하게 된 유지의 결정을 적온으로 해서 안정화시킨 숙성 조작
④ 생유 안에 들어 있는 큰 지방구를 미세하게 해서 안정화하는 공정

정답 ①

오버런(Overrun)이란 아이스크림 제조 시 교반에 의해 크림의 체적이 몇 % 증가하는지를 나타내는 수치를 말한다.

**180** 캔디의 재결정을 막고자 사용하는 원료가 아닌 것은?

① 전화당
② 물엿
③ 자당
④ 과당

정답 ③

캔디의 재결정화를 막고자 전화당, 물엿, 과당 등의 부원료를 투입한다. 자당(설탕)은 캔디의 재결정을 막고자 사용하는 원료가 아니다.

**181** 다음 중 익히는 방법이 다른 것은?

① 찐빵
② 엔젤 푸드 케이크
③ 스펀지 케이크
④ 파운드 케이크

**182** 빵과 과자에서 우유가 미치는 영향으로 옳지 않은 것은?

① 이스트에 의해 생성된 향을 착향시킨다.
② 겉껍질 색깔을 연하게 한다.
③ 영양 강화이다.
④ 보수력이 있어서 노화를 지연시킨다.

**183** 빵을 만들고자 밀가루를 선택할 때 고려할 사항이 아닌 것은?

① 흡수율
② 단백질 양
③ 회분 양
④ 전분 양

## 184 캐러멜화를 일으키는 요인에 해당하는 것은?

① 단백질
② 무기질
③ 비타민
④ 당류

정답 ④

캐러멜화 반응은 설탕 성분이 높은 온도(160~180℃)에서 껍질이 갈색으로 변하는 반응을 말한다. 따라서 당류가 캐러멜화를 일으키는 요인에 해당한다.

## 185 케이크류의 제조와 관련 없는 재료는?

① 소금
② 박력분
③ 달걀
④ 강력분

정답 ④

강력분은 단백질의 함량이 높아 제빵용으로 주로 사용한다.

예상
문제
200제

## 186 가루 재료를 체로 치는 이유로 옳지 않은 것은?

① 밀가루 부피를 감소시킬 수 있다.
② 재료를 고르게 분산해 혼합을 용이하게 한다.
③ 가루 속의 덩어리나 불순물을 제거한다.
④ 흡수율이 높아져 수화 작용이 빨라진다.

정답 ①

가루 재료를 체로 침으로써 밀가루 부피를 증가시킬 수 있다.

**187** 오버 베이킹에 대한 설명으로 옳은 것은?

① 케이크 속이 익지 않는 경우도 있다.
② 제품의 윗부분이 평평하다.
③ 저율 배합 및 소량의 반죽에 적합하다.
④ 제품의 중앙 부분이 터지기 쉽다.

**188** 다음 중 케이크용 포장재료의 구비조건으로 옳지 않은 것은?

① 원가가 낮은 것
② 투과성(통기성)이 있는 것
③ 상품의 가치를 상승시키는 것
④ 방수성이 있는 것

**189** 오븐의 생산 능력은 무엇으로 계산하는가?

① 오븐 내 매입 철판 수
② 소모되는 전력량
③ 오븐의 높이
④ 오븐의 단열 정도

**190** 보존료의 이상적인 조건과 거리가 먼 것은?

① 독성이 없거나 매우 적을 것

② 저렴한 가격일 것

③ 사용 방법이 간편할 것

④ 다량으로 효력이 있을 것

보존료는 독성이 없어야 하고, 사용하기 간편해야 하고 가격이 저렴한 편이며, 무미 및 무취하고 자극이 없어야 한다. 빛, 공기, 열에 대한 안정성이 있어야 하고, 미량으로도 효과가 커야 한다.

**191** 로-마지팬(Raw-marzipan)에서 '아몬드 : 설탕'의 적합한 혼합 비율은?

① 1 : 0.5

② 1 : 1.5

③ 1 : 2.5

④ 1 : 3.5

마지팬은 아몬드와 설탕을 갈아 만든 페이스트를 말한다. 맛과 보존성이 좋으며, 마지팬 케이크에 동물, 꽃, 과일을 만들어 올린다. 로-마지팬은 '아몬드 : 설탕 = 1 : 0.5'의 비율로 마지팬을 만든다.

예상
문제
200제

**192** 제품의 유통 기간 연장을 하고자 포장에 이용되는 불활성 가스는?

① 염소

② 산소

③ 질소

④ 수소

불활성 가스는 질소이다.

**193** 가압하지 않은 찜기의 내부온도로 적절한 것은?

① 48℃

② 72℃

③ 97℃

④ 128℃

**194** 물 100%에 설탕 25g을 녹이면 당도는?

① 15%

② 20%

③ 30%

④ 40%

**195** 제과 공장에서 5인이 8시간 동안 옥수수식빵 500개, 바게트빵 550개를 만들었다면 개당 제품의 노무비는 얼마인가? (단, 시간당 노무비는 4,000원이다.)

① 142원

② 152원

③ 162원

④ 172원

**196** 퐁당(Fondant)에 대한 설명으로 옳은 것은?

① 시럽을 117℃까지 끓인다.

② 20℃ 전후로 식혀서 휘젓는다.

③ 굳으면 설탕 1 : 물 1로 만든 시럽을 첨가한다.

④ 유화제를 사용해서 부드럽게 만든다.

**197** 유지를 고온으로 계속 가열하였을 때 점차 낮아지는 것은?

① 점도

② 발연점

③ 산가

④ 과산화물가

예상 문제 200제

**198** 우리나라에서 지정된 식품첨가물 중 버터류에 사용할 수 없는 것은?

① 부틸히드록시아니솔(BHA)

② 디부틸히드록시톨루엔(BHT)

③ 식용색소 황색 4호

④ 터셔리부틸히드로퀴논(TBHQ)

**199** 반죽의 얼음 사용량을 계산하는 공식을 알맞은 것은?

① $\dfrac{\text{물 사용량} \times (\text{계산된 물 온도} + \text{사용수 온도})}{80 + \text{수돗물 온도}}$

② $\dfrac{\text{물 사용량} \times (\text{계산된 물 온도} - \text{사용수 온도})}{80 + \text{수돗물 온도}}$

③ $\dfrac{\text{물 사용량} \times (\text{수돗물 온도} + \text{사용수 온도})}{80 + \text{수돗물 온도}}$

④ $\dfrac{\text{물 사용량} \times (\text{수돗물 온도} - \text{사용수 온도})}{80 + \text{수돗물 온도}}$

정답 ④

얼음 사용량은 '물 사용량×(수돗물 온도−사용수 온도)/(80+수돗물 온도)'로 구할 수 있다.

**200** 식품첨가물의 사용에 대한 설명 중 틀린 것은?

① 식품첨가물은 안전성이 입증되었으므로 최대 사용량의 원칙을 적용한다.

② ADI란 일일섭취허용량을 의미한다.

③ GRAS란 역사적으로 인체에 해가 없는 것이 인정된 화합물을 의미한다.

④ 식품첨가물 공전에서 식품첨가물의 규격 및 사용기준을 제한하고 있다.

정답 ①

식품첨가물은 최소사용량의 원칙을 적용한다.

# II

# 제빵기능사

제과·제빵기능사

1000제

기능사 필기 대비

제빵기능사
필기

# II

# 1회 제빵기능사 필기

**01** 다음 괄호 안에 들어갈 알맞은 재료는?

> 베이커스 퍼센트(Baker's %)는 (    )의
> 양을 100%로 보고 각 재료가 차지하는
> 양을 %로 표시한 배합표이다.

① 소금
② 밀가루
③ 계란
④ 유지

**02** 공장폐수로 인해 오염된 식품을 섭취하고 이 타이이타이병이 발생하여 식품공해를 일으킨 예가 있다면 이와 관계되는 유해성 금속 화합물은 무엇인가?

① 아연(Zn)
② 카드뮴(Cd)
③ 수은(Hg)
④ 비소(As)

**03** 충전용과 토핑용의 재료인 생크림에 대한 설명으로 옳은 것은?

① 휘핑 시간이 적정 시간보다 길면 기포의 안정성이 약해진다.
② 생크림 100%에 대해 1.5~2.5%의 분설탕을 사용해 단맛을 낸다.
③ 유지방 함량 5~10% 정도의 연한 생크림을 휘핑해 사용한다.
④ 생크림의 보관이나 작업 시 제품온도는 3~7℃가 가장 좋다.

**04** 다음 중 단순 단백질에 해당하는 것은?

① 색소 단백질
② 핵단백질
③ 글로불린
④ 프로테오스

**05** 아밀로그래프에 대한 설명에 해당하는 것은?

① 밀가루가 물을 흡수하는 시간을 측정한다.
② 전분의 호화력을 그래프 곡선으로 나타낸다.
③ 믹싱 시간과 반죽의 점탄성을 측정한다.
④ 곡선이 500 B.U.에 도달하는 시간을 중심으로 그래프를 작성한다.

**06** 오븐 온도가 낮을 때 식빵 제품에 미치는 영향이 아닌 것은?

① 굽기 손실이 많아 퍼석한 식감이 난다.
② 껍질 형성이 늦어 빵의 부피가 크다.
③ 껍질색이 짙다.
④ 풍미가 떨어진다.

**07** 빵의 품질 평가에 있어서 내부평가 기준에 해당하는 것은?

① 껍질형성
② 조직
③ 터짐성
④ 부피

**08** 아밀로오스의 특징으로 옳지 않은 것은?

① 요오드 용액 반응은 청색반응을 한다.
② 분자량이 많다.
③ 노화와 호화가 빠르다.
④ 포도당 결합 형태는 α-1,4의 직쇄상 구조이다.

**09** HACCP의 준비 단계 중 해당 식품의 의도된 사용 방법과 대상 소비자를 파악하는 것은 몇 단계인가?

① 1단계
② 2단계
③ 3단계
④ 4단계

**10** 다음에서 설명하는 제빵법의 종류는?

> 공장제 이스트를 사용하지 않고 대기 중에 존재하는 이스트나 유산균을 물과 반죽하여 배양한 발효종을 이용하는 제빵법

① 비상반죽법
② 찰리우드법
③ 사워종법
④ 액종법

**11** 식품에 미생물이 번식하여 식품의 성질이 변화를 일으키는 현상으로, 그 변화가 인체에 유익하여 식용 가능한 경우를 말하는 것은?

① 변패
② 산패
③ 발효
④ 부패

**12** 1일 2,000kcal를 섭취하는 성인 여성의 경우 탄수화물의 적절한 섭취량은?

① 30~195g
② 280~450g
③ 550~725g
④ 1,000~1,200g

**13** 다음과 같은 조건상 스펀지 반죽법에서 사용할 물의 온도는?

> ㉠ 희망 반죽 온도 : 25℃
> ㉡ 스펀지 반죽 온도 : 32℃
> ㉢ 밀가루 온도 : 23℃
> ㉣ 실내 온도 : 26℃
> ㉤ 마찰계수 : 15

① 4℃
② 14℃
③ 24℃
④ 34℃

**14** 소독약의 살균력을 비교하기 위해 통상 무엇을 표준으로 하는가?

① 과산화수소
② 포름알데히드
③ 승홍
④ 페놀

**15** 스트레이트법에서 분할과 둥글리기로 상한 반죽을 쉬게 하는 시간은 제조 공정 중 어디에 해당하는가?

① 1차 발효
② 중간 발효
③ 정형
④ 팬닝

**16** 지친 반죽으로 만든 빵 제품의 특성으로 옳은 것은?

① 터짐과 찢어짐이 아주 적다.
② 외형의 균형은 뾰족한 모서리를 지녔다.
③ 어두운 직갈색이다.
④ 신 냄새가 난다.

**17** 케이크류 및 빵에 사용이 허가된 방부제가 아닌 것은?

① 프로피온산나트륨

② 안식향산

③ 탄산수소나트륨

④ 디하이드로초산

**18** 쌀, 밀과 같은 곡류에서 유독 부족하기 쉬운 아미노산은 무엇인가?

① 펩신

② 트립토판

③ 레닌

④ 아밀롭신

**19** 위생동물의 일반적인 특성인 것은?

① 발육기간이 길다.

② 음식물과 농작물에 피해가 적다.

③ 병원성 미생물을 식품에 감염시키기도 한다.

④ 식성범위가 좁다.

**20** 대형 공장에서 사용되고, 온도 조절이 쉽다는 장점이 있는 반면에, 넓은 면적이 필요하고 열 손실이 큰 결점이 있는 오븐은?

① 회전식 오븐(Rack Oven)

② 데크 오븐(Deck Oven)

③ 터널 오븐(Tunnel Oven)

④ 릴 오븐(Reel Oven)

**21** 다음 중 조리사의 직무에 해당하지 않는 것은?

① 구매식품의 검수 지원

② 집단급식소의 운영일지 작성

③ 급식설비 및 기구의 위생, 안전 실무

④ 집단급식소에서의 식단에 따른 조리업무

**22** 일반적으로 밀가루의 손상 전분 1%가 증가 할 때 흡수율은 어떻게 변화하는가?

① 1% 감소

② 2% 감소

③ 1% 증가

④ 2% 증가

**23** 1차 발효 시 빵 반죽 속에 생성되는 물질은?

① 알코올, 탄산가스
② 알코올, 산소
③ 우유, 산소
④ 물, 탄산가스

**24** 불란서빵에서 스팀을 사용하는 이유로 옳지 않은 것은?

① 겉껍질에 광택을 내준다.
② 거칠고 불규칙하게 터지는 것을 방지하고자 한다.
③ 반죽의 흐름성을 크게 증가시킨다.
④ 얇고 바삭거리는 껍질이 형성된다.

**25** 찜만쥬 또는 찜류 등에 사용하는 이스트파우더의 특징으로 옳지 않은 것은?

① 산제와 중조를 이용한 팽창제이다.
② 암모니아 냄새가 날 수 있다.
③ 팽창력이 강하다.
④ 제품의 색을 희게 한다.

**26** 분할된 반죽이 둥글리기가 되어 만들어지는 기계는?

① 도우 컨디셔너
② 라운더
③ 정형기
④ 디바이더

**27** 발효 손실에 영향을 미치는 요인에 대한 설명으로 옳지 않은 것은?

① 발효실이 온도가 높을수록 발효 손실이 크다.
② 발효실의 습도가 높을수록 발효 손실이 크다.
③ 발효 시간이 짧을수록 발효 손실이 작다.
④ 반죽 온도가 낮을수록 발효 손실이 작다.

**28** 다음에서 설명하는 팬닝 방법의 종류는?

> 뚜껑을 덮어 굽는 제품이 반죽에 길게 늘려 U자, N자, M자형으로 넣는 방법

① 교차 팬닝
② 트위스트 팬닝
③ 스파이럴 팬닝
④ 직접 팬닝

**29** 육안의 가시한계를 넘어선 0.1mm 이하의 크기인 미세한 생물, 주로 단일세포 또는 균사로 몸을 이루며, 생물로서 최소 생활단위를 영위하는 미생물의 일반적 성질에 대한 설명으로 옳은 것은?

① 곰팡이는 주로 포자에 의해 그 수를 늘리며 밥, 빵 등의 부패에 많이 관여하는 미생물이다.
② 효모는 주로 분열법으로 그 수를 늘리며 식품부패에 가장 많이 관여하는 미생물이다.
③ 세균은 주로 출아법으로 그 수를 늘리며 술 제조에 많이 사용한다.
④ 바이러스는 주로 출아법으로 그 수를 늘리며 효모와 유사하게 식품의 부패에 관여하는 미생물이다.

**30** 알레르기성 식중독의 주된 원인이 되는 식품은?

① 청어
② 갈치
③ 광어
④ 오징어

**31** 팬 오일의 구비조건이 아닌 것은?

① 항산화성
② 가소성
③ 높은 발연점
④ 무색, 무취, 무미

**32** 펀치를 하는 시기로 적절한 것은?

① 1차 발효시간의 1/4 정도 되는 시점
② 1차 발효시간의 1/3 정도 되는 시점
③ 1차 발효시간의 2/3 정도 되는 시점
④ 1차 발효시간의 1/2 정도 되는 시점

**33** 제빵에서 쇼트닝의 주요 역할은 윤활작용인데, 쇼트닝을 몇 % 사용했을 때 제품의 부피가 최대가 되는가?

① 3~5%
② 7~10%
③ 15~20%
④ 30~33%

**34** 초콜릿의 적정 보관 온도와 습도로 적절한 것은?

① 온도 : 11~12℃, 습도 : 40% 이하
② 온도 : 14~15℃, 습도 : 40% 이하
③ 온도 : 17~18℃, 습도 : 50% 이하
④ 온도 : 20~21℃, 습도 : 50% 이하

**35** 다음은 어떤 식품 첨가물에 대한 설명인가?

> 식품 제조공정 중 생긴 거품을 없애기 위해 첨가하는 것으로 종류에는 규소수지(실리콘 수지) 1종이 있다.

① 증점제
② 팽창제
③ 소포제
④ 추출제

**36** 냉동반죽법의 해동과 냉동의 방법으로 옳은 것은?

① 급속해동, 완만냉동
② 급속해동, 급속냉동
③ 냉장해동, 급속냉동
④ 완만해동, 완만냉동

**37** 다음 중 식중독 관련 세균의 생육에 최적한 식품의 수분 활성도는?

① 0.90~1.00
② 0.60~0.69
③ 0.30~0.39
④ 0.10~0.19

**38** 건포도 식빵을 만들 때 건포도를 최종 단계 전에 넣을 경우 발생하는 현상이 아닌 것은?

① 반죽이 거칠어져 정형하기 어렵다.
② 이스트의 활력이 떨어진다.
③ 빵의 껍질색이 하얘진다.
④ 반죽이 얼룩진다.

**39** 흰자를 사용하는 제품에 주석산 크림과 같은 산을 넣는 이유로 옳지 않은 것은?

① 색상을 희게 하기 위해
② 흰자를 강하게 하기 위해
③ 산도를 약하게 하기 위해
④ 흰자의 거품을 강하게 하기 위해

**40** 티라미수처럼 커피 향이 필요한 제품에 사용하는 주류는?

① 만다린 리큐르
② 큐라소
③ 쿠앵트로
④ 칼루아

**41** 밀가루의 숙성과 표백을 위해 사용하는 첨가물은?

① 개량제
② 감미제
③ 팽창제
④ 계면활성제

**42** 유지의 산패를 촉진하는 요인과 거리가 먼 것은?

① 철
② 자외선
③ 물
④ 질소

**43** 다음 중 중간 발효의 설명으로 옳은 것은?

① 중간 발효가 잘되면 글루텐이 잘 발달한다.
② 발효시간이 너무 길면 정형하기가 어렵다.
③ 상대습도 85% 전후로 시행한다.
④ 발효습도가 너무 낮게 되면 표피가 끈적거리며 과도한 덧가루 사용으로 인해 빵 속에 줄무늬가 생긴다.

**44** 다음 중 스펀지 발효 완료 시 pH는 얼마가 적절한가?

① pH 2.6
② pH 3.3
③ pH 4.8
④ pH 5.5

**45** 물과 기름처럼 서로 잘 혼합되지 않는 두 종류의 액체를 혼합할 때 사용하는 물질을 유화제라 하는데, 다음 중 초콜릿에 사용되는 유화제는?

① 프로필갈레이트
② 메틸셀룰로오스
③ 디하이드로초산
④ 슈거에스테르

**46** 튀김기름을 해치는 4대 적이 아닌 것은?

① 산화 방지제
② 열
③ 물
④ 이물질

**47** 우뭇가사리를 주원료로 점액을 얻어 굳힌 가공 제품으로 젤 형성 능력이 큰 당질은?

① 한천
② 펙틴
③ 갈락토오스
④ 올리고당

**48** 다음에서 설명하는 반죽법의 종류는?

> 처음의 반죽을 스펀지(sponge) 반죽, 나중의 반죽을 본(dough) 반죽이라 하여 배합을 두 번하므로 중종법이라고 한다.

① 액체발효법(액종법)
② 연속식 제빵법
③ 재반죽법
④ 스펀지 도우법

**49** 노타임 반죽법에 사용되는 산화제(발효시간 단축)에 해당하지 않는 것은?

① 브롬산칼륨
② 비타민 C(아스코르브산)
③ 아조디카본아마이드(ADA)
④ L-시스테인

**50** 곰팡이와 효모의 최적 pH(수소이온 농도)는 얼마인가?

① pH 1~pH 3
② pH 4~pH 6
③ pH 8~pH 10
④ pH 12~pH 14

**51** 식빵의 옆면이 찌그러진 원인으로 옳은 것은?

① 믹싱 시간이 매우 길었다.
② 믹서의 속도가 매우 높았다.
③ 2차 발효를 지나치게 하였다.
④ 팬 용적에 비해 반죽양이 너무 적었다.

**52** 소고기를 생식하는 지역에서 감염되는 기생충은?

① 민촌충
② 회충
③ 폐흡충
④ 횡천흡충

**53** 2차 발효실의 습도가 가장 낮아야 할 제품은?

① 도넛

② 중화 만두

③ 크로와상

④ 단과자빵

**54** 베이킹파우더의 주성분이 아닌 것은?

① 중조

② 소다

③ 탄산수소나트륨

④ 암모늄

**55** 달걀 노른자의 고형분 함량은 약 몇 %인가?

① 12%

② 25%

③ 37%

④ 50%

**56** 나이아신의 결핍증은?

① 피부병

② 빈혈

③ 신경통

④ 괴혈병

**57** 프랑스빵에서 스팀을 사용하는 이유로 부적당한 것은?

① 거칠고 불규칙하게 터지는 것을 방지한다.

② 껍질색에 광택을 준다.

③ 얇고 바삭거리는 껍질이 형성되도록 한다.

④ 반죽의 흐름성을 크게 증가시킨다.

**58** 플로어 타임을 길게 주어야 할 경우는?

① 반죽 온도가 높을 때

② 반죽 시간이 짧을 때

③ 사용한 밀가루 양이 많을 때

④ 사용하는 밀가루 단백질의 질이 좋을 때

**59** 쌀을 주식으로 하는 우리나라 사람에게 중요한 비타민으로, 당질의 대사 과정에 필요한 비타민은 무엇인가?

① 비타민 A
② 비타민 $B_1$
③ 비타민 $B_6$
④ 비타민 E

**60** 빵에서의 감미제의 기능으로 옳지 않은 것은?

① 속결을 부드럽게 만든다.
② 껍질색을 없앤다.
③ 발효성 탄수화물을 공급한다.
④ 노화를 지연시키고 신선도를 지속시킨다.

# 2회

제빵기능사
필기

# 2회 제빵기능사 필기

**01** 액종법(액체발효법)에 대한 설명으로 적절한 것은?

① 균일한 제품 생산이 가능하다.
② 산화제 사용량을 줄인다.
③ 한번에 적은 양만을 발효시킬 수 있다.
④ 공간확보와 설비가 많이 든다.

**02** 제빵에서의 물의 기능이 아닌 것은?

① 효모와 효소의 활성을 제공한다.
② 반죽 온도를 조절한다.
③ 유화 작용의 역할을 한다.
④ 원료를 분산하고 글루텐을 형성한다.

**03** 빵의 노화가 가장 빠른 온도는?

① 0~10℃
② 25~30℃
③ 42~55℃
④ 60~70℃

**04** 유해 감미료에 속하지 않는 것은?

① 페닐라틴
② 아질산나트륨
③ 니트로톨루이딘
④ 에틸렌글리콜

**05** 노타임 반죽법의 장점으로 옳지 않은 것은?

① 제조시간이 절약된다.
② 제품에 광택이 있다.
③ 빵의 속결이 치밀하고 고르다.
④ 반죽의 기계 내성이 양호하다.

**06** 바이러스성 식중독에 대한 설명이 아닌 것은?

① 겨울철에 많이 발병하며 노로바이러스가 원인균이 된다.
② 잠복기는 '5분~1시간'으로 평균 30분이다.
③ 두통, 설사, 오심, 구토 등의 증상이 나타난다.
④ 원인식품으로는 빙과류, 채소류, 냉장식품, 수산물, 물 등이 있다.

**07** 비상반죽법의 필수조치사항으로 반죽시간 20~30%를 증가시키는 이유로 적당한 것은?

① 반죽을 기계적으로 더 발전시키기 위해서 이다.

② 완충제 작용으로 인한 발효지연을 줄이기 위해서이다.

③ 신장성 향상으로 발효속도를 빠르게 하기 위해서이다.

④ 반죽의 pH를 낮추어 발효 속도를 증가시 키기 위해서이다.

**08** 믹싱의 효과로 적절하지 않은 것은?

① 원료의 균일한 분산

② 이물질의 제거

③ 반죽에 공기혼입

④ 글루텐의 숙성

**09** 이스트 5%를 사용했을 경우 200분 발효시 켜 좋은 결과를 얻었다면, 100분 발효시켜 같은 결과를 얻기 위해 얼마의 이스트를 사 용하면 좋은가?

① 5%

② 10%

③ 20%

④ 25%

**10** 기업 활동의 구성요소 중 제2차 관리에 해당 하는 것은?

① 원가

② 품질

③ 시장

④ 사람

**11** 빵 곰팡이 및 흑색 빵의 원인이 되는 것은?

① 거미줄곰팡이 속

② 누룩곰팡이 속

③ 솜털곰팡이 속

④ 푸른곰팡이 속

**12** 제빵에서 사용하는 물로 가장 적절한 형태는?

① 염수

② 증류수

③ 경수

④ 아경수

**13** 카카오 매스의 구성 성분으로 옳은 것은?

① 코코아 2/8와 카카오 버터 5/8

② 코코아 5/8와 카카오 버터 3/8

③ 카카오 버터 2/8와 카카오 박 5/8

④ 카카오 버터 5/8와 카카오 박 3/8

**14** 이당류에 속하는 것은?

① 포도당

② 유당

③ 호정

④ 녹말

**15** 독버섯의 독소로 옳은 것은?

① 데트로도톡신

② 삭시톡신

③ 무스카린

④ 베네루핀

**16** 다음 중 스펀지법에 따라 제품에 미치는 영향이 아닌 것은?

① 속결이 부드럽다.

② 노화가 지연된다.

③ 발효 내구성이 강하다.

④ 발효시간이 짧아 발효 손실이 적다.

**17** 한 반죽당 기계 분할이나 손 분할은 가능한 몇 분 이내로 완료하는 것이 좋은가?

① 20분

② 30분

③ 40분

④ 50분

**18** 전분의 노화 방지법으로 옳은 것은?

① 레시틴은 노화를 촉진하므로 가급적 주의한다.

② 유지의 사용량을 감소시키면 노화를 억제할 수 있다.

③ 아밀로펙틴보다 아밀로오스가 노화가 잘 안 된다.

④ 모노-디-글리세리드는 식품을 유화, 분산시켜 노화를 지연한다.

**19** 노로 바이러스에 대한 설명으로 적절하지 않은 것은?

① 유행성 바이러스성이다.
② 환자가 접촉한 구토물은 일정 시간이 지나고 제거한다.
③ 면역력이 약한 사람은 탈수 증상을 보이기도 한다.
④ 사람에게 급성 장염을 일으킨다.

**20** 맥아당을 2분자의 포도당으로 분해하는 효소는?

① 프로테아제
② β-아밀라아제
③ 치마아제
④ 말타아제

**21** 제빵용 아밀라이제는 몇 pH에서 최대로 활성화되는가?

① pH 0.2~pH 0.5
② pH 2.3~pH 2.7
③ pH 4.6~pH 4.8
④ pH 6.1~pH 6.3

**22** 다음 중 빵 포장재의 특성으로 적절하지 않은 것은?

① 보호성
② 방수성
③ 단열성
④ 가치향상성

**23** 다음 제품 중 가장 진 반죽은?

① 잉글리쉬 머핀
② 과자빵
③ 불란서빵
④ 식빵

**24** 냉각으로 인한 빵 속의 수분 함량으로 적당한 것은?

① 약 7%
② 약 23%
③ 약 38%
④ 약 52%

**25** 향신료를 사용하는 목적으로 옳지 않은 것은?

① 식욕 증진
② 소화 증진
③ 영양분 제공
④ 식품에 향미 부여

**26** 무기질과 관련된 결핍증·과잉증의 연결이 옳은 것은?

① 칼슘(Ca) – 빈혈
② 나트륨(Na) – 동맥경화증
③ 염소(Cl) – 결핍증 거의 없음
④ 코발트(Co) – 소화 불량, 식욕 부진

**27** 스트레이트법의 반죽순서로 옳은 것은?

① 반죽 – 분할 – 성형 – 굽기 – 발효
② 반죽 – 분할 – 발효 – 성형 – 굽기
③ 반죽 – 발효 – 분할 – 성형 – 굽기
④ 반죽 – 성형 – 발효 – 굽기 – 분할

**28** 다음 중 제과제빵 재료로 사용되는 쇼트닝 (Shortening)에 대한 설명으로 옳지 않은 것은?

① 쇼트닝성과 공기포집 능력을 갖는다.
② 쇼트닝은 불포화 지방산의 이중결합에 촉매 존재하에 수소를 첨가하여 제조한다.
③ 쇼트닝을 경화유라고 말한다.
④ 쇼트닝은 융점(Melting point)이 매우 낮다.

**29** 비타민의 영양학적 특성이 아닌 것은?

① 에너지를 발생한다.
② 조효소 역할을 한다.
③ 음식물에서 섭취해야만 한다.
④ 신체 기능을 조절한다.

**30** 분유의 종류에 대한 설명으로 옳지 않은 것은?

① 가당 분유 – 원유에 당류를 제거하여 분말화한 것
② 전지 분유 – 우유를 건조시킨 것
③ 혼합 분유 – 탈지 분유 또는 전지 분유에 식품첨가물을 25%로 섞어 가공한 것
④ 탈지 분유 – 지방을 뺀 우유를 건조시킨 것

**31** 다음 중 굽기 손실률이 가장 큰 제품은?

① 일반식빵
② 하스 브레드
③ 단과자빵
④ 풀먼식빵

**32** 바게트 배합률에서 반죽 개선제로 산화제 역할을 하는 비타민 C를 50ppm 사용하고자 할 시 이용량을 %로 올바르게 나타내면?

① 5%
② 0.5%
③ 0.05%
④ 0.005%

**33** 빵의 노화현상(staling)에 따라 변화와 거리가 있는 것은?

① 전분의 경화가 일어난다.
② 향이 손실된다.
③ 수분이 손실된다.
④ 곰팡이가 발생한다.

**34** 이론상 건조 이스트의 고형질이 90%일 때 생이스트의 고형질은 몇 %인가?

① 10%
② 20%
③ 30%
④ 40%

**35** 감미도가 가장 낮은 것은?

① 갈락토오스
② 설탕
③ 포도당
④ 유당

**36** 평균 분유 100g의 질소 함량이 4g이라면 몇 g의 단백질을 함유하고 있는가?

① 10g
② 25g
③ 35g
④ 50g

**37** 계량 시 무게단위를 환산할 때 0.1g과 같은 것은?

① 1mg

② 10mg

③ 100mg

④ 1000mg

**38** 식품첨가물의 안정성 시험과 관계가 없는 것은?

① 만성 독성 시험법

② 맹독성 시험법

③ 아급성 독성 시험법

④ 급성 독성 시험법

**39** 알코올은 금속, 조리기구, 유리, 손소독 등에 사용할 시 몇 %의 농도로 사용하는가?

① 15%

② 30%

③ 55%

④ 70%

**40** 제빵의 기본 재료에 해당하는 것은?

① 우유

② 쇼트닝

③ 이스트

④ 설탕

**41** 발전 단계에서 믹싱을 완료해도 좋은 제품은?

① 잉글리시 머핀

② 하스 브레드

③ 데니시 페이스트리

④ 단과자빵

**42** 전분을 효소 전환법, 산 분해법, 산 · 효소법의 3가지 방법으로 만든 전분당은?

① 액당

② 이성화당

③ 전화당

④ 물엿

**43** 스트레이트법에 알맞은 2차 발효실의 습도는?

① 20~25%

② 45~50%

③ 75~80%

④ 85~90%

**44** 액체발효법에서 액종 발효시 완충제 역할을 하는 재료는?

① 물

② 소금

③ 탈지분유

④ 쇼트닝

**45** 카세인이 효소나 산에 의해 응고되는 성질은 어떤 식품을 제조할 때인가?

① 버터

② 휘핑크림

③ 분유

④ 치즈

**46** 전분을 분해하는 효소는 무엇인가?

① 아밀라아제

② 셀룰라아제

③ 치마아제

④ 프로테아제

**47** 식품첨가물의 사용량 결정과 관련된 ADI는 어떤 의미인가?

① 최소 무작용량

② 반수 치사량

③ 1일 섭취 허용량

④ 최대 농도량

**48** 발효에 영향을 미치는 요인인 것은?

① 유지

② 환원제

③ 우유

④ 이스트 푸드

**49** 이스트의 가스 발생력에 영향을 주는 요소가 아닌 것은?

① 반죽 온도
② 소금
③ 유지
④ 이스트의 양

**50** 2차 발효 시간이 지나친 경우에 나타나는 현상이 아닌 것은?

① 기공이 거칠다.
② 부피가 너무 크다.
③ 옆면이 터진다.
④ 껍질색이 여리다.

**51** 반죽하는 동안 글루텐의 발달 정도를 측정하는 기계는?

① 아밀로그래프
② 레오그래프
③ 패리노그래프
④ 믹소그래프

**52** 유극악구충의 제1중간숙주는?

① 담수어
② 민물 게
③ 뱀장어
④ 물벼룩

**53** 펀치의 효과로 옳지 않은 것은?

① 이스트의 활성을 돕는다.
② 반죽의 온도를 균일하게 한다.
③ 발효 시간을 늘린다.
④ 산소 공급으로 반죽의 산화 숙성을 진전시킨다.

**54** 스펀지 반죽에 밀가루를 증가할 경우 나타나는 현상은?

① 플로어 타임이 길어진다.
② 반죽의 신장성이 좋아진다.
③ 스펀지 발효시간이 짧아진다.
④ 본 반죽의 발효시간이 길어진다.

**55** 밀가루 등급별 분류는 무엇을 기준으로 하는가?

① 탄수화물
② 지방
③ 수분
④ 회분

**56** 연속식 제빵법의 장점으로 옳지 않은 것은?

① 발효 손실 감소
② 노동력을 1/3 감소
③ 발효향 증가
④ 설비공간 감소

**57** 식빵 반죽의 희망 온도가 32℃일 때, 실내 온도 17℃, 밀가루 온도 26℃, 마찰 계수 24인 경우 사용할 물의 온도는?

① 10℃
② 17℃
③ 29℃
④ 36℃

**58** 식품안전관리인증기준(HACCP)을 식품별로 정하여 고시하는 이는?

① 시 · 도지사
② 식품의약품안전처장
③ 국립보거원장
④ 시장 · 군수 · 구청장

**59** 빵 반죽을 숙성시키는 데 작용하며 밀가루의 단백질에 작용하는 효소는?

① 락타아제
② 퍼옥시다아제
③ 이눌라아제
④ 프로테아제

**60** 제빵에서 맥아와 맥아 시럽의 역할이 아닌 것은?

① 껍질 색과 특유의 향을 개선한다.
② 이스트의 발효를 촉진한다.
③ 가스 생산을 감소시킨다.
④ 제품 내부의 수분 함량을 증가시킨다.

# 제과·제빵기능사
# 1000제

기능사 필기 대비

제빵기능사
필기

# II

# 3회 제빵기능사 필기

**01** 글리코겐이 합성되는 주된 곳은?

① 근육

② 신장

③ 심장

④ 콩팥

**02** 빵 포장 시 가장 적절한 빵의 수분 함량과 내부 온도는 얼마인가?

① 25%, 27℃

② 20%, 33℃

③ 38%, 37℃

④ 50%, 45℃

**03** 식빵에서 설탕을 정량보다 많이 사용했을 때 나타나는 현상은?

① 팬의 흐름이 적다.

② 가스 생성 부족으로 세포가 파괴된다.

③ 껍질은 얇고 부드러워진다.

④ 발효만 잘 지키면 좋은 색이 난다.

**04** 2차 발효가 저온일 때 제품에 미치는 영향은?

① 속과 껍질이 분리된다.

② 반죽막이 두껍고 오븐 팽창도 나쁘다.

③ 발효 속도가 빨라진다.

④ 반죽이 산성이 되어 세균의 번식이 쉽다.

**05** 제과 · 제빵 제품을 평가하는 데 있어 외부 평가 항목에 해당하지 않는 것은?

① 터짐과 찢어짐

② 부피

③ 조직

④ 구운 상태

**06** 중조 1.4%를 사용하는 배합표에서 베이킹파우더로 대체하고자 할 시 사용량으로 옳은 것은?

① 0.7%

② 1.4%

③ 2.8%

④ 4.2%

**07** 오버 나이트 스펀지법에 대한 설명으로 옳은 것은?

① 발효시간이 짧다.
② 많은 이스트로 빠르게 발효시킨다.
③ 반죽의 가스 보유력이 좋아진다.
④ 발효 손실이 최고로 적다.

**08** 달걀이 몇 g 이상이 되면 노른자 비율이 감소하고 흰자의 비율이 높아지는가?

① 20g
② 40g
③ 60g
④ 80g

**09** 단당류가 3~10개로 구성되었으며 감미도는 설탕의 30% 정도인 감미제는?

① 유당
② 올리고당
③ 꿀
④ 아스파탐

**10** 반죽의 발효 목적이 아닌 것은?

① 반죽을 유연하게 만든다.
② 반죽의 팽창작용을 일으킨다.
③ 글루텐을 응고시킨다.
④ 독특한 맛과 향을 부여한다.

**11** 빵 속에 줄무늬가 생기는 원인이 아닌 것은?

① 반죽개량제의 사용이 과다할 경우
② 건조한 중간발효를 거쳤을 경우
③ 덧가루 사용이 적을 경우
④ 표면이 마른 스펀지를 사용할 경우

**3회**

**12** 다음 중 육류를 통해 감염되는 기생충은?

① 회충
② 긴촌충
③ 선모충
④ 횡천흡충

**13** 굽기의 실패 원인 중 껍질색이 짙으며 빵의 부피가 작고, 옆면이 약해지고 껍질이 부스러지기 쉬운 결과가 생기는 원인은?

① 불충분한 오븐열
② 높은 오븐열
③ 불충분한 열의 분배
④ 너무 많은 증기

**14** 일반적으로 적절한 2차 발효점은 완제품 용적의 몇 %가 가장 적당한가?

① 20~35%
② 40~50%
③ 55~65%
④ 70~80%

**15** 이스트 푸드의 구성 물질 중 환원제인 것은?

① 아스코르브산
② 시스테인
③ 프로테아제
④ 브롬산칼륨

**16** 둥글리기 하는 동안 반죽의 끈적거림을 제거하는 방법으로 옳지 않은 것은?

① 반죽에 유화제를 사용한다.
② 최적의 발효 상태를 유지한다.
③ 반죽에 최적의 가수량을 넣는다.
④ 덧가루는 최대한 많은 양을 사용한다.

**17** 굽기 과정 중 당류의 캐러멜화가 개시되는 온도로 가장 적절한 것은?

① 80℃
② 100℃
③ 125℃
④ 150℃

**18** 건포도 식빵에서 건포도의 전처리 방법으로 옳지 않은 것은?

① 건조되어 있는 건포도에 물을 흡수하도록 하는 조치를 말한다.
② 42℃의 물에 담가 두었다가 체에 걸러 물기를 제거하고 방치해 두지 않는다.
③ 빵 속이 건조하지 않도록 한다.
④ 건포도가 빵과 결합이 잘 이루어지도록 한다.

**19** 제조하는 생산지에서 제빵용 이스트를 저장하는 현실적인 온도는?

① −10℃ 이하
② 0℃~5℃
③ 10℃~15℃
④ 20℃ 이상

**20** 일반 식염을 구성하는 대표적인 원소는?

① 질소, 나트륨
② 염소, 나트륨
③ 탄소, 칼슘
④ 탄소, 마그네슘

**21** 두 번 구운 빵의 종류에 해당하지 않는 것은?

① 브리오슈
② 러스크
③ 브라운 앤 서브 롤
④ 토스트

**22** 유흥주점이나 단란주점의 영업은 어떤 이의 허가를 받아야 하는가?

① 시장 · 군수 · 구청장
② 검찰청장
③ 시 · 도지사
④ 관할 검역소장

**23** 자연독 식중독과 그 독성물질을 잘못 연결한 것은?

① 솔라닌 – 맥각중독
② 무스카린 – 버섯중독
③ 베네루핀 – 모시조개중독
④ 테트로도톡신 – 복어중독

**24** 스펀지법과 비교할 때 스트레이트법의 장점은?

① 잘못된 공정을 수정하기 쉽다.
② 제조 공정이 단순하다.
③ 향미, 식감이 풍부하다.
④ 노화가 느리다.

**25** 정형한 식빵 반죽을 팬에 넣을 시 이음매의 위치로 옳은 것은?

① 오른쪽

② 왼쪽

③ 위

④ 아래

**26** 비터 초콜릿 32% 중에는 카카오 버터가 약 얼마 정도 함유되어 있는가?

① 1%

② 3%

③ 9%

④ 12%

**27** 계면활성제의 친수성·친유성 균형(HLB) 중 친유성인 것은?

① 7

② 11

③ 18

④ 33

**28** 반죽에 가열하여 소화하기 쉬우며 향이 있는 완성 제품을 만들어 내는 것을 의미하며 제빵 과정에서 가장 중요한 공정인 반죽 익히기 방법의 종류는?

① 찌기

② 굽기

③ 튀기기

④ 볶기

**29** 다음 제품의 반죽 중 가장 짧게 믹싱을 하는 것은?

① 햄버거빵

② 식빵

③ 불란서빵

④ 데니시 페이스트리

**30** 일반적인 스펀지 도우법에서 가장 적절한 스펀지 반죽의 온도는?

① 22~26℃

② 30~35℃

③ 42~50℃

④ 55~63℃

**31** 액체발효법에서 가장 적당한 발효점 측정 법은?

① 거품의 상태
② 액의 색변화
③ 부피감소
④ 산도측정

**32** 설탕을 포도당과 과당으로 분해하는 이스트 에 들어 있는 효소는?

① 인버타아제
② 치마아제
③ 프로테아제
④ 리파아제

**33** 진한 수지액에 유화제를 넣고 향 물질에 용 해시켜 분무 건조하여 만든 향료는?

① 수용성 향료
② 유화 향료
③ 분말 향료
④ 비알코올성 향료

**34** 경구 감염병의 예방대책 중 감염원에 대한 대책으로 적절하지 않은 것은?

① 오염이 의심되는 물건은 어둡고 손이 닿 지 않는 곳에 모아둔다.
② 환자를 조기 발견하여 격리 치료한다.
③ 환자가 발생하면 접촉자의 대변을 검사하 고 보균자를 관리한다.
④ 일반 및 유흥음식점에서 일하는 사람들은 정기적인 건강진단이 필요하다.

**35** 제품의 곰팡이가 발생해 썩어서 형태나 맛이 변질되는 현상은?

① 부패
② 산패
③ 발효
④ 변패

**36** 포화지방산에 해당하는 것은?

① 스테아르산
② 올레산
③ 리놀레산
④ 아라키돈산

**37** 대사를 원활하게 하고 체내 생리 작용을 조절하는 영양소는?

① 비타민, 물
② 비타민, 탄수화물
③ 단백질, 탄수화물
④ 단백질, 지방질

**38** 다음 중 스트레이트법과 비교한 스펀지 도우법에 대한 단점으로 옳은 것은?

① 발효 내구성이 약하다.
② 발효 손실이 증가한다.
③ 부피가 작고 속결이 거칠다.
④ 노화가 지연되어 제품의 저장성이 나쁘다.

**39** 다음은 반죽의 물리적 성질 중 무엇에 대한 설명인가?

> 원래의 모습으로 되돌아가려는 성질

① 흐름성
② 신장성
③ 점탄성
④ 탄력성

**40** 다음 중 가스 발생량이 많아져 발효가 빨라지는 경우가 아닌 것은?

① 소금을 많이 사용할 경우
② 이스트를 많이 사용할 경우
③ 발효실 온도를 약간 높일 경우
④ 반죽에 약산을 소량으로 첨가할 경우

**41** 효소를 구성하는 주요 구성 물질은?

① 지방
② 비타민
③ 단백질
④ 무기질

**42** 70대 노인의 경우 필수지방산 흡수를 위하여 어떤 종류의 기름을 섭취하는 것이 좋은가?

① 돼지기름
② 닭기름
③ 생선기름
④ 콩기름

**43** 수용성 비타민에 대한 설명으로 틀린 것은?

① 물에 용해한다.

② 공급은 매일한다.

③ 결핍 시 생체증세가 서서히 나타난다.

④ 과량 섭취 시 소변으로 배출된다.

**44** 식품조리 및 취급과정 중 교차오염이 발생하는 경우가 아닌 것은?

① 반죽에 생감자 조각을 얹어 빵 굽기

② 생고기를 다듬던 도마로 샐러드용 야채 다듬기

③ 씻지 않은 손으로 과일 씻기

④ 생고기를 손질한 칼로 생고구마 자르기

**45** 미생물의 크기가 가장 작은 것은?

① 세균

② 효모

③ 리케치아

④ 바이러스

**46** 커스터드 크림에서 달걀의 주요 역할은 무엇인가?

① 농후화제의 역할

② 저장성을 높이는 역할

③ 팽창제의 역할

④ 영양가를 높이는 역할

**47** 튀김기름에 대한 설명으로 옳지 않은 것은?

① 튀김기름은 수분이 0%이다.

② 유리지방산이 0.1% 이상이 되면 발연현상이 일어난다.

③ 도넛튀김용 유지는 목화씨 기름이 적절하다.

④ 유지를 고온으로 계속 가열하면 발연점이 높아진다.

**48** 2차 발효의 습도가 높을 때 제품에 나타나는 결과는?

① 제품의 윗면이 올라온다.

② 부피가 크지 않고 표면이 갈라진다.

③ 껍질에 기포, 반점이나 줄무늬가 생긴다.

④ 껍질이 고르지 않아 얼룩이 생기기 쉽다.

**3회**

**49** 다음 발효과정에서 탄산가스의 보호막 역할을 하는 것은?

① 소금
② 글루텐
③ 분유
④ 이스트

**50** 완제품 600g짜리 파운드 케이크 1,000개를 주문받았다. 믹싱 손실이 1.5%, 굽기 손실이 19%, 총배합률이 400%인 경우 4kg짜리 밀가루는 몇 포대를 준비해야 하는가?

① 29
② 36
③ 47
④ 55

**51** 과도한 증기로 인해 식빵 제품에 미치는 영향에 해당하는 것은?

① 낮은 온도에서 구운 빵과 비슷하다.
② 표피가 터지기 쉽다.
③ 구운 색이 엷고 광택 없는 빵이 된다.
④ 오븐 팽창이 좋아 빵의 부피가 크다.

**52** 전분당에 해당하지 않는 것은?

① 이성화당
② 자당
③ 물엿
④ 포도당

**53** 밀가루로 오인하고 먹었다가 위통, 경련, 구토를 일으키는 급성 중독에 해당하는 것은?

① 카드뮴
② 수은
③ 비소
④ 납

**54** 제빵에 적합한 밀가루의 선택기준이 아닌 것은?

① 흡수량이 적을 것
② 단백질 양이 많고 질이 좋을 것
③ 품질이 안정되어 있을 것
④ 2차 가공 내성이 좋을 것

**55** 단백질을 펩톤, 폴리펩티드, 펩티드, 아미노산으로 분해하는 단백질 분해효소는?

① 에렙신
② 레닌
③ 프로테아제
④ 트립신

**56** 반죽의 신장성을 알아보는 그래프는?

① 익스텐소그래프
② 점도계
③ 레오그래프
④ 아밀로그래프

**57** 향신료에 대한 설명으로 옳지 않은 것은?

① 스파이스는 주로 열대지방에서 생산되는 향신료로 뿌리, 열매, 꽃, 나무껍질 등 다양한 부위가 이용된다.
② 허브는 주로 온대지방의 향신료로 식물의 잎이나 줄기가 주로 이용된다.
③ 향신료는 주로 전분질 식품의 맛을 내는 데 사용된다.
④ 향신료는 고대 이집트, 중동 등에서 방부제, 의약품의 목적으로 사용되던 것이 식품으로 이용된 것이다.

**58** 다음 중 필수아미노산에 해당하는 것은?

① 알긴산
② 류신
③ 펩티드
④ 알부민

**59** 다음 중 복합 지방에 해당하는 것은?

① 당지질
② 납
③ 콜레스테롤
④ 글리세린

**60** 스펀지 반죽법에서 스펀지 반죽의 재료에 속하지 않는 것은?

① 유지
② 강력분
③ 물
④ 이스트 푸드

# 제과·제빵기능사

## 1000제

기능사 필기 대비

# 4회

제빵기능사
필기

# 4회 제빵기능사 필기

**01** 다음 중 빵 굽기의 반응으로 옳지 않은 것은?

① 이산화탄소의 방출과 노화를 촉진시킨다.
② 전분의 호화로 식품의 가치를 향상시킨다.
③ 제빵 제조 공정의 최종 단계로 빵의 형태를 만든다.
④ 빵의 풍미 및 색깔을 좋게 한다.

**02** 다당류에 속하는 것은?

① 섬유소
② 포도당
③ 갈락토오스
④ 유당

**03** 노타임 반죽법에 사용되는 산화제, 환원제의 종류가 아닌 것은?

① 브롬산칼륨
② 요오드칼슘
③ 소르브산
④ 아조디카본아아이드

**04** 냉동반죽법의 장점은?

① 반죽이 퍼지지 않는다.
② 산화제를 거의 사용하지 않는다.
③ 제품의 노화가 지연된다.
④ 가스 보유력이 높아진다.

**05** 식품 중의 대장균을 위생학적으로 중요하게 다루는 중점적인 이유는?

① 부패균이므로
② 식중독균이므로
③ 대장염을 일으키므로
④ 분변세균의 오염지침이므로

**06** 포화지방산에 대한 설명으로 옳은 것은?

① 탄소와 탄소의 결합에 이중결합이 1개 이상 있는 지방산이다.
② 식물성 유지에 다량 함유되어 있다.
③ 산화되기가 어렵다.
④ 융점이 낮아 상온에서 액체이다.

**07** 초콜릿을 템퍼링할 때 처음 용해한 후 냉각 시키는 온도 범위로 가장 적합한 것은?

① 0~10℃

② 25~30℃

③ 40~50℃

④ 60~70℃

**08** 스펀지 도우법에 있어서 스펀지 반죽에서 사용하는 일반적인 밀가루의 사용범위는?

① 0~25%

② 25~40%

③ 40~65%

④ 60~100%

**09** 발효 중 펀치를 하는 이유로 옳지 않은 것은?

① 탄력성이 더해지고 글루텐을 강화시킨다.

② 산소 공급을 차단하여 산화를 방지한다.

③ 이스트의 활동에 활력을 준다.

④ 반죽 온도를 균일하게 해준다.

**10** 주로 냉동된 육류 등 저온에서도 생존력이 강하고 수막염이나 임신부의 자궁내 패혈증 등을 일으키는 식중독균은?

① 리스테리아균

② 포도상구균

③ 대장균

④ 살모넬라균

**11** 안정제를 사용하는 목적이 아닌 것은?

① 크림 토핑물 제조 시 부드러움을 제공한다.

② 양갱이나 젤리처럼 반고체 상태로 바꿔 포장을 용이하게 한다.

③ 제품의 흡수율을 증가시켜 노화를 지연한다.

④ 아이싱의 끈적거림을 유지한다.

**12** 혈당의 저하와 가장 관계가 깊은 것은?

① 에렙신

② 인슐린

③ 스테압신

④ 수크라아제

4회

**13** 스트레이트법 반죽의 가장 적절한 온도는?

① 15℃
② 27℃
③ 39℃
④ 56℃

**14** 반죽의 흡수율에서 설탕 5%가 증가할 때 흡수율은 어떻게 변화하는가?

① 1% 감소
② 3% 감소
③ 2% 증가
④ 4% 증가

**15** 2차 발효가 과다할 때 일어나는 현상이 아닌 것은?

① 속결이 조밀하다.
② 색상이 여리다.
③ 신 냄새가 난다.
④ 오븐에서 주저앉기 쉽다.

**16** 식품위생법에서 식품 등의 공전을 작성하는 이는 누구인가?

① 식품의약품안전처장
② 환경부장관
③ 시·도지사
④ 보건복지부장관

**17** 결핵의 감염 원인이 되는 동물은?

① 양
② 돼지
③ 고양이
④ 오리

**18** 단백질의 소화, 흡수에 대한 설명으로 옳지 않은 것은?

① 단백질은 위에서 소화되기 시작한다.
② 위 속에 있는 펩신은 단백질 분자를 큰 폴리펩티드로 분해시킨다.
③ 췌장과 십이지장에서 분비된 트립신에 의해 더 작게 분해된다.
④ 소장에서 단백질이 완전히 분해되지는 않는다.

**19** 유아에게 필요한 필수아미노산이 아닌 것은?

① 류신

② 글루타민

③ 히스티딘

④ 메티오닌

**20** 식빵을 팬닝할 때 보통 권장하는 팬의 온도는?

① 12℃

② 26℃

③ 32℃

④ 38℃

**21** 스트레이트법을 노타임 반죽법으로 변경할 때의 조치사항으로 옳지 않은 것은?

① 설탕 사용량을 1% 정도 줄인다.

② 물 사용량을 약 1~2% 감소시킨다.

③ 이스트 사용량을 1~2% 감소시킨다.

④ L-시스테인을 환원제로 사용한다.

**22** 밀가루가 65%의 탄수화물, 20%의 단백질, 1%의 지방을 함유하고 있다면 100g의 밀가루를 섭취하였을 때 얻을 수 있는 열량은?

① 279kcal

② 318kcal

③ 349kcal

④ 386kcal

**23** 작업의 효율성을 높이고자 작업 테이블의 위치로 가장 적합한 것은?

① 발효실 옆에 설치한다.

② 주방의 중앙부에 설치한다.

③ 냉장고 맞은편에 설치한다.

④ 오븐 앞에 설치한다.

**24** 아플라톡신은 다음 중 어느 것과 가장 관계가 있는가?

① 세균독

② 감자독

③ 곰팡이독

④ 효모균

**25** 반죽이 신장성과 탄력성이 가장 좋으며 부드럽고 윤이 나는 단계는?

① 픽업 단계
② 클린업 단계
③ 발전 단계
④ 최종 단계

**26** 이스트가 사멸되기 시작하는 온도는?

① 20℃
② 40℃
③ 60℃
④ 80℃

**27** 황색 합성색소로서 유해한 것은?

① 로다민 B
② 롱가리트
③ 아우라민
④ 에틸렌 글리콜

**28** 압착효모의 고형분 함량은 일반적으로 몇 %인가?

① 15%
② 35%
③ 55%
④ 75%

**29** 빵의 풍미저하, 빵 껍질의 변화, 내부조직의 수분보유 상태를 변화시켜 α-전분이 β-전분으로 변화하는 현상을 무엇이라 하는가?

① 노화
② 소화
③ 당화
④ 호화

**30** 빵을 구웠을 때 갈변이 되는 것은 어느 반응에 의해서인가?

① 마이야르(mailard) 반응과 캐러멜 반응이 동시에 일어나서
② 클로로필(chloropyll) 반응에 의하여
③ 비타민 C의 산화에 의하여
④ 효모에 의한 갈색(brown) 반응에 의하여

**31** 마가린에 대한 설명으로 틀린 것은?

① 지방 함량이 80% 이상이다.

② 주로 면실유, 대두유 등 식물성 유지로 만든다.

③ 버터 대용품으로 사용된다.

④ 순수 유지방만을 사용했다.

**32** 데니시 페이스트리의 일반적인 반죽 온도는?

① 18~22℃

② 30~34℃

③ 38~42℃

④ 46~50℃

**33** 에너지원으로 이용되는 영양소가 아닌 것은?

① 지방

② 단백질

③ 탄수화물

④ 무기질

**34** 포도당을 섭취해서는 안 되는 당뇨병 환자에게 감미료로서 사용하며 당류 중 가장 빨리 소화 · 흡수되는 당질은?

① 과당

② 갈락토오스

③ 덱스트린

④ 섬유소

**35** 정상 조건하의 베이킹파우더 100g에서 얼마 이상의 유효 이산화탄소 가스가 발생되어야 하는가?

① 12%

② 24%

③ 36%

④ 48%

**36** 지용성 비타민과 관련된 결핍증으로 잘못 연결된 것은?

① 비타민 A – 야맹증

② 비타민 D – 골다공증

③ 비타민 E – 쥐의 불임증

④ 비타민 K – 각기병

**37** 생크림의 우유 지방 함량은 얼마가 적절한가?

① 10~20%

② 35~40%

③ 50~65%

④ 80~90%

**38** 보존료의 이상적인 조건에 해당하는 것은?

① 값비싼 가격일 것

② 다량으로 효력이 있을 것

③ 사용방법이 까다로울 것

④ 독성이 없거나 매우 적을 것

**39** 감염병의 발생요인에 해당하지 않는 것은?

① 숙주감수성

② 계절

③ 감염경로

④ 감염원

**40** 유지의 분해산물인 글리세린에 대한 설명으로 옳지 않은 것은?

① 물은 기름의 유탁액에 대한 안정 기능이 있다.

② 물에 잘 녹는 감미의 액체로 비중은 물보다 낮다.

③ 향, 색, 맛을 내는 재료의 용매인 착향료와 착색료의 용매제로 색과 향의 보존을 도와준다.

④ 인체를 구성하는 정상적인 물질로 존재하며 식품 첨가물로 안전하게 사용되는 생리적으로 무해한 물질이다.

**41** 우유의 응고에 관여하는 금속이온은?

① 칼슘

② 칼륨

③ 구리

④ 나트륨

**42** 수크라아제는 무엇을 가수분해시키는가?

① 전분당

② 자당

③ 유당

④ 과당

**43** 비상스트레이트법 반죽의 가장 적절한 반죽 시간은?

① 2분
② 10분
③ 22분
④ 37분

**44** 소금을 늦게 넣어 믹싱 시간을 단축하는 방법은?

① 염장법
② 후염법
③ 염지법
④ 훈제법

**45** 트립토판 200mg은 체내에서 니아신 몇 mg 으로 전환되는가?

① 1.64mg
② 2.03mg
③ 3.34mg
④ 4.58mg

**46** 착색료에 대한 설명으로 옳지 않은 것은?

① 레토르트 식품에서 타르색소가 검출되지 않아야 한다.
② 인공색소는 색깔이 선명하며 종류도 다양하다.
③ 천연색소는 인공색소보다 값이 비싸다.
④ 타르색소는 카스텔라에는 사용하는 것이 허용된다.

**47** 환경 중의 가스를 조절하여 과일과 채소의 변질을 억제하는 방법은?

① 상업적 살균
② 통조림
③ 변형공기포장
④ 무균포장

**48** 빵의 제품평가에서 브레이크와 슈레드 현상 이 부족한 이유로 옳은 것은?

① 단물을 쓴 경우
② 오븐의 증기가 너무 많은 경우
③ 2차 발효가 부족한 경우
④ 효소제의 사용량이 부족한 경우

4회

**49** 퐁당 크림을 부드럽게 하고 수분 보유력을 높이고자 일반적으로 첨가하는 것은?

① 전화당 시럽, 물엿
② 크림, 젤라틴
③ 물, 한천
④ 레몬, 소금

**50** 다음 중 효소와 온도에 대한 설명으로 옳지 않은 것은?

① 적정온도 범위에서 온도가 낮아질수록 반응속도도 낮아진다.
② 적정온도 범위 내에서 온도가 10℃ 상승하면 효소 활성은 약 2배로 증가한다.
③ 효소는 일종의 단백질이므로 열에 의해 변성한다.
④ 최적온도 수준이 지나도 반응속도는 증가할 수 있다.

**51** 1인당 생산 가치에서 '생산 가치'는 무엇으로 나누어 계산하는가?

① 원가
② 매출액
③ 인원 수
④ 시간

**52** 빵 제품의 껍질색이 짙은 원인으로 옳은 것은?

① 분유 사용량의 부족
② 1차 발효시간의 초과
③ 2차 발효실의 습도 낮음
④ 지나친 믹싱

**53** 감염병에 대한 설명으로 틀린 것은?

① 인수 공통감염병은 인간과 척추동물 사이에 전파되는 질병이다.
② 인수 공통감염병은 인간과 척추동물이 같은 병원체에 의해 발생되는 감염병이다.
③ 바이러스성 감염병으로는 Q열, 발진열 등이 있다.
④ 세균성 감염병으로는 탄저, 블루셀라증, 살모넬라증 등이 있다.

**54** 제빵에서 물의 기능으로 옳지 않은 것은?

① 이스트 먹이 역할
② 반죽 농도 조절
③ 물을 흡수하여 글루텐 형성
④ 효소 활성화를 도움

**55** 쉽게 발효하지 않아 위 점막을 자극하지 않으므로 어린이나 소화기 계통의 환자에게 좋은 이당류는?

① 젖당
② 엿당
③ 자당
④ 전화당

**56** 전분의 노화 최적 상태로 옳은 것은?

① 수분 함량 : 10~20%, 노화 최적 온도 : −10℃ 이하
② 수분 함량 : 30~60%, 노화 최적 온도 : −7~10℃
③ 수분 함량 : 50~60%, 노화 최적 온도 : 15~30℃
④ 수분 함량 : 70% 이상, 노화 최적 온도 : 40~60℃

**57** 스트레이트법에 알맞은 1차 발효 시간은?

① 30분 이하
② 1~3시간
③ 5~7시간
④ 10시간 이상

**58** 연속식 제빵법에 관한 설명으로 옳지 않은 것은?

① 3~4기압하에서 30~60분간 반죽을 발전시켜 분할기로 직접 연결시킨다.
② 인력감소, 발효 손실 감소 등의 이점이 있다.
③ 자동화 시설을 갖추기 위해서는 설비 공간의 면적이 많이 소요된다.
④ 액체발효법을 이용해 연속적으로 제품을 생산한다.

**59** 반죽 온도가 정상보다 높을 때 나타나는 제품의 결과는?

① 기공이 조밀하다.
② 오븐 통과시간이 길다.
③ 큰 기포가 형성된다.
④ 부피가 작다.

**60** 식품 등을 통해 감염되는 경구 감염병의 특징과 거리가 있는 것은?

① 미량의 균량에서도 감염을 일킨다.
② 2차 감염이 빈번하게 발생한다.
③ 화학물질이 원인이 될 수 있다.
④ 원인 미생물은 세균, 바이러스 등이다.

# 제과·제빵기능사

# 1000제

**기능사 필기 대비**

제빵기능사
필기

# 5회 제빵기능사 필기

**01** 패닝 중 식빵 등과 같이 반죽 덩어리째 팬에 넣는 방법은?

① 직접 패닝
② 스파이럴 패닝
③ 교차 패닝
④ 트위스트 패닝

**02** 빵 반죽에서 물의 흡수로 옳은 것은?

① 설탕은 5% 증가 시 흡수율이 1% 증가한다.
② 탈지분유는 1% 증가 시 흡수율이 1% 감소한다.
③ 펜토산은 자기 무게의 10~15배의 물을 흡수한다.
④ 손상 전분은 약 0.5배의 물을 흡수한다.

**03** 식품위생 검사의 종류로 옳지 않은 것은?

① 물리학적 검사
② 혈청학적 검사
③ 화학적 검사
④ 관능 검사

**04** 비타민과 관련된 결핍증으로 올바르게 연결된 것은?

① 비타민 A – 괴혈병
② 비타민 $B_6$ – 구순 구각염
③ 비타민 D – 각막 연화증
④ 엽산 – 빈혈

**05** 비상스트레이트법 반죽의 가장 적절한 1차 발효시간은?

① 3분~10분
② 15분~30분
③ 40분~55분
④ 70분~85분

**06** 세계보건기구(WHO)는 성인의 경우 하루 섭취열량 중 트랜스지방의 섭취를 몇 % 이하로 권고하고 있는가?

① 1%
② 2%
③ 3%
④ 4%

**07** 포도당을 열, 탄산가스, 알코올로 변화시키는 효소는?

① α-아밀라아제
② β-아밀라아제
③ 치마아제
④ 말타아제

**08** 분할기에 의한 식빵 분할은 최대 몇 분 이내에 완료하는 것이 가장 적절한가?

① 5분
② 20분
③ 35분
④ 40분

**09** 제빵 시 정량보다 많은 분유를 사용했다면 이에 따라 나타나는 결과로 옳지 않은 것은?

① 모서리가 터지고 예리해 슈레드가 적다.
② 양 옆면과 바닥이 움푹 들어간다.
③ 껍질색은 캐러멜화에 의해 검어진다.
④ 세포벽이 두꺼워 황갈색이 나타난다.

**10** 세균의 대표적인 3가지 형태분류에 포함되는 것은?

① 살모넬라균
② 나선균
③ 포도상구균
④ 페니실린균

**11** 다음 중 부패 진행의 순서로 올바른 것은?

① 펩타이드 - 아미노산 - 황화수소 - 아민, 암모니아, 펩톤
② 아미노산 - 펩타이드 - 암모니아 - 아민, 펩톤, 황화수소
③ 펩톤 - 아민 - 아미노산 - 펩타이드, 암모니아, 황화수소
④ 펩톤 - 펩타이드 - 아미노산 - 아민, 황화수소, 암모니아

**12** 노른자에서 고형분은 약 몇 %를 차지하는가?

① 10%
② 30%
③ 50%
④ 70%

**13** 다음 중 발효시간을 연장시켜야 하는 경우는?

① 1차 발효실 상대 습도가 80%이다.

② 식빵 반죽온도가 27℃이다.

③ 발효실 온도가 24℃이다.

④ 이스트푸드가 충분하다.

**14** 페이스트리 성형 파이롤러(자동밀대)에 대한 설명 중 맞는 것은?

① 기계를 사용하므로 밀어 펴기의 반죽과 유지와의 경도는 가급적 다른 것이 좋다.

② 기계를 사용해 반죽과 유지는 따로 따로 밀어서 편 뒤 감싸서 밀어 펴기를 한다.

③ 냉동휴지 후 밀어 펴면 유지가 굳어 갈라지므로 냉장휴지를 하는 것이 좋다.

④ 기계에 반죽이 달라붙는 것을 막고자 덧가루를 많이 사용한다.

**15** 글리세린에 대한 설명으로 옳지 않은 것은?

① 물보다 비중이 크므로 물에 가라앉는다.

② 탄수화물을 가수분해하면 얻을 수 있다.

③ 무취, 무색, 감미를 가진 시럽형태의 액체이다.

④ 수분 보유력이 커서 식품의 보습제로 이용된다.

**16** 탈지분유를 구성하고 있는 성분 중 50%를 대략 차지하고 있는 것은?

① 유당

② 지방

③ 회분

④ 수분

**17** 냉동, 해동, 냉장, 2차 발효를 프로그래밍에 의해 자동적으로 조절하는 기계는?

① 수평형 믹서

② 오버헤드 프루퍼

③ 둥글리기

④ 도우 컨디셔너

**18** 냉동생지법에 적합한 반죽의 온도는?

① 2~5℃

② 10~15℃

③ 18~22℃

④ 31~36℃

**19** 갓 빻은 밀가루는 내배유 속의 카로티노이드 계 색소인 크산토필, 그리고 약간의 카로틴 과 플라본으로 인해 아주 연한 노란색인 크 림색을 띠는데 이것을 탈색하기 위한 표백제 의 재료에 속하지 않는 것은?

① 염소가스
② 염화칼슘
③ 산소
④ 과산화벤조일

**20** 간이시험법에 해당하는 것으로 밀가루의 색 상을 알아보는 시험법은 무엇인가?

① 침강시험
② 페카시험
③ 켄달법
④ 압력계시험

**21** 제빵 시 경수를 사용할 때 조치사항으로 옳 은 것은?

① 급수량 감소
② 이스트 푸드량 증가
③ 이스트 사용량 감소
④ 맥아 첨가

**22** 스트레이트법에서 1차 발효 완성점을 찾는 방법으로 옳지 않은 것은?

① 반죽의 일부를 펼쳐서 피막을 확인한다.
② 반죽을 들어 올렸을 때 실 같은 직물구조 를 확인한다.
③ 손가락에 밀가루를 묻혀 반죽을 찔러본다.
④ 부피의 팽창상태를 확인한다.

**23** 생이스트의 고형질은 건조 이스트의 고형질 과 몇 배 차이가 나는가?

① 0.5배
② 3배
③ 5배
④ 10배

**24** 지방을 지방산과 글리세린으로 분해하는 효 소는?

① 프로테아제
② 리파아제
③ 말타아제
④ 치마아제

**5회**

**25** 마가린에 풍미를 강화하고 방부의 역할도 하기 때문에 첨가하는 물질은?

① 지방
② 우유
③ 소금
④ 유화제

**26** 저장미에 발생한 곰팡이가 원인이 되는 황변미 현상을 방지하기 위한 수분함량은?

① 13% 이하
② 14~17%
③ 18~20%
④ 22% 이상

**27** 우유 식빵 완제품 600g짜리 6개를 만들 때 분할 손실이 5%라면 분할 전 총 반죽 무게는 대략 얼마인가?

① 780g
② 1,560g
③ 2,820g
④ 3,790g

**28** 제빵용 팬 기름에 대한 설명으로 옳지 않은 것은?

① 종류에 상관없이 발연점이 낮아야 한다.
② 백색 광유도 사용된다.
③ 식물유, 정제라드, 혼합유도 사용된다.
④ 과다하게 칠했을 경우 밑 껍질이 두껍고 어둡게 된다.

**29** 포도당을 과당으로 만드는 등 분자의 구조나 형태를 바꾸는 효소는?

① 이성화 효소
② 가수 분해 효소
③ 분해 효소
④ 산화·환원 효소

**30** 유당불내증(유당분해효소결핍증)의 일반적인 증세가 아닌 것은?

① 더부룩함
② 설사
③ 발진
④ 복부경련

**31** 식품의 부패는 주로 어떤 식품성분이 변질되는 것을 말하는가?

① 무기질
② 탄수화물
③ 단백질
④ 지질

**32** 10% 이상의 단백질 함량을 가진 밀가루로 케이크를 만들었을 때 나타나는 결과가 아닌 것은?

① 제품이 수축되면서 딱딱하다.
② 형태가 나쁘다.
③ 제품의 부피가 크다.
④ 제품이 질기며 속결이 좋지 않다.

**33** 식빵 제조 시 1차 발효 손실은 얼마나 되는가?

① 0~0.5%
② 1~2%
③ 5~7%
④ 10~11%

**34** 카카오 버터에 해당하는 설명은?

① 여러 종류의 카카오를 혼합하여 특정한 향과 맛을 만든다.
② 분당과 정백당을 많이 사용하며 포도당으로 이를 대처하기도 한다.
③ 카카오 매스에서 분리한 지방이다.
④ 밀크 초콜릿의 원료로 크림 파우더, 전지 분유, 탈지 분유 등을 사용한다.

**35** 과자와 구별하기 위한 빵이 지닌 특징은?

① 강력분을 사용한다.
② 설탕량이 많다.
③ 반죽에서 글루텐의 생성을 억제한다.
④ 이스트를 사용하지 않는다.

**36** 생산된 소득 중에서 인건비와 관련된 부분은?

① 가치적 생산성
② 생산 가치율
③ 노동 분배율
④ 물량적 생산

**37** 옥수수 전분을 가수분해하여 부분적으로 당화시켜 만든 것으로 특유의 물리적 성질의 점성을 나타내는 성분인 텍스트린이 포함된 당류는?

① 이성화당
② 식혜
③ 엿
④ 물엿

**38** 다음 호르몬 중 칼슘과 관계가 깊은 것은?

① 부갑상선 호르몬
② 인슐린
③ 갑상선 호르몬
④ 부신수질 호르몬

**39** 산소가 없는 상태에서 증직할 수 있는 균은?

① 편성호기성균
② 편성혐기성균
③ 호기성균
④ 통성혐기성균

**40** 표준 스펀지법을 비상 스펀지법으로 변경시킬 때 생이스트의 양은 몇 배가 되도록 하는가?

① 0.5배
② 2배
③ 4배
④ 10배

**41** 식품의 부패 초기에 나타나는 현상으로 가장 적절한 것은?

① 암모니아 생성, 아민
② 광택소실, 변색, 퇴색
③ 자극취, 산패
④ 에스테르 냄새, 알코올

**42** 표준 스펀지법을 비상 스펀지법으로 변경시키는 방법으로 옳지 않은 것은?

① 설탕의 양을 1% 감소시킨다.
② 생이스트의 양을 2배로 증가시킨다.
③ 스펀지의 밀가루 양을 20% 감소시킨다.
④ 사용할 물의 양에 1% 증가시켜 전부 스펀지에 첨가한다.

**43** 발효가 덜 된 반죽으로 제조를 할 경우 중간 발효시간은 어떻게 조절되는가?

① 판단할 수 없다.
② 같다.
③ 짧아진다.
④ 길어진다.

**44** 넓은 의미의 성형공정(Make Up)인 분할, 둥글리기, 중간발효, 정형, 패닝 등 빵 제품의 제조공정에 대한 설명으로 올바르지 않은 것은?

① 둥글리기에 과다한 덧가루를 사용하면 제품에 줄무늬가 생성된다.
② 성형은 반죽을 일정한 형태로 만드는 1단계 공정으로 이루어져 있다.
③ 반죽은 부피 또는 무게에 의해 분할한다.
④ 중간발효시간은 보통 10~20분이며 27~29℃에서 실시한다.

**45** 다음 중 총원가에 포함되지 않는 것은?

① 직접경비
② 일반관리비
③ 제조간접비
④ 이익

**46** 다음 중 비상 스펀지법의 스펀지 온도로 가장 적합한 것은?

① 17℃
② 24℃
③ 27℃
④ 30℃

**47** 정형하여 철판에 반죽을 놓을 때 일반적으로 가장 적절한 철판의 온도는?

① 약 10℃
② 약 25℃
③ 약 32℃
④ 약 55℃

**48** 제빵용 밀가루에서 빵 발효에 많은 영향을 주는 손상 전분의 권장량은?

① 1.5~5%
② 4.5~8%
③ 12~14.5%
④ 16~19.5%

5회

**49** 산형 식빵의 비용적($cm^3$/g)으로 가장 적합한 것은?

① 1.5~1.8

② 1.7~2.6

③ 3.2~3.4

④ 4.0~4.5

**50** 코팅용 초콜릿이 갖추어야 하는 성질은?

① 융점이 항상 낮은 것

② 융점이 항상 높은 것

③ 융점이 겨울에는 높고, 여름에는 낮은 것

④ 융점이 겨울에는 낮고, 여름에는 높은 것

**51** 빵과 과자에서 우유가 미치는 영향으로 옳지 않은 것은?

① 이스트에 의해 생성된 향을 착향시킨다.

② 겉껍질 색깔을 연하게 한다.

③ 영양을 강화시킨다.

④ 보수력이 있어서 노화를 지연시킨다.

**52** 식빵용 밀가루의 젖은 글루텐 함량으로 가장 적절한 것은?

① 11~18%

② 20~27%

③ 33~39%

④ 45~52%

**53** 제빵 시 유지를 투입하는 반죽의 단계는?

① 픽업 단계

② 클린업 단계

③ 발전 단계

④ 최종 단계

**54** 세균성 식중독에 관한 사항 중 옳은 내용으로만 짝지은 것은?

> ㉠ 황색 포도상구균(Staphylococcus Aureaus) 식중독은 치사율이 아주 높다.
> ㉡ 보툴리누스균(Clostridium Botulinum)이 생산하는 독소는 열에 아주 강하다.
> ㉢ 장염 비브리오균(Vibrio Parahaemolyicus)은 감염형 식중독균이다.
> ㉣ 여시니아균(Yersinia Enterocolitica)은 냉장 온도와 진공 포장에서도 증식한다.

① ㉠, ㉡

② ㉡, ㉢

③ ㉡, ㉣

④ ㉢, ㉣

**55** 단백질의 부패가 진행됨에 따라 발생하는 산물이 아닌 것은?

① 아민
② 유화수소
③ 일산화탄소
④ 인돌

**56** 안정제를 사용하는 목적으로 옳지 않은 것은?

① 아이싱의 끈적거림이 촉진된다.
② 포장성이 개선된다.
③ 크림토핑의 거품이 안정화된다.
④ 머랭의 수분보유성이 좋아진다.

**57** 초고온 순간 살균법으로 가장 일반적인 조건은?

① 50~55℃, 20분간 가열
② 71.7℃, 15초간 가열
③ 120~127℃, 40~50분간 가열
④ 130~150℃, 1~3초간 가열

**58** 냉동반죽법에서 혼합 후 반죽의 결과온도로 가장 적절한 것은?

① 5℃
② 10℃
③ 15℃
④ 20℃

**59** 식품의 부패를 판정하는 화학적 방법에 해당하는 것은?

① TMA 측정
② 생균수 검사
③ 온도 측정
④ 관능 검사

**60** 기계 분할 시 반죽의 손상을 줄이는 방법으로 적절하지 않은 것은?

① 직접 반죽법보다 중종 반죽법이 내성이 강하다.
② 반죽은 흡수량이 최적이거나 약간 된 반죽이 좋다.
③ 반죽의 결과 온도는 비교적 높은 것이 좋다.
④ 밀가루의 단백질 함량이 높고 양질의 것이 좋다.

# 제과·제빵기능사

# 1000제

기능사 필기 대비

# 제빵기능사
# 필기
# 정답 및 해설

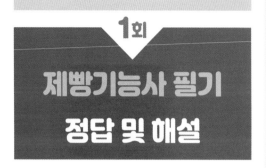

1회

# 제빵기능사 필기
## 정답 및 해설

| | | | | | | | | | |
|---|---|---|---|---|---|---|---|---|---|
| 01 | ② | 02 | ② | 03 | ④ | 04 | ③ | 05 | ② |
| 06 | ③ | 07 | ② | 08 | ② | 09 | ③ | 10 | ③ |
| 11 | ③ | 12 | ② | 13 | ① | 14 | ④ | 15 | ② |
| 16 | ④ | 17 | ③ | 18 | ② | 19 | ③ | 20 | ③ |
| 21 | ② | 22 | ④ | 23 | ① | 24 | ③ | 25 | ① |
| 26 | ② | 27 | ② | 28 | ① | 29 | ① | 30 | ① |
| 31 | ② | 32 | ③ | 33 | ① | 34 | ③ | 35 | ③ |
| 36 | ③ | 37 | ① | 38 | ③ | 39 | ③ | 40 | ④ |
| 41 | ① | 42 | ④ | 43 | ② | 44 | ③ | 45 | ④ |
| 46 | ① | 47 | ① | 48 | ④ | 49 | ③ | 50 | ② |
| 51 | ③ | 52 | ① | 53 | ② | 54 | ③ | 55 | ④ |
| 56 | ① | 57 | ④ | 58 | ④ | 59 | ② | 60 | ② |

## 01
정답 ②

베이커스 퍼센트(Baker's %)는 밀가루의 양을 100%로 보고 각 재료가 차지하는 양을 %로 표시한 배합표이다.

## 02
정답 ②

카드뮴은 공장폐수로 인해 오염된 식품을 섭취하고 이타이이 타이병이 발생해 식품공해를 일으킨다.

> **카드뮴(Cd)**
> • 이타이이타이병의 원인 물질
> • 카드뮴 공장폐수에 오염된 음료수, 오염된 농작물을 식용하여 발병
> • 신장장애, 골연화증 등을 초래

## 03
정답 ④

생크림의 보관이나 작업 시 제품온도는 3~7℃가 가장 좋다.
① 휘핑 시간이 적정 시간보다 짧으면 기포의 안정성이 약해진다.
② 생크림 100%에 대해 10~15%의 분설탕을 사용해 단맛을 낸다.
③ 유지방 함량 35~45% 정도의 진한 생크림을 휘핑해 사용한다.

## 04
정답 ③

단순 단백질은 가수분해에 의해 아미노산만이 생성되는 단백질을 말하며 여기에는 히스톤, 프롤라민(글리아딘), 글루텔린, 글로불린, 알부민, 알부미노이드 등이 있다. 색소 단백질과 핵 단백질은 복합 단백질에, 프로테오스는 유도 단백질에 해당한다.

## 05
정답 ②

아밀로그래프는 전분의 호화력을 그래프 곡선으로 나타낸다.
①, ③, ④ 패리노그래프에 대한 설명이다.

> **아밀로그래프**
> • 밀가루를 호화시키면서 온도 변화에 따른 밀가루 전분의 점도에 미치는 α − 아밀라제의 효과를 측정하는 기계임
> • 양질의 빵 속을 만들기 위한 전분의 호화력을 그래프 곡선으로 나타내면 곡선의 높이는 400~600 B.U.임
>
> **패리노그래프**
> • 반죽하는 동안 믹서 내에서 일어나는 물리적 성질을 파동 곡선 기록기로 기록하여 밀가루의 흡수율, 글루텐의 질, 믹싱 시간, 반죽의 점탄성을 측정하는 기계임
> • 곡선이 500 B.U.에 도달하는 시간 등으로 밀가루가 물을 흡수하는 시간(속도)을 알 수 있음

## 06
정답 ③

껍질색이 짙어지는 것은 오븐 온도가 높을 때 식빵 제품에 미치는 영향이다.

## 제품에 나타나는 결과에 따른 원인

| 원인 | 제품에 나타나는 결과 |
|---|---|
| 높은<br>오븐 온도 | • 굽기 손실이 적어 수분이 많아 눅눅한 식감이 남<br>• 껍질 형성이 빨라 빵의 부피가 작음<br>• 과자빵은 반점이나 불규칙한 색이 나며 껍질이 분리되기도 함<br>• 껍질의 색이 짙음 |
| 낮은<br>오븐 온도 | • 굽기 손실이 많아 퍼석한 식감이 남<br>• 껍질 형성이 늦어 빵의 부피가 큼<br>• 풍미가 떨어짐<br>• 껍질이 두껍고, 구운 색이 엷으며 광택이 부족함 |
| 과도한<br>증기 | • 껍질이 두껍고 질기며, 표피에 수포가 생기기 쉬움<br>• 오븐 팽창이 좋아 빵의 부피가 큼 |
| 부족한<br>증기 | • 구운 색이 엷고 광택 없는 빵이 됨<br>• 표피가 터지기 쉬움<br>• 낮은 온도에서 구운 빵과 비슷함 |
| 부적절한<br>열의 분배 | • 오븐 내의 위치에 따라 빵의 굽기 상태가 달라짐<br>• 고르게 익지 않아 빵이 찌그러지기 쉬움 |
| 가까운<br>팬의 간격 | • 반죽의 중량이 450g인 경우 2cm의 간격을, 680g인 경우는 2.5cm를 유지함<br>• 열 흡수량이 적어짐 |

## 07 정답 ②

조직은 내부평가 기준에 해당한다.
①, ③, ④ 외부평가에 해당한다.

| 내부<br>평가 | 기공 | 균일한 작은 기공과 얇은 기공벽으로 이루어진 길쭉한 기공들로 이루어져야 함 |
|---|---|---|
| | 속결<br>색상 | 줄무늬나 얼룩이 없고 광택을 지닌 밝은 색이 바람직함 |
| | 조직 | 탄력성이 있으면서 부드럽고 실크와 같은 느낌이 있어야 함 |

## 08 정답 ②

아밀로오스는 분자량이 적다.

## 아밀로펙틴과 아밀로오스의 비교

| 항목 | 아밀로펙틴 | 아밀로오스 |
|---|---|---|
| 요오드<br>용액 반응 | 적자색 | 청색 |
| 포도당<br>결합 형태 | $\alpha-1,4$ 결합<br>(직쇄상 구조),<br>$\alpha-1,6$ 결합<br>(측쇄상 구조 혹은<br>곁사슬 구조) | $\alpha-1,4$ 결합<br>(직쇄상) |
| 분자량 | 많음 | 적음 |
| 노화 | 느림 | 빠름 |
| 호화 | 느림 | 빠름 |

## 09 정답 ③

HACCP는 위해 요소 분석과 중요 관리점의 영문 약자로서 '위해 요소 중점 관리 기준' 또는 '햇썹'이라고 한다. 즉, HACCP는 위해 방지를 위한 사전 예방적 식품 안전 관리 체계를 말한다. HACCP 제 3단계는 제품의 사용 용도를 파악하는 단계로, 이 단계에서는 해당 식품의 의도된 사용 방법과 대상 소비자를 파악한다.

> **HACCP 준비 5단계**
> • 제 1단계 : HACCP팀 구성
> • 제 2단계 : 제품 설명서 작성
> • 제 3단계 : 제품의 사용 용도 파악
> • 제 4단계 : 공정 흐름도, 평면도 작성
> • 제 5단계 : 공정 흐름도, 평면도의 작업 현장과의 일치 여부 확인

## 10 정답 ③

사워종법에 대한 설명이다.
① 비상반죽법 : 갑작스런 주문에 빠르게 대처할 때 표준 스트레이트법 또는 스펀지법을 변형시킨 방법으로 공정 중 발효(가스 발생력과 가스 보유력)를 촉진시켜 전체 공정 시간을 단축하는 방법이다.
② 찰리우드법 : 영국의 찰리우드 지방에서 고안된 기계적 숙성 반죽법으로 초고속 반죽기를 이용하여 반죽하므로 초고속 반죽법이라 한다.

④ 액종법(액체발효법) : 이스트 푸드, 이스트, 설탕, 물, 분유 등을 섞어 2~3시간 발효시킨 액종을 만들어 사용하는 스펀지 도우법(스펀지 반죽법)의 변형이다. 스펀지 도우법의 스펀지 발효에서 생기는 결함(공장의 공간을 많이 필요로 함)을 없애기 위해 만들어진 제조법으로 완충제를 분유로 사용하기 때문에 아드미(ADMI)법이라고도 한다.

## 11 정답 ③

발효는 식품에 미생물이 번식하여 식품의 성질이 변화를 일으키는 현상으로, 그 변화가 인체에 유익할 경우를 말한다. 술, 된장, 간장, 빵 등은 모두 발효를 이용한 식품이다.

## 12 정답 ②

1일 2,000kcal를 섭취하는 성인 여성의 경우 탄수화물의 적절한 섭취량은 '2,000kcal×65%÷4 = 325g'이다.

## 13 정답 ①

스펀지법에서의 반죽 온도 계산 방법에서 '사용할 물 온도 = (희망 온도×4) − (스펀지 반죽 온도 + 밀가루 온도 + 실내 온도 + 마찰계수)'이므로 이에 따라 스펀지 반죽법에서 사용할 물의 온도는 '(25×4) − (32 + 23 + 26 + 15) = 4℃'가 된다.

## 14 정답 ④

페놀(석탄산)은 안정적이고 순수하여 살균력 표시와 기준으로 사용하며 오물, 기구, 의류, 손 등의 소독을 하는 데 사용한다.

## 15 정답 ②

중간 발효(벤치 타임)는 분할과 둥글리기로 상한 반죽을 쉬게 하는 시간을 말한다.
① 1차 발효 : 재료 계량과 믹싱 후 발효시키는 과정으로 발효 온도는 27℃, 상대습도는 75~80%, 발효시간은 1~3시간이 적당하다.
③ 정형 : 원하는 모양을 만들어 빵의 형태를 만드는 것을 말한다.

④ 팬닝 : 팬에 정형한 반죽을 넣을 때 이음매를 밑으로 하여 반죽을 놓는 것을 말한다.

## 16 정답 ④

지친 반죽으로 만든 빵 제품은 신 냄새가 난다는 특성을 지닌다.
①, ②, ③ 어린 반죽으로 만든 빵 제품의 특성이다.

> **지친 반죽 (발효, 반죽이 많이 된 것)으로 만든 빵 제품의 특징**
> • **기공** : 얇은 세포벽 → 두꺼운 세포벽
> • **부피** : 커진 뒤 주저앉음
> • **브레이크와 슈레드** : 커진 뒤에 작아짐
> • **외형의 균형** : 둥근 모서리
> • **껍질색** : 밝은 색깔
> • **껍질 특성** : 바삭거리고 두꺼움
> • **조직** : 거침
> • **향** : 신 냄새가 남
> • **맛** : 더욱 발효된 맛
> • **속색** : 색이 희고 윤기가 부족함
> • **구운 상태** : 연함

## 17 정답 ③

방부제는 식품의 부패, 변질을 방지하고 신선도를 유지하기 위해 사용하는 것으로 안식향산, 소르브산, 프로피온산나트륨, 프로피온산칼슘, 디하이드로초산 등이 있다.

## 18 정답 ②

곡류에는 트립토판과 리신이 특히 부족하다.
① 펩신 : pH 2의 산성용액에서 작용하는 단백질 분해효소이다. 위선에서 분비되어 위액 속에 존재하며 육류 속 단백질 일부를 폴리펩티드로 만든다.
③ 레닌 : 위에서 분비되는 단백질 응유효소이다. 우유 단백질인 카제인을 응고시킨다.
④ 아밀롭신 : 글리코겐, 녹말(전분) 등의 포도당으로 구성된 다당류를 덱스트린, 맥아당 등으로 가수분해하는 반응을 촉매하는 효소이다.

## 19　　정답 ③

위생동물은 병원성 미생물을 식품에 감염시키기도 한다.
① 발육기간이 짧다.
② 음식물과 농작물에 피해가 크다.
④ 식성범위가 넓다.

## 20　　정답 ③

터널 오븐은 대형 공장에서 대량 생산에 사용하는데, 열 손실이 큰 단점이 있다.

> **터널 오븐(Tunnel Oven)**
> • 단일 품목을 대량 생산하는 공장에서 많이 사용
> • 터널을 통과하는 동안 온도가 다른 구역들을 지나며 굽기를 함
> • 틀의 크기와 상관없이 아랫불과 윗불을 조절함
> • 넓은 면적이 필요하고 열 손실이 크다는 단점이 있음
> • 반죽을 넣는 입구와 제품을 꺼내는 출구가 서로 다름

## 21　　정답 ②

집단급식소의 운영일지 작성은 영양사의 직무 중 하나이다.

## 22　　정답 ④

손상 전분 1%가 증가할 때 흡수율은 2% 증가된다.

## 23　　정답 ①

1차 발효 시 빵 반죽 속에 생성되는 물질은 치마아제에 의해 '탄산가스($CO_2$) + 알코올($2C_2H_5OH$) + 에너지(66cal)' 등을 생성한다.

## 24　　정답 ③

반죽의 흐름성은 스팀과 상관 없으며 수분 함량, 발효실의 온도와 습도에 영향을 받는다.

> **불란서빵에서 스팀을 사용하는 이유(오븐에 넣기 전후에 스팀 분사)**
> • 겉껍질에 광택을 냄
> • 얇고 바삭거리는 껍질이 형성됨
> • 거칠고 불규칙하게 터지는 것을 방지함

## 25　　정답 ①

산제와 중조를 이용한 팽창제는 베이킹파우더이다.

## 26　　정답 ②

라운더(둥글리기)는 분할된 반죽이 둥글리기가 되어 만들어지는 기계를 말한다. 둥글리기는 기계인 라운더로 하는 방법과 손으로 하는 방법이 있다.

## 27　　정답 ②

발효실의 습도가 낮을수록 발효 손실이 크다.

**발효 손실에 영향을 미치는 요인**

| 영향을 미치는 요인 | 발효 손실이 작은 경우 | 발효 손실이 큰 경우 |
|---|---|---|
| 배합률 | 소금과 설탕이 많을수록 | 소금과 설탕이 적을수록 |
| 반죽 온도 | 낮을수록 | 높을수록 |
| 발효 시간 | 짧을수록 | 길수록 |
| 발효실의 습도 | 높을수록 | 낮을수록 |
| 발효실의 온도 | 낮을수록 | 높을수록 |

## 28　　정답 ①

제시문은 교차 팬닝에 대한 설명이다.
② **트위스트 팬닝** : 반죽을 2~3개 꼬아서 틀에 넣는 방법
③ **스파이럴 팬닝** : 스파이럴 몰더와 연결되어 성형한 반죽이 자동으로 팬에 들어가는 방법
④ **직접 팬닝** : 식빵 등과 같이 반죽 덩어리째 팬에 넣는 방법

## 29 정답 ①

곰팡이는 주로 포자에 의해 그 수를 늘리며 밥, 빵 등의 부패에 많이 관여하는 미생물이다.

② 효모는 주로 출아법으로 그 수를 늘리며 술 제조에 많이 사용된다.

③ 세균은 주로 분열법으로 그 수를 늘리며 식품의 부패에 가장 많이 관여하는 미생물이다.

④ 바이러스는 미생물 중에서 가장 작은 것으로 살아있는 세포에서만 증식한다. 물리, 화학적으로 안정하여 일반 환경에서 증식은 하지 못하나 생존이 가능하다.

## 30 정답 ①

세균의 효소작용에 의해 유독 물질로 발생되는 식중독으로 신선도가 저하된 전갱이, 청어, 꽁치 등의 푸른 생선이 원인이 된다.

## 31 정답 ②

가소성은 페이스트리를 제조할 때 중요한 유지의 물리적 성질이다.

## 32 정답 ③

펀치를 하는 시기는 발효하기 시작하여 반죽의 부피가 80%가 된 1차 발효시간의 2/3 정도 되는 시점에서 반죽에 압력을 주어 가스를 빼준다.

---

**펀치**
- 발효하기 시작하여 반죽의 부피가 80%(1차 발효 시간의 2/3 정도 되는 시점)가 되었을 때 반죽에 압력을 주어 가스를 빼 줌

**펀치를 하는 이유**
- 반죽에 산소를 공급함
- 발효를 촉진시켜 발효 시간을 단축시키고 발효 속도를 일정하게 함
- 반죽 온도를 균일하게 함
- 이스트의 활성과 산화, 숙성을 촉진시킴

---

## 33 정답 ①

최대 부피의 쇼트닝 사용량은 3~5%이다.

## 34 정답 ③

초콜릿은 온도 17~18℃, 습도 50% 이하가 적정 보관 장소이다.

## 35 정답 ③

소포제에 대한 설명이다.

① **증점제(호료)** : 식품에 점착성 증가, 유화 안정성, 선도 유지, 형체 보존에 도움을 주며, 점착성을 줌으로써 촉감을 좋게 하고자 사용한다.

② **팽창제** : 빵, 과자 등을 부풀려 모양을 갖추게 할 목적으로 사용한다.

④ **추출제** : 일종의 용매로서 천연식물에서 어떤 성분을 용해, 용출하고자 사용한다.

## 36 정답 ③

냉동반죽법은 1차 발효 또는 성형 후 -40℃로 급속냉동시켜 -20℃ 전후로 보관한 후 해동시켜 제조하는 방법이다. 냉장고(5~10℃)에서 15~16시간을 해동시킨 후 온도 30~33℃, 상대습도 80%의 2차 발효실에 넣는데 반드시 완만해동, 냉장해동을 준수한다.

## 37 정답 ①

세균의 최적 수분활성도는 '0.90~1.00'이고 억제되는 수분활성도는 '0.80이하'이다.

## 38 정답 ③

건포도 식빵을 만들 때 건포도를 최종 단계 전에 넣을 경우 빵의 껍질색이 어두워진다.

## 39 정답 ③

주석산 크림은 산도를 강하게 하고자 사용한다. 그밖에 주석산 크림은 흰자의 단백질을 강화시키고 알칼리성인 흰자의 pH를 낮추므로 중화시켜 색을 희게 하는 역할을 한다.

## 40 정답 ④

칼루아는 데킬라, 커피, 설탕으로 만든 술로, 색상은 갈색이다. 티라미수처럼 커피 향이 필요한 제품에 사용하는 주류이다.

## 41 정답 ①

밀가루 계량제를 활용해 빠른 시간 안에 산화작용을 일으켜 밀가루의 품질과 표백을 개량한다.

## 42 정답 ④

유지의 산패를 촉진하는 요인으로는 산소(공기), 열(온도), 물(수분), 자외선(빛), 금속류(철, 동 등), 이물질 등이 있다.

## 43 정답 ②

중간 발효 때 발효시간이 너무 길면 정형하기가 어렵다.
① 중간 발효가 잘되면 손상된 글루텐 구조를 재정돈한다.
③ 상대습도 75%로 시행한다.
④ 발효습도가 너무 높게 되면 표피가 너무 끈적거리게 되어 덧가루 사용량이 많아져 빵 속에 줄무늬가 생긴다.

> **중간 발효 공정관리**
> • 중간 발효실의 온도 27~29℃, 상대습도 75% 전후, 시간 10~20분이며, 반죽의 부피팽창 정도는 1.7~2.0배임. 중간 발효실의 조건과 작업실의 온도와 습도의 조건은 같음
> • 발효온도가 너무 높거나 낮으면 반죽 내부와 외부에 발효의 편차가 발생함

> • 발효습도가 너무 낮게 되면 껍질이 형성되어 빵 속에 단단한 심이 생성되고 습도가 너무 높게 되면 표피가 너무 끈적거리게 되어 덧가루 사용량이 많아져 빵 속에 줄무늬가 생김
> • 발효시간이 너무 길면 정형 시 일부 반죽에서 과발효가 발생하고 너무 짧으면 정형하기가 어려움

## 44 정답 ③

스펀지는 발효 초기에 pH 5.5 정도이나, 발효가 끝나면 pH 4.8로 떨어진다.

> **스펀지 반죽 발효의 완료점**
> • 처음 반죽부피의 4~5배
> • pH가 4.8을 나타낼 때
> • 반죽 중앙이 오목하게 들어가는 현상이 생길 때 (스펀지는 발효 초기에 pH 5.5 정도이나 발효가 끝나면 pH 4.8로 떨어짐)
> • 반죽 표면은 유백색을 띠며 핀 홀이 생김

## 45 정답 ④

초콜릿에 사용되는 유화제에는 슈거에스테르, 레시틴, 솔비탄 지방산에스테르, 폴리솔베이트가 있다.

## 46 정답 ①

산화 방지제는 유지의 산화적 연쇄 반응을 방해하여 유지의 안정 효과를 갖게 하는 물질이다.

> **튀김기름의 4대 적**
> • 열(온도)
> • 물(수분)
> • 공기(산소)
> • 이물질

## 47 정답 ①

우뭇가사리를 주원료로 점액을 얻어 굳힌 가공 제품으로 젤 형성 능력이 큰 당질은 '한천'이다.
② 펙틴 : 식품 조직을 구성하는 세포벽의 구성 물질로, 산과 당이 결합 시 젤을 형성한다.
③ 갈락토오스 : 지방과 결합하여 뇌, 신경 조직의 성분이 되므로 유아에게 특히 필요하다.
④ 올리고당 : 단당류 3~10개로 구성된 당으로 장내 비피더스균을 무럭무럭 자라게 한다.

## 48 정답 ④

제시문은 스펀지 도우법에 대한 설명이다.
① 액체발효법(액종법) : 이스트 푸드, 이스트, 설탕, 물, 분유 등을 섞어 2~3시간 발효시킨 액종을 만들어 사용하는 스펀지 도우법(스펀지 반죽법)의 변형이다. 스펀지 도우법의 스펀지 발효에서 생기는 결함(공장의 공간을 많이 필요로 함)을 없애기 위해 만들어진 제조법으로 완충제를 분유로 사용하기 때문에 아드미(ADMI)법이라고도 한다.
② 연속식 제빵법 : 액체발효법이 더 발달된 방법으로 공정이 자동으로 진행되며 기계적인 설비를 사용해 적은 인원으로 많은 빵을 만들 수 있는 방법이다.
③ 재반죽법 : 스트레이트법 변형으로 모든 재료를 넣고 물을 8% 정도 남겨 두었다가 발효 후 나머지 물을 넣고 반죽하는 방법이다.

## 49 정답 ④

L - 시스테인은 환원제(반죽시간 단축)에 해당한다.

### 산화제와 환원제의 종류

| 산화제(발효시간 단축) | 환원제(반죽시간 단축) |
|---|---|
| • 브롬산칼륨<br>• 비타민 C(아스코르브산)<br>• 요오드칼륨<br>• 아조디카본아마이드(ADA) | • 프로테아제<br>• 소르브산<br>• L - 시스테인 |

## 50 정답 ②

곰팡이와 효모의 최적 pH(수소이온 농도)는 pH 4~pH 6이다.

## 51 정답 ③

식빵의 옆면이 찌그러진 원인 중 하나로는 2차 발효를 지나치게 한 것이 있다.

> **식빵류의 결함과 원인 - 식빵의 옆면이 찌그러짐(쑥 들어감)**
> • 팬 용적보다 넘치는 반죽량
> • 오븐열의 고르지 못함
> • 지나친 2차 발효
> • 지친 반죽

## 52 정답 ①

소고기를 생식하는 지역에서 감염되는 기생충은 선모충, 민촌충, 갈고리촌충이다.

## 53 정답 ③

2차 발효실의 습도가 가장 낮아야 할 제품에는 크로와상, 하스 브레드, 데니시 페이스트리, 브리오슈가 있다.

### 제품에 따른 2차 발효 온도, 습도의 비교

| 상태 | 조건 | 제품 |
|---|---|---|
| 고온고습 발효 | 온도 35~38℃ 습도 75~90% | 단과자빵, 식빵, 햄버거빵 |
| 건조 발효 | 온도 32℃ 습도 65~70% | 도넛 |
| 고온건조 발효 | 온도 50~60 | 중화 만두 |
| 저온저습 발효 | 온도 27~32℃ 습도 75% | 크로와상, 하스 브레드, 데니시 페이스트리, 브리오슈 |

## 54 정답 ④

베이킹파우더는 중조, 소다, 탄산수소나트륨이 주성분이다. 화학기호는 $NaHCO_3$이다.

## 55

달걀 노른자는 고형분이 50%, 수분이 50%를 차지한다. 달걀 흰자는 고형분이 12%, 수분이 88%를 차지한다. 전란(껍데기를 제외한 노른자와 흰자)은 고형분 25%, 수분 75%를 차지한다.

## 56

나이아신의 결핍증에는 피부병, 펠라그라가 있다. 급원 식품으로는 간, 콩, 효모, 생선, 육류가 있다.

## 57

프랑스빵(바게트)에서 굽기 전 스팀을 분사하는 이유는 다음과 같다.

> **프랑스빵(바게트)에서 굽기 전 스팀을 분사하는 이유**
> • 껍질에 윤기가 나게 함
> • 불규칙한 터짐을 방지함
> • 껍질의 형성이 늦춰지면서 팽창이 커짐
> • 껍질을 얇고 바삭하게 함

## 58

사용하는 밀가루 단백질의 양과 질이 좋을 때 플로어 타임이 길어진다.

> **플로어 타임이 길어지는 경우**
> • 본 반죽 시간이 길고, 온도가 낮음
> • 본 반죽 상태의 처지는 정도가 큼
> • 사용하는 밀가루 단백질의 양과 질이 좋음
> • 스펀지 반죽에 사용한 밀가루의 양이 적음

## 59

비타민 $B_1$은 티아민이라고도 한다. 쌀겨에 들어 있는 수용성 비타민으로 당질 대사에 주로 관여한다. 수용성 비타민에는 비타민 $B_1$(티아민), 비타민 $B_2$(리보플라빈), 비타민 $B_3$(나이아신), 비타민 $B_6$(피리독신), 비타민 $B_9$(엽산), 비타민 $B_{12}$(시아노코발라민), 비타민 C(아스코르빈산)이 있다.

## 60

메일라드 반응과 캐러멜화를 통하여 껍질색을 형성하고 향을 향상시킨다.

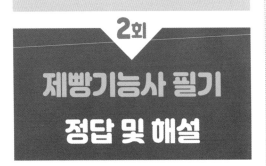

## 2회
# 제빵기능사 필기
# 정답 및 해설

| | | | | | | | | | |
|---|---|---|---|---|---|---|---|---|---|
| 01 | ① | 02 | ③ | 03 | ① | 04 | ② | 05 | ② |
| 06 | ② | 07 | ③ | 08 | ② | 09 | ② | 10 | ③ |
| 11 | ① | 12 | ④ | 13 | ② | 14 | ② | 15 | ③ |
| 16 | ④ | 17 | ① | 18 | ④ | 19 | ② | 20 | ④ |
| 21 | ③ | 22 | ③ | 23 | ① | 24 | ③ | 25 | ① |
| 26 | ② | 27 | ③ | 28 | ④ | 29 | ① | 30 | ① |
| 31 | ③ | 32 | ④ | 33 | ④ | 34 | ③ | 35 | ④ |
| 36 | ② | 37 | ③ | 38 | ② | 39 | ④ | 40 | ③ |
| 41 | ② | 42 | ④ | 43 | ④ | 44 | ③ | 45 | ④ |
| 46 | ① | 47 | ③ | 48 | ④ | 49 | ③ | 50 | ③ |
| 51 | ④ | 52 | ④ | 53 | ③ | 54 | ② | 55 | ④ |
| 56 | ③ | 57 | ③ | 58 | ② | 59 | ④ | 60 | ③ |

## 01 　　　　　　　　　　　　　　　　정답 ①

액종법은 균일한 제품 생산이 가능하다.

### 액체발효법(액종법)의 장점과 단점

| | |
|---|---|
| 장점 | • 발효 손실에 따른 생산 손실을 줄일 수 있음<br>• 균일한 제품 생산이 가능함<br>• 펌프와 탱크 설비가 이루어져 있어 공간, 설비가 감소됨<br>• 한번에 많은 양을 발효시킬 수 있음<br>• 단백질 함량이 적어 발효 내구력이 약한 밀가루로 빵을 생산하는 데도 사용할 수 있음 |
| 단점 | • 산화제 사용량이 늘어남<br>• 연화제, 환원제가 필요함 |

## 02 　　　　　　　　　　　　　　　　정답 ③

유화 작용의 역할은 제빵에서의 물의 기능이 아니다.

> **제빵에서의 물의 기능**
> • 반죽 온도, 반죽 농도를 조절함
> • 밀가루 단백질은 물을 흡수해 글루텐을 형성함
> • 효모와 효소의 활성을 제공함

## 03 　　　　　　　　　　　　　　　　정답 ①

빵의 노화가 가장 빠른 온도는 −6.6~10℃이다.

## 04 　　　　　　　　　　　　　　　　정답 ②

아질산나트륨은 발색제에 해당한다. 유해 감미료에는 페닐라틴, 둘신, 니트로톨루이딘, 사이클라메이트, 에틸렌글리콜 등이 있다.

## 05 　　　　　　　　　　　　　　　　정답 ②

노타임 반죽법은 제품에 광택이 없다는 단점을 지닌다.

### 노타임 반죽법의 장점과 단점

| | |
|---|---|
| 장점 | • 빵의 속결이 치밀하고 고름<br>• 반죽의 기계 내성이 양호함<br>• 반죽이 부드러우며 흡수율이 좋음<br>• 제조시간이 절약됨 |
| 단점 | • 제품의 질이 고르지 않음<br>• 제품에 광택이 없음<br>• 맛과 향이 좋지 않음<br>• 반죽의 발효내성이 떨어짐 (프로테아제 : 단백질을 분해하는 효소) |

## 06 　　　　　　　　　　　　　　　　정답 ②

바이러스성 식중독의 잠복기는 '12시간~48시간'이다. 잠복기가 '5분~1시간'으로 평균 30분인 것은 알레르기 식중독에 대한 설명이다.

## 07 정답 ③

신장성 향상으로 발효속도를 빠르게 하기 위해서 비상반죽법의 필수조치사항으로 반죽시간 20~30%를 증가시킨다.

**비상반죽법의 필수조치와 선택조치**

| | |
|---|---|
| 필수조치 | • 설탕 사용량 1% 감소 : 발효시간이 짧아 잔류당이 많으므로<br>• 이스트 2배 증가 : 발효속도 비율을 증가시키고자<br>• 물 사용량 1% 감소 : 반죽 온도가 높아 수분 흡수율이 떨어지므로<br>• 반죽시간 20~30% 증가 : 신장성 향상으로 발효속도를 빠르게 하고자<br>• 반죽 온도 30℃ : 발효속도를 빠르게 하고자<br>• 1차 발효시간 15~30분 : 제조시간 단축을 위해 30분 이내로 |
| 선택조치 | • 분유 1% 감소 : 완충작용으로 발효를 지연시키므로<br>• 식초 0.25~0.75% 첨가 : 반죽의 pH를 낮추기 위해<br>• 이스트 푸드 0.5~0.75% 증가 : 이스트 2배 증가로 함께 증가<br>• 소금 1.75% 감소 : 삼투압 작용으로 이스트활성을 방해하므로 |

## 08 정답 ②

이물질을 제거하는 것은 믹싱의 효과와 관련이 없다.

**믹싱(반죽)의 효과**
• 원재료를 균일하게 분산하고 혼합함
• 글루텐의 숙성(발전)시키며, 반죽의 가소성 · 탄력성 · 점성을 최적상태로 만듦
• 밀가루의 전분과 단백질에 물을 흡수시킴
• 반죽에 공기를 혼입시켜 이스트의 활력과 반죽의 산화를 촉진시킴

## 09 정답 ②

'가감하고자 하는 이스트량 = $\dfrac{\text{기존 이스트량} \times \text{기존의 발효시간}}{\text{조절하고자 하는 발효시간}}$'에 따라 100분 발효시켜 같은 결과를 얻기 위해 필요한 이스트량은 '$\dfrac{5 \times 200}{100} = 10\%$'이다.

## 10 정답 ③

'시장'은 기업 활동의 구성요소 중 제2차 관리에 해당한다. 기업 활동의 구성요소로는 제1차 관리와 제2차 관리가 있다. 제1차 관리에는 '자금 · 원가, 사람 · 질과 양, 재료 · 품질'이 있으며, 제2차 관리에는 '기계 · 시설, 시장, 방법, 시간 · 공정'이 있다.

**기업 활동의 구성 요소(7M)**
• **1차 관리** : Money(자금, 원가), Man(사람, 질과 양), Material(재료, 품질)
• **2차 관리** : Machine(기계, 시설), Market(시장), Method(방법), Minute(시간, 공정)

## 11 정답 ①

거미줄곰팡이 속은 빵 곰팡이, 흑색 빵의 원인이 된다.

**곰팡이(Mold)**
• 균류 중 실 모양의 균사를 형성하며, 식품의 제조와 변질에 관여, 진균독을 일으킬 수 있음
• **푸른곰팡이 속** : 버터, 야채, 통조림, 과실 등의 변패가 됨
• **누룩곰팡이 속** : 된장, 양주, 간장의 제조에 이용함
• **거미줄곰팡이 속** : 빵 곰팡이, 흑색 빵의 원인이 됨
• **솜털곰팡이 속** : 전분의 당화, 치즈의 숙성 등에 이용되지만 과실 등의 변패를 일으키기도 함

## 12 정답 ④

제빵에서 사용하는 물은 아경수(120~180ppm)가 가장 적절하다.

**물의 경도에 따른 분류**

| 구분 | 특징 | 물의 경도 |
|---|---|---|
| 연수 | • 단물이라고도 하며, 증류수, 빗물 등이 해당함<br>• 가스 보유력을 떨어뜨리고 오븐 스프링을 나쁘게 만듦<br>• 글루텐을 연화시켜 반죽을 끈적거리게 하고 완제품에서 촉촉함을 느끼게 해줌 | 60ppm 미만 |

| 아경수 | • 제빵에 가장 적합한 물임<br>• 이스트의 영양 물질임<br>• 글루텐을 경화시키는 효과가 있음 | 120~<br>180ppm |
|---|---|---|
| 경수 | • 센물이며 바닷물, 온천수, 광천수 등이 해당함<br>• 반죽이 단단해지고 발효 시간이 길어짐<br>• 경수는 일시적 경수와 영구적 경수로 나뉨 | 180ppm<br>이상 |

## 13            정답 ②

카카오 매스의 구성 성분은 '코코아 5/8와 카카오 버터 3/8'으로 이루어져 있다.

## 14            정답 ②

유당(젖당)은 이당류에 속한다. 포도당은 단당류에 속하며, 호정(덱스트린)과 녹말(전분)은 다당류에 속한다.

## 15            정답 ③

독버섯의 독소로는 무스카린, 무스카리딘, 콜린, 팔린, 필지오린, 뉴린 등이 있다.

## 16            정답 ④

발효시간이 짧아 발효 손실이 적은 것은 스트레이트법에 따라 제품에 미치는 영향이다.

**제법에 따른 발효 관리 조건의 비교와 장점**

| 관리 항목 | 스펀지법 | 스트레이트법 |
|---|---|---|
| 발효실<br>조건 | • 온도 24℃<br>• 상대습도 75~80% | • 온도 27~28℃<br>• 상대습도 75~80% |
| 발효 시간 | 3.5~4.5시간 | 1~3시간 |

| 발효 조건에<br>따른 제품에<br>미치는 영향 | • 속결이 부드러움<br>• 부피가 큼<br>• 발효 내구성이 강함<br>• 노화가 지연됨 | 발효시간이 짧아<br>발효 손실이 적음 |
|---|---|---|

## 17            정답 ①

제품의 종류에 따라 약간의 차이는 있지만 일반적으로 15~29분 이내에 분할을 완료해야 한다. 분할이란 1차 발효를 끝낸 반죽을 미리 정한 무게만큼씩 나누는 것을 말하며, 분할하는 과정에도 발효가 진행되므로 가능한 빠른 시간에 분할해야 한다.

## 18            정답 ④

모노 – 디 – 글리세리드는 식품을 유화, 분산시켜 노화를 지연한다.
① 레시틴은 노화와 유화작용을 지연한다.
② 유지의 사용량을 증가시키면 노화를 억제할 수 있다.
③ 아밀로오스보다 아밀로펙틴이 노화가 잘 안 된다.

## 19            정답 ②

환자가 접촉한 타월 또는 구토물은 바로 제거하거나 세탁해야 한다.

## 20            정답 ④

말타아제는 맥아당을 2분자의 포도당으로 분해하며, 이스트에 존재한다.

## 21            정답 ③

제빵용 아밀라아제는 pH 4.6~pH 4.8에서 최대로 활성화된다.

## 22 정답 ③

빵 포장재는 보호성, 방수성, 가치향상성, 위생성, 작업성, 통기성 등의 특성을 갖추어야 한다.

## 23 정답 ①

잉글리쉬 머핀은 반죽에 흐름성을 부여하기 위해 렛 다운 단계까지 믹싱을 해야 한다.

### 제품별 반죽 완성 시점

| 픽업 단계 | 데니시 페이스트리 반죽 |
|---|---|
| 클린업 단계 | 스펀지 반죽(스펀지 도우법), 장시간 발효하는 빵의 반죽 |
| 발전 단계 | 하스 브레드류(불란서빵, 바게트), 공정이 많은 빵의 반죽 |
| 최종 단계 | 식빵, 단과자빵 |
| 렛 다운 단계 | 잉글리쉬 머핀, 햄버거빵 |

## 24 정답 ③

냉각으로 인한 빵 속의 수분 함량은 38%가, 빵 속 냉각온도는 35~40℃가 적당하다.

## 25 정답 ③

향신료는 향과 맛을 부여하여 식욕을 증진시키는 재료로 제품에 독특한 개성을 준다. 더불어 방부 작용을 하여 약리 작용을 하는 효과도 있다. 단, 향신료는 영양분을 제공하는 것과는 관련이 적다.

## 26 정답 ②

나트륨(Na)의 결핍증 · 과잉증은 동맥경화증이다.
① 칼슘(Ca) – 골다공증, 구루병, 골연화증
③ 염소(Cl) – 소화 불량, 식욕 부진
④ 코발트(Co) – 결핍증 거의 없음

## 27 정답 ③

스트레이트법의 반죽순서는 '반죽 – 발효 – 분할 – 성형 – 굽기' 순이다. 전체적인 스트레이트법의 반죽순서는 '제빵법 결정 → 배합표 작성 → 재료 계량 → 원료의 전처리 → 반죽(믹싱) → 1차 발효 → 분할 → 둥글리기 → 중간발효 → 정형 → 팬닝 → 2차 발효 → 굽기 → 냉각 순'이다.

## 28 정답 ④

쇼트닝은 단단하게 만든 기름(경화유)이므로 융점(녹는점)이 높다. 쇼트닝은 니켈을 촉매로 수소를 첨가해 경화유를 만든다.

## 29 정답 ①

비타민은 체물질이 되거나 에너지를 발생하지 않는다.
② 비타민은 탄수화물, 단백질, 지방의 대사에 조효소 역할을 한다.

## 30 정답 ①

가당 분유는 원유에 당류를 가하여 분말화한 것이다.

### 분유의 종류

| 가당분유 (Sweetened Milk Powder) | 원유에 당류를 가하여 분말화한 것 |
|---|---|
| 전지분유 (Full Fat Dry Milk) | 우유의 수분만 제거해서 분말상태로 만든 것 |
| 탈지분유 (Non Fat Dry Milk) | 우유의 수분과 유지방을 제거한 우유의 고형분을 분말상태로 만든 것으로 유당이 50% 함유된 것 |
| 혼합분유 (Modified Milk Powder) | 분유에 곡류 가공품을 가하여 분말화한 것 |

## 31 정답 ②

하스 브레드는 굽기 손실률이 20~25%로 가장 크다.

**제품별 굽기 손실률**

| 풀먼식빵 | 7~9% |
|---|---|
| 단과자빵 | 10~11% |
| 일반식빵 | 11~13% |
| 하스 브레드 | 20~25% |

## 32 정답 ④

50ppm은 '50÷1,000,000'이므로 백분율(%)로 나타내면 '50 ÷1,000,000×100 = 0.005%'이 된다.

## 33 정답 ④

곰팡이 발생은 빵의 부패현상과 관련이 있다.

## 34 정답 ③

생이스트의 고형질이 30%, 건조 이스트의 고형질이 90%이므로 이론상으로는 고형질의 양이 3배 차이가 난다. 그러나 현실적으로 건조 공정 중 활성 세포가 줄어들기 때문에 건조 이스트는 생이스트 양의 약 50%를 사용한다.

## 35 정답 ④

감미도는 '설탕(100) > 포도당(75) > 갈락토오스(32) > 유당 (16)' 순이다.

## 36 정답 ②

평균 분유 100g의 질소 함량이 4g이라면 단백질은 '4× 6.25(질소계수) = 25g'을 함유하고 있다.

## 37 정답 ③

계량 시 무게단위는 '1000mg = 1g = 0.001kg'과 같이 환산 가능하다. 따라서 0.1g은 100mg으로 환산 가능하다.

## 38 정답 ②

식품첨가물로 사용되는 재료는 어느 정도 안정성을 보장한다. 따라서 맹독성 시험법은 사용하지 않는다.

## 39 정답 ④

70% 수용액을 금속, 조리기구, 유리, 손소독 등에 사용한다.

## 40 정답 ③

이스트, 밀가루, 소금, 물은 주재료 혹은 기본 재료라고 한다. 이들은 제빵의 기본 재료가 된다.

## 41 정답 ②

하스 브레드는 발전 단계에서 믹싱을 완료해도 좋다.

**제품별 반죽 완성 시점**

| 픽업 단계 | 데니시 페이스트리 반죽 |
|---|---|
| 클린업 단계 | 스펀지 반죽(스펀지 도우법), 장시간 발효하는 빵의 반죽 |
| 발전 단계 | 하스 브레드류(불란서빵, 바게트), 공정이 많은 빵의 반죽 |
| 최종 단계 | 식빵, 단과자빵 |
| 렛 다운 단계 | 잉글리쉬 머핀, 햄버거빵 |

## 42 정답 ④

물엿은 효소 전환법, 산 분해법, 산·효소법의 3가지 방법으로 만든 전분당으로 설탕에 비해 점성, 보습성이 뛰어나며 제품의 조직을 부드럽게 하는 역할을 한다.

## 43
정답 ④

스트레이트법의 2차 발효는 상대습도 85~90%, 온도 35~43℃, 시간 30분~1시간이 적당하다.

### 스트레이트법(직접 반죽법)의 1차 발효·중간 발효·2차 발효

| | |
|---|---|
| 1차 발효 | • 발효 온도 : 27℃<br>• 상대 습도 : 75~80%<br>• 발효 시간 : 처음 부피의 3~3.5배 부풀어 오르는 때(약 1~3시간), 반죽 내부에 섬유질 생성<br>• 펀치(가스빼기) : 1차 발효를 시작한 후 반죽의 부피가 2~2.5배로 되었을 때 반죽에 압력을 주어 가스를 뺌 |
| 중간 발효 | • 분할과 둥글리기로 상한 반죽을 쉬게 하는 시간<br>• 발효 온도 : 27℃<br>• 상대 습도 : 75~80%<br>• 발효 시간 : 10~15분 |
| 2차 발효 | • 발효 온도 : 35~43℃<br>• 상대 습도 : 85~90%<br>• 발효 시간 : 30분~1시간<br>• 식빵일 경우 팬 높이 위로 0.5cm, 철판일 경우 약간 좌우로 흔들리는 정도까지 발효시킴 |

## 44
정답 ③

이스트 푸드, 이스트, 설탕, 물, 분유 등을 섞어 2~3시간 발효시킨 액종을 만들어 사용하는 스펀지 도우법(스펀지 반죽법)의 변형이다. 스펀지 도우법의 스펀지 발효에서 생기는 결함(공장의 공간을 많이 필요로 함)을 없애기 위해 만들어진 제조법으로 완충제를 분유로 사용하기 때문에 아드미(ADMI)법이라고도 한다.

## 45
정답 ④

치즈는 우유나 그 밖의 유즙에 레닌을 넣어 카세인을 응고시킨 후, 발효·숙성시켜 만든다.

## 46
정답 ①

아밀라아제는 전분을 덱스트린으로 전환시킨다. 여기에는 'α－아밀라아제'와 'β－아밀라아제'가 있다.

### 다당류 분해 효소 - 아밀라아제
• 전분을 덱스트린으로 전환시키는 액화 작용을 하는 'α－아밀라아제'와 맥아당으로 전환시키는 당화작용을 하는 'β－아밀라아제'가 있음
• 'α－아밀라아제'와 'β－아밀라아제'를 총칭하여 디아스타아제라고 하며 맥아 추출물, 침(프티알린), 밀가루, 박테리아와 곰팡이류에 존재함

## 47
정답 ③

ADI는 일생 동안 섭취하여도 어떠한 건강 장애가 일어나지 않을 것으로 예상되는 물질의 양으로 1일 섭취 허용량을 말한다.

## 48
정답 ④

이스트 푸드는 발효에 영향을 미치는 요인에 해당한다.
①, ②, ③ 반죽 시간에 영향을 미치는 요인에 해당한다.

### 발효에 영향을 주는 요인
• **이스트의 양과 질** : 이스트의 양이 많을수록, 신선할수록 발효 시간을 짧아짐
• **반죽 온도** : 반죽 온도가 0.5℃ 상승하면 발효 시간은 15분 단축됨
• **당의 양** : 당의 양이 증가하면 발효 시간이 짧아지지만 5% 이상이 되면 가스 발생력이 약해져 발효 시간이 길어짐
• **소금의 양** : 소금을 많이 사용하면 발효 시간이 길어지고 부피가 작아지며, 저장 기간은 길어짐
• **반죽의 pH** : 반죽의 산도가 낮을수록 가스 발생력이 커지지만, pH 4 이하에서는 오히려 약해짐. pH 5는 지친 반죽, pH 5.7은 정상 반죽, pH 6 이상은 어린 반죽의 발효 상태가 됨. 이스트 활동의 최적 pH는 4.7임
• **이스트 푸드** : 암모늄염은 이스트에 영양소를 공급하며, 산화제는 단백질을 산화시켜 반죽의 탄력성과 신장성을 증가시켜 가스 포집력을 개선함

반죽 시간에 영향을 미치는 요인

- **유지** : 유지의 양이 많을수록 반죽 시간이 늘어나며, 클린업 단계 이후에 투입하면 반죽 시간을 줄일 수 있음
- **반죽 온도** : 높으면 높을수록 반죽 시간이 짧아지지만 기계내성이 약해짐
- **소금** : 클린업 단계 이후에 투입하면 반죽 시간을 줄일 수 있음
- **산화제와 환원제** : 산화제는 반죽 시간을 늘리고, 환원제는 반죽 시간을 줄임
- **설탕, 우유, 분유** : 설탕, 우유, 분유의 양이 많으면 반죽 시간이 늘어남

## 49 정답 ③

이스트의 가스 발생력에 영향을 주는 요소에는 발효성 탄수화물(맥아당, 과당, 포도당, 설탕, 갈락토오스), 반죽 온도, 소금, 이스트의 양, 반죽의 산도가 있다.

## 50 정답 ③

옆면이 터지는 현상은 2차 발효 시간이 부족한 경우에 나타나는 현상이다.

| 2차 발효의 시간 | 제품에 나타나는 결과 |
|---|---|
| 지나친 경우 | • 껍질색이 여림<br>• 과다한 산의 생성으로 향이 나빠짐<br>• 부피가 너무 큼<br>• 기공이 거침<br>• 조직과 저장성이 나쁨 |
| 부족한 경우 | • 껍질색이 진한 적갈색임<br>• 옆면이 터짐<br>• 부피가 작음 |

## 51 정답 ④

믹소그래프는 반죽하는 동안 글루텐의 발달 정도를 측정한다.
① **아밀로그래프** : 밀가루를 호화시키면서 온도 변화에 따른 밀가루 전분의 점도에 미치는 α − 아밀라제의 효과를 측정하는 기계
② **레오그래프** : 반죽이 기계적 발달을 할 때 일어나는 변화를 측정하는 기계
③ **패리노그래프** : 반죽하는 동안 믹서 내에서 일어나는 물리적 성질을 파동 곡선 기록기로 기록하여 밀가루의 흡수율, 글루텐의 질, 믹싱 시간, 반죽의 점탄성을 측정하는 기계

## 52 정답 ④

유극악구충의 제1중간숙주는 '물벼룩'이며 '뱀장어, 가물치' 등은 제2중간숙주이다.

## 53 정답 ③

펀치를 하는 이유는 발효를 촉진시켜 발효 시간을 단축시키고 발효 속도를 일정하게 하는 것에 있다.

## 54 정답 ②

스펀지 반죽에 밀가루를 증가할 경우 반죽의 신장성이 좋아질 수 있다.

스펀지 반죽에 밀가루를 증가할 경우 나타나는 현상

- 스펀지 발효시간은 길어지고 본 반죽의 발효시간은 짧아짐
- 본 반죽의 반죽시간이 짧아지고 플로어 타임도 짧아짐
- 반죽의 신장성이 좋아져 성형공정이 개선됨
- 부피 증대, 얇은 기공막, 부드러운 조직으로 제품의 품질이 좋아짐
- 풍미가 강해짐

## 55 정답 ④

회분은 밀가루 색과 관련이 있어 정제도나 밀가루의 등급을
나타내는 척도 역할을 한다.

### 밀가루 등급별 분류

| 등급 | 회분 함량(%) | 효소 활성도 |
|------|------------|-----------|
| 특등급 | 0.3~0.4 | 아주 낮음 |
| 1등급 | 0.4~0.45 | 낮음 |
| 2등급 | 0.46~0.60 | 보통 |
| 최하 등급 | 1.2~2.0 | 아주 높음 |

## 56 정답 ③

연속식 제빵법은 '산화제 첨가로 인한 발효향 감소'라는 단점
이 있다.

### 연속식 제빵법의 장점과 단점

| 장점 | 단점 |
|------|------|
| • 발효 손실 감소<br>• 노동력을 1/3 감소<br>• 설비공간 감소, 설비 감소, 설비면적 감소 | • 산화제 첨가로 인한 발효향 감소<br>• 일시적 기계 구입 부담의 증가 |

## 57 정답 ③

'사용할 물의 온도 = (희망 온도×3) − (실내온도 + 밀가루
온도 + 마찰계수)'에 따라서 사용할 물의 온도는 '(32℃×3)
− (17℃ + 26℃ + 24) = 29℃'이다.

## 58 정답 ②

식품안전관리인증기준(HACCP)을 식품별로 정해 고시하는
이는 식품의약품안전처장이다.

## 59 정답 ④

프로테아제는 빵 반죽을 숙성시키는 데 작용하며 밀가루의
단백질에 작용하는 효소이다.

### 프로테아제의 특징
• 빵 반죽을 숙성시키는 데 작용함
• 잉글리시 머핀, 햄버거 번스 반죽에 흐름성을 부여하
고자 할 때 사용함
• 빵 반죽을 구성하는 글루텐 조직을 연화시킴

## 60 정답 ③

제빵에서 맥아와 맥아 시럽은 가스 생산을 증가시킨다.

### 제빵에서 맥아와 맥아 시럽의 역할
• 껍질 색과 특유의 향 개선
• 이스트의 발효 촉진
• 가스 생산 증가
• 제품 내부의 수분 함량 증가

정답
및
해설

## 3회 제빵기능사 필기 정답 및 해설

| 01 | ① | 02 | ③ | 03 | ④ | 04 | ② | 05 | ③ |
|----|---|----|---|----|---|----|---|----|---|
| 06 | ④ | 07 | ③ | 08 | ③ | 09 | ② | 10 | ③ |
| 11 | ③ | 12 | ③ | 13 | ② | 14 | ④ | 15 | ② |
| 16 | ④ | 17 | ④ | 18 | ② | 19 | ② | 20 | ② |
| 21 | ① | 22 | ① | 23 | ① | 24 | ② | 25 | ④ |
| 26 | ④ | 27 | ① | 28 | ② | 29 | ④ | 30 | ① |
| 31 | ④ | 32 | ① | 33 | ③ | 34 | ① | 35 | ① |
| 36 | ① | 37 | ① | 38 | ② | 39 | ④ | 40 | ① |
| 41 | ③ | 42 | ③ | 43 | ① | 44 | ① | 45 | ④ |
| 46 | ① | 47 | ④ | 48 | ③ | 49 | ② | 50 | ③ |
| 51 | ④ | 52 | ② | 53 | ③ | 54 | ① | 55 | ③ |
| 56 | ① | 57 | ③ | 58 | ② | 59 | ① | 60 | ① |

## 01 　　　　　　　　　　　　　　　　　정답 ①

글리코겐은 동물의 에너지원으로 이용되는 동물성 전분으로
근육 또는 간에서 합성 및 저장되어 있다.

## 02 　　　　　　　　　　　　　　　　　정답 ③

냉각 후 수분 함량은 38%, 내부의 온도는 35~40℃가 적합
하다.

## 03 　　　　　　　　　　　　　　　　　정답 ④

식빵에서 설탕을 정량보다 많이 사용할 경우 발효만 잘 지키
면 속색이 좋은 색이 난다.
①, ②, ③ 식빵에서 설탕을 정량보다 적게 사용했을 때 나타
나는 현상이다.

| 항목 | 설탕이 정량보다 적은 경우 | 설탕이 정량보다 많은 경우 |
|------|-----------------------|-----------------------|
| 껍질색 | 연한 색<br>(잔당이 적기 때문에) | 어두운 적갈색<br>(잔당이 많기 때문에) |
| 외형의 균형 | • 모서리가 둥긂<br>• 팬의 흐름이 적음 | • 완만한 윗 부분<br>• 모서리가 각이 지고 찢어짐이 적음<br>• 발효가 느리고 팬의 흐름성이 많음 |
| 부피 | 작음 | 작음 |
| 껍질 특성 | 얇고 부드러워짐 | 두껍고 질김 |
| 속색 | 회색 또는 황갈색을 띰 | 발효만 잘 지키면 좋은 색이 남 |
| 기공 | 가스 생성 부족으로 세포가 파괴됨 | 발효가 제대로 되면 세포는 좋아짐 |
| 맛 | 발효에 의한 맛을 못 느낌 | 맛이 닮 |
| 향 | 향미가 적으며 맛이 적당하지 않음 | 정상적으로 발효가 되면 향이 좋음 |

## 04 　　　　　　　　　　　　　　　　　정답 ②

2차 발효가 저온일 때는 반죽막이 두껍고 오븐 팽창도 나쁘다.

| 2차 발효의 조건 | 제품에 나타나는 결과 |
|----------------|--------------------|
| 고온일 때 | • 속과 껍질이 분리됨<br>• 반죽이 산성이 되어 세균의 번식이 쉬움<br>• 발효 속도가 빨라짐 |
| 저온일 때 | • 풍미의 생성이 충분하지 않음<br>• 제품의 겉면이 거침<br>• 반죽막이 두껍고 오븐 팽창도 나쁨<br>• 발효시간이 길어짐 |

## 05 　　　　　　　　　　　　　　　　　정답 ③

평가 방법은 외부 평가와 내부 평가로 나뉘며, 조직은 내부
평가에 해당한다.

| | 터짐성 | 옆면에 적당한 터짐과 찢어짐이 있어야 함 |
|---|---|---|
| 외부 평가 | 부피 | 분할 무게에 대한 완제품의 부피로 평가 |
| | 굽기의 균일화 | 전체가 균일하게 구워진 것이 좋음 |
| | 외형의 균형 | 앞·뒤, 좌·우 대칭이 된 것이 좋음 |
| | 껍질 형성 | 두께가 일정하고 너무 질기거나 딱딱하지 않아야 함 |
| | 껍질색 | 식욕을 돋우는 황금 갈색이 가장 좋음 |

## 06　　　　　　　　　　정답 ④

베이킹파우더로 대체하고자 할 시 '베이킹파우더 = 중조×3' 이므로 사용량은 '1.4%×3 = 4.2%'가 된다.

## 07　　　　　　　　　　정답 ③

오버 나이트 스펀지법은 반죽의 가스 보유력이 좋아지게 한다.
①, ② 발효시간이 길기 때문에 적은 이스트로 매우 천천히 발효시킨다.
④ 밤새(12~24시간) 발효시킨 스펀지를 이용하는 방법으로 발효 손실이 최고로 크다.

> **오버 나이트 스펀지법**
> • 밤새(12~24시간) 발효시킨 스펀지를 이용하는 방법으로 발효 손실이 최고로 큼
> • 제품은 풍부한 발효향을 지니게 됨
> • 효소의 작용이 천천히 진행되기 때문에 반죽의 가스 보유력이 좋아짐
> • 발효시간이 길기 때문에 적은 이스트로 매우 천천히 발효시킴

## 08　　　　　　　　　　정답 ③

달걀이 60g 이상이 되면 노른자 비율이 감소하고 흰자의 비율이 높아진다.

## 09　　　　　　　　　　정답 ②

올리고당은 단당류가 3~10개로 구성되었으며 감미도가 설탕의 30% 정도이다. 장내 비피더스균의 증식 인자로 알려져 있다.

## 10　　　　　　　　　　정답 ③

글루텐을 응고시키는 것은 반죽의 발효 목적이 아니다.

> **발효를 시키는 목적**
> • **반죽의 숙성작용** : 이스트의 효소가 작용하여 반죽을 유연하게 만듦
> • **반죽의 팽창작용** : 이스트가 활동할 수 있는 최적의 조건을 만들어 주어 가스 발생력을 극대화시킴
> • **빵의 풍미 생성** : 발효에 의해 생성된 유기산류, 알코올류, 에스테르류, 알데히드류, 케톤류 등을 축적하여 독특한 맛과 향을 부여함

## 11　　　　　　　　　　정답 ③

과량의 덧가루를 사용할 경우 빵 속의 줄무늬가 발생한다.

> **식빵류의 결함과 원인 - 빵 속의 줄무늬 발생**
> • 과량의 덧가루 사용
> • 건조한 중간발효
> • 과량의 분할유 사용
> • 잘못된 성형기의 롤러 조절
> • 표면이 마른 스펀지 사용
> • 믹싱 중 마른 재료가 고루 섞이지 않음
> • 밀가루의 체치는 작업 생략
> • 된 반죽
> • 반죽개량제의 과다 사용

## 12　　　　　　　　　　정답 ③

육류를 통해 감염되는 기생충에는 민촌충, 선모충, 갈고리촌충이 있다.

## 13 　　　　　　　　　　　　　　정답 ②

오븐열이 높으면 빵의 껍질 형성이 빨라지므로 부피가 작아진다. 속이 잘 익기 전에 오븐에서 빼기 때문에 빵의 옆면이 약해지기(주저앉기) 쉬워진다.

## 14 　　　　　　　　　　　　　　정답 ④

2차 발효는 정형공정(Make up)을 거치는 동안 불완전한 상태가 된 반죽을 온도 32~40℃, 습도 75~90%의 발효실에 넣어 숙성시켜 좋은 외형과 식감의 제품을 얻기 위해 완제품 부피의 70~80%까지 부풀리는 작업으로 발효의 최종 검증 단계이다.

## 15 　　　　　　　　　　　　　　정답 ②

이스트 푸드의 구성 물질 중 환원제에는 시스테인, 글루타치온이 속한다.

## 16 　　　　　　　　　　　　　　정답 ④

덧가루는 적정량을 사용하여야 반죽의 끈적거림을 제거할 수 있다.

> **반죽의 끈적거림을 제거하는 방법**
> - 반죽에 유화제를 사용함
> - 최적의 발효 상태를 유지함
> - 반죽에 최적의 가수량을 넣음
> - 덧가루는 적정량을 사용하여야 함

## 17 　　　　　　　　　　　　　　정답 ④

설탕 이외의 당류에는 150℃에서 캐러멜화가 개시된다.

## 18 　　　　　　　　　　　　　　정답 ②

27℃의 물에 담가 두었다가 체에 걸러 물기를 제거하고 4시간 정도 방치한다.

> **건포도의 전처리 방법 및 효과**
> - 건조되어 있는 건포도에 물을 흡수하도록 하는 조치를 말함
> - 27℃의 물에 담가 두었다가 체에 걸러 물기를 제거하고 4시간 정도 방치함
> - 빵 속이 건조하지 않도록 함
> - 건포도의 맛과 향이 살아나도록 함
> - 건포도가 빵과 결합이 잘 이루어지도록 함
> - 물을 흡수시키면 건포도를 10% 더 넣은 효과가 나타남

## 19 　　　　　　　　　　　　　　정답 ②

이스트의 보관온도는 실험값으로 –1℃가 가장 적합하나 현실적으로 냉장고 온도인 0~5℃가 적당하다.

## 20 　　　　　　　　　　　　　　정답 ②

식염은 소금으로, 이는 염소와 나트륨의 화합물이다. 화학명은 염화나트륨이다.

## 21 　　　　　　　　　　　　　　정답 ①

브리오슈는 두 번 구운 빵의 종류에 해당하지 않는다. 두 번 구운 빵의 종류에는 러스크, 브라운 앤 서브 롤, 토스트 등이 있다.

## 22 　　　　　　　　　　　　　　정답 ①

유흥주점이나 단란주점의 영업은 시장·군수·구청장의 허가가 필요하다.

## 23 　　　　　　　　　　　　　　정답 ①

솔라닌은 감자의 싹이 난 부분의 독소를 말한다. 맥각은 호밀, 보리, 귀리 등의 씨방에 밀생한 맥각균의 균사로서 맥각의 독소는 에르고톡신이다.

## 24 정답 ②

스펀지법과 비교할 때 스트레이트법은 제조 공정이 단순하다는 장점을 지닌다.
① 잘못된 공정을 수정하기 어렵다.
③ 향미, 식감이 덜하다.
④ 노화가 빠르다.

### 스트레이트법의 장점과 단점(스펀지법과 비교)

| 장점 | • 제조 공정이 단순함<br>• 노동력과 시간이 절감됨<br>• 발효 손실을 줄일 수 있음<br>• 시설, 장비가 간단함 |
|---|---|
| 단점 | • 노화가 빠름<br>• 잘못된 공정을 수정하기 어려움<br>• 기계내성, 발효 내구성이 약함<br>• 향미, 식감이 덜함 |

## 25 정답 ④

팬닝을 할 때는 반죽의 이음매는 팬의 바닥에 놓아 2차 발효나 굽기 공정 중 이음매가 벌어지는 것을 막는다.

## 26 정답 ④

비터 초콜릿 32% 중에는 카카오 버터가 $\frac{3}{8}$을 차지하므로 '$32 \times \frac{3}{8} = 12\%$'가 함유되어 있다.

## 27 정답 ①

HLB의 수치가 11 이상이면 친수성으로 물에 용해된다.

### 계면활성제의 화학적 구조
친유성단에 대한 친수성단의 크기와 강도의 비를 'HLB'로 표시하는데, HLB의 값이 9 이하이면 친유성으로 기름에 용해되고, HLB의 수치가 11 이상이면 친수성으로 물에 용해된다.

## 28 정답 ②

'굽기'는 제빵과정에서 가장 중요한 공정으로 반죽을 가열하여 가볍고 기공이 많은 조직으로 소화하기 쉽고 향이 있는 완성제품을 만들어 내는 것을 의미한다.

## 29 정답 ④

데니시 페이스트리는 픽업 단계에서 믹싱을 완료해도 좋다.

### 제품별 반죽 완성 시점

| 픽업 단계 | 데니시 페이스트리 반죽 |
|---|---|
| 클린업 단계 | 스펀지 반죽(스펀지 도우법), 장시간 발효하는 빵의 반죽 |
| 발전 단계 | 하스 브레드류(불란서빵, 바게트), 공정이 많은 빵의 반죽 |
| 최종 단계 | 식빵, 단과자빵 |
| 렛 다운 단계 | 잉글리쉬 머핀, 햄버거빵 |

## 30 정답 ①

스펀지 반죽 온도는 22~26℃(통상 24℃)가 적절하다.

### 스펀지 반죽 만들기
• 반죽 온도 : 22~26℃(통상 24℃)
• 반죽 시간 : 저속에서 4~6분
• 1단계(혼합 단계)까지 반죽을 만듦

## 31 정답 ④

액종의 배합재료 중 탄산칼슘, 분유와 염화암모늄을 완충제로 넣는 이유는 발효하는 동안에 생성되는 유기산과 작용해 급격히 떨어지는 pH(산도)를 조절하는 역할을 하기 때문이며, 발효가 다 되었는지 파악하고자 pH를 측정한다. (pH 4.2~5.0 정도)

## 32 정답 ①

인버타아제에 대한 설명이다. 인버타아제는 설탕을 포도당과 과당으로 분해하며 최적 pH는 4.7 전후이며, 적정 온도는 50~60℃이다.
② 치마아제 : 포도당과 과당을 분해해 알코올과 탄산가스를 생성하며 빵 반죽 발효를 최종적으로 담당한다.
③ 프로테아제 : 단백질을 분해시켜 펩티드, 아미노산을 생성한다.
④ 리파아제 : 세포액에 존재하며, 지방을 지방산과 글리세린으로 분해한다.

## 33 정답 ③

분말 향료는 물의 혼합물과 진한 수지액에 향 물질을 넣고 용해시킨 후 분무 건조하여 만든 향료이다. 아이스크림, 제과, 가루식품, 추잉껌에 사용한다.
① 수용성 향료 : 물에 녹지 않는 유상의 방향성분을 알코올, 글리세린, 물 등의 혼합용액에 녹여 만든다. 단점은 내열성이 약하고 고농도의 제품을 만들기 어렵다. 청량음료, 빙과에 사용한다.
② 유화 향료 : 유화제에 향료를 분산시켜 만든 것으로 물속에 분산이 잘 되고 굽기 중 휘발이 적다. 알코올성, 비알코올성 향료 대신 사용할 수 있다.
④ 비알코올성 향료 : 굽기 과정에 휘발하지 않으며 오일, 글리세린, 식물성유에 향 물질을 용해시켜 만든다. 캔디, 캐러멜, 비스킷에 사용한다.

## 34 정답 ①

오염이 의심되는 물건은 수거하여 검사기관에 보내야 한다.

## 35 정답 ①

부패는 미생물에 의해 주로 단백질이 변화되어 유해물질, 악취를 생성하는 것으로 제품의 곰팡이가 발생해 썩어서 형태나 맛이 변질되는 현상을 말한다.

### 변질의 종류

| | |
|---|---|
| 부패 | 단백질 식품에 혐기성 세균이 증식한 생물학적 요인에 의해 분해되어 악취와 유해물질 등을 생성하는 현상 |
| 산패 | 지방의 산화 등에 의해 악취나 변색이 일어나는 현상 |
| 변패 | 탄수화물을 많이 함유하는 식품이 미생물의 분해 작용으로 맛이나 냄새가 변화하는 현상 |
| 발효 | 식품에 미생물이 번식해 식품의 성질이 변화를 일으키는 현상으로 그 변화가 인체에 유익함 |

## 36 정답 ①

②, ③, ④는 불포화지방산이다. 포화지방산에는 뷰티르산, 카프르산, 미리스트산, 스테아르산, 팔미트산 등이 있으며 불포화지방산에는 올레산, 리놀레산, 리놀렌산, 아라키돈산 등이 있다.

## 37 정답 ①

비타민, 물, 무기질은 대사를 원활하게 하고 체내 생리 작용을 조절하는 조절 영양소에 해당한다.

## 38 정답 ②

스트레이트법과 비교했을 때 스펀지 도우법은 발효 손실이 증가한다는 단점이 있다.

### 스펀지 도우법의 장점과 단점(스트레이트법과 비교)

| | |
|---|---|
| 장점 | • 부피가 크고 속결이 부드러움<br>• 발효 내구성이 강함<br>• 작업 공정에 대한 융통성이 있어 잘못된 공정을 수정할 기회가 있음<br>• 노화가 지연되어 제품의 저장성이 좋음 |
| 단점 | • 발효 손실이 증가함<br>• 노동력, 시설, 장소 등 경비가 증가함 |

## 39 정답 ④

'탄력성'은 원래의 모습으로 되돌아가려는 성질을 말한다.
① 흐름성 : 용기 또는 팬에 반죽이 흘러서 채워지는 성질
② 신장성 : 고무줄처럼 늘어나는 성질
③ 점탄성 : 점성과 탄력성을 동시에 가지고 있는 성질

## 40
정답 ①

소금의 양이 1% 이상이면 삼투압에 의해 발효가 지연된다.

## 41
정답 ③

단백질로 구성된 효소는 생물체 속에서 일어나는 유기화학 반응의 촉매 역할을 한다. 효소는 유기화합물인 단백질로 구성되었기 때문에 수분, 온도, pH 등의 영향을 받는다.

## 42
정답 ④

노인의 경우 필수지방산을 흡수하기 위해 콩기름을 섭취하는 것이 좋다.

## 43
정답 ③

결핍 시 생체증세가 서서히 나타나는 것은 지용성 비타민에 대한 설명이다.

**수용성 비타민과 지용성 비타민의 비교**

| 항목 | 수용성 비타민 | 지용성 비타민 |
|---|---|---|
| 공급횟수 | 매일 공급 | 매일 공급할 필요없음 |
| 용매의 종류 | 물에 용해 | 기름과 유기용매 |
| 결핍 시 생체증세 | 신속히 나타남 | 서서히 나타남 |
| 과량 섭취 시 생체작용 | 소변으로 배출 | 체내에 저장 |

## 44
정답 ①

②, ④ 교차오염을 방지하고자 식품조리 시 식자재의 특성에 따라 도구와 식기를 구분해서 사용한다.
③ 손으로부터의 교차오염을 방지하기 위해 세척, 건조, 소독을 실시한다.

## 45
정답 ④

미생물의 크기는 '곰팡이 > 효모 > 세균 > 리케치아 > 바이러스'순이다.

## 46
정답 ①

커스터드 크림 제조 시 달걀은 크림을 걸쭉하게 하는 농후화제 역할, 점성을 부여하는 결합제 역할을 한다.

## 47
정답 ④

튀김기름은 유지를 고온으로 계속 가열하면 유리지방산이 많아지기 때문에 발연점이 낮아진다.

## 48
정답 ③

습도가 높을 때 껍질에 기포, 반점이나 줄무늬가 생긴다.
①, ②, ④ 습도가 낮을 때 제품에 나타나는 결과이다.

**2차 발효의 온도, 습도, 반죽의 상태가 제품에 미치는 영향**

| 2차 발효의 조건 | 제품에 나타나는 결과 |
|---|---|
| 습도가 높을 때 | • 껍질에 기포, 반점이나 줄무늬가 생김<br>• 제품의 윗면이 납작해짐<br>• 껍질이 거칠고 질겨짐 |
| 습도가 낮을 때 | • 껍질색이 고르지 않아 얼룩이 생기기 쉬우며 광택이 부족함<br>• 제품의 윗면이 올라옴<br>• 부피가 크지 않고 표면이 갈라짐 |

## 49
정답 ②

글루텐의 얇은 막은 탄산가스를 보호하는 보호막 역할을 한다.

## 50　　　　　　　　　　　　　　　정답 ③

완제품 전체 무게는 '600g×1,000 = 600,000g = 600kg'이 며 손실 전 반죽 무게는 '600÷(1 − 0.015)÷(1 − 0.19)≒752'이 다. (믹싱 손실 1.5%와 굽기 손실 19%는 각각 100으로 나누어 계산한다.) 밀가루 무게는 '752×100÷400 = 188'이므로 4kg 짜리 밀가루는 '188÷4 = 47포대'가 필요하다.

---

**총 반죽 무게와 밀가루 무게를 구하는 방법**

- 총 반죽 무게(손실 전 반죽 무게) = 완제품 무게÷(1−
분할 손실)
(분할 손실은 %이므로 100으로 나누어 계산한다.)
- 밀가루 무게(g) = $\dfrac{\text{총 재료무게(g)×밀가루 배합률(\%)}}{\text{총배합률(\%)}}$

---

## 51　　　　　　　　　　　　　　　정답 ④

과도한 증기로 인해 오븐 팽창이 좋아 빵의 부피가 크다.
①, ②, ③ 부족한 증기로 인해 식빵 제품에 미치는 영향이다.

### 제품에 나타나는 결과에 따른 원인

| 원인 | 제품에 나타나는 결과 |
|---|---|
| 높은<br>오븐 온도 | • 굽기 손실이 적어 수분이 많아 눅눅한 식 감이 남<br>• 껍질 형성이 빨라 빵의 부피가 작음<br>• 과자빵은 반점이나 불규칙한 색이 나며 껍 질이 분리되기도 함<br>• 껍질의 색이 짙음 |
| 낮은<br>오븐 온도 | • 굽기 손실이 많아 퍼석한 식감이 남<br>• 껍질 형성이 늦어 빵의 부피가 큼<br>• 풍미가 떨어짐<br>• 껍질이 두껍고, 구운 색이 엷으며 광택이 부족함 |
| 과도한<br>증기 | • 껍질이 두껍고 질기며, 표피에 수포가 생기 기 쉬움<br>• 오븐 팽창이 좋아 빵의 부피가 큼 |
| 부족한<br>증기 | • 구운 색이 엷고 광택 없는 빵이 됨<br>• 표피가 터지기 쉬움<br>• 낮은 온도에서 구운 빵과 비슷함 |
| 부적절한<br>열의 분배 | • 오븐 내의 위치에 따라 빵의 굽기 상태가 달라짐<br>• 고르게 익지 않아 빵이 찌그러지기 쉬움 |

| 가까운<br>팬의 간격 | • 반죽의 중량이 450g인 경우 2cm의 간격 을, 680g인 경우는 2.5cm를 유지함<br>• 열 흡수량이 적어짐 |
|---|---|

## 52　　　　　　　　　　　　　　　정답 ②

전분당이란 전분을 가수 분해하여 얻은 당을 말하며, 여기에 는 이성화당, 물엿, 포도당이 있다. 설탕(자당)은 사탕무 또는 사탕수수의 즙액을 농축하고 결정화시켜 얻은 당이다.

## 53　　　　　　　　　　　　　　　정답 ③

비소(As)는 밀가루로 오인하고 섭취하여 위통, 경련, 구토를 일으키는 급성 중독에 해당한다.

① **카드뮴(Cd)** : 이타이이타이병의 원인 물질이며, 공장폐수 로 인해 오염된 식품을 섭취하고 이타이이타이병이 발생 해 식품공해를 일으킨다.

② **수은(Hg)** : 미나마타병의 원인 물질이며, 유기 수은에 오 염된 해산물 섭취로 발병한다.

④ **납(Pb)** : 도료, 안료, 농약 등에서 오염되며 수도관의 납관 에서 수산화납이 생성되어 납 중독을 일으킨다.

## 54　　　　　　　　　　　　　　　정답 ①

흡수량이 많은 것을 선택하는 것이 적합하다.

## 55　　　　　　　　　　　　　　　정답 ③

프로테아제는 단백질을 펩톤, 폴리펩티드, 펩티드, 아미노산 으로 분해한다.

## 56　　　　　　　　　　　　　　　정답 ①

익스텐소그래프는 밀가루 반죽을 끊어질 때까지 늘려서 반죽 의 신장성에 대한 저항을 측정하는 기계이다. 신장성과 신장 저항성을 파악하여 반죽에 산화제나 환원제를 더해야 하는지 를 알 수 있다.

64000

## 57            정답 ③

향신료는 주로 육류와 생선 요리에 많이 사용된다.

> **향료와 향신료(Flavors & Spice)**
> • 향료와 향신료는 고대 이집트, 중동 등에서 방부제, 의약품의 목적으로 사용되던 것이 식품으로 이용된 것
> • 스파이스(Spice)는 주로 열대지방에서 생산되는 향신료로 뿌리, 열매, 꽃, 나무껍질 등 다양한 부위가 이용됨
> • 허브(Herb)는 주로 온대지방의 향신료로 식물의 잎이나 줄기가 주로 이용됨
> • 옛날부터 향신료(Spice&Herb)는 주로 육류와 생선 요리에 많이 사용됨

## 58            정답 ②

필수아미노산에는 류신, 이소류신, 메티오닌, 페닐알라닌, 리신, 트레오닌, 트립토판, 발린 등 8종류가 있다.
① **알긴산** : 안정제의 종류이다.
③ **펩티드** : 유도 단백질의 종류이다.
④ **알부민** : 밀 단백질의 종류이다.

## 59            정답 ①

복합 지방은 지방산과 알코올 이외에 다른 분자가 함유된 지방으로 당지질, 단백지질, 인지질 등이 있다. 납(왁스)는 단순 지방에, 콜레스테롤과 글리세린은 유도 지방에 해당한다.

## 60            정답 ①

스펀지 반죽법에서 스펀지 반죽의 재료에는 강력분, 물, 이스트 푸드, 생이스트가 있다.

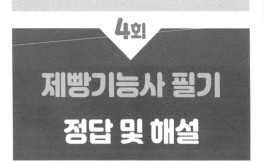

**4회 제빵기능사 필기 정답 및 해설**

| | | | | | | | | | |
|---|---|---|---|---|---|---|---|---|---|
| 01 | ① | 02 | ① | 03 | ② | 04 | ③ | 05 | ④ |
| 06 | ③ | 07 | ② | 08 | ④ | 09 | ② | 10 | ① |
| 11 | ④ | 12 | ② | 13 | ② | 14 | ① | 15 | ① |
| 16 | ④ | 17 | ① | 18 | ④ | 19 | ② | 20 | ③ |
| 21 | ③ | 22 | ③ | 23 | ② | 24 | ③ | 25 | ④ |
| 26 | ③ | 27 | ③ | 28 | ② | 29 | ① | 30 | ① |
| 31 | ④ | 32 | ① | 33 | ④ | 34 | ① | 35 | ① |
| 36 | ④ | 37 | ② | 38 | ④ | 39 | ② | 40 | ② |
| 41 | ① | 42 | ② | 43 | ③ | 44 | ② | 45 | ③ |
| 46 | ④ | 47 | ③ | 48 | ① | 49 | ① | 50 | ④ |
| 51 | ③ | 52 | ④ | 53 | ① | 54 | ① | 55 | ② |
| 56 | ② | 57 | ② | 58 | ③ | 59 | ③ | 60 | ③ |

## 01 　　　　　　　　　　　　　정답 ①

빵 굽기 중에 오븐열에 의해서 이산화탄소의 방출과 수분 증발은 일어나지만, 수분 증발을 노화라고 볼 수는 없다.

## 02 　　　　　　　　　　　　　정답 ①

섬유소(셀룰로오스)는 다당류에 속한다. 포도당과 갈락토오스는 단당류에 속하며, 유당(젖당)은 이당류에 속한다.

> **탄수화물의 분류**
> - **단당류 중 오탄당** : 리보오스, 디옥시리보오스, 자일로스 , 아라비노스
> - **단당류 중 육탄당** : 포도당, 과당, 갈락토오스
> - **이당류** : 자당(설탕), 맥아당(엿당), 유당(젖당)
> - **다당류** : 전분(녹말), 섬유소(셀룰로오스), 펙틴, 글리코겐, 덱스트린(호정), 이눌린, 한천

## 03 　　　　　　　　　　　　　정답 ②

요오드칼슘은 노타임 반죽법에 사용되는 산화제, 환원제의 종류가 아니다.

### 산화제와 환원제의 종류

| | |
|---|---|
| 산화제 (발효시간 단축) | • 브롬산칼륨<br>• 비타민 C(아스코르브산)<br>• 요오드칼륨<br>• 아조디카본아마이드(ADA) |
| 환원제 (반죽시간 단축) | • 프로테아제<br>• 소르브산<br>• L – 시스테인 |

## 04 　　　　　　　　　　　　　정답 ③

냉동반죽법의 장점으로는 제품의 노화가 지연되는 것이 있다.

### 냉동반죽법의 장점과 단점

| | |
|---|---|
| 장점 | • 계획 생산이 가능하며 휴일 작업에 대처가 가능함<br>• 제품의 노화가 지연됨<br>• 발효 시간이 줄어 전체 제조 시간이 짧음<br>• 다품종, 소량 생산이 가능함<br>• 반죽의 저장성이 향상되며 소비자에게 신선한 빵 제공이 가능함<br>• 작업효율이 좋아 1인당 생산량이 증가함<br>• 배달, 운송이 용이함 |
| 단점 | • 많은 양의 산화제를 사용해야 함<br>• 가스 보유력이 떨어짐<br>• 이스트가 죽어 가스 발생력이 떨어짐<br>• 반죽이 퍼지기 쉬움 |

## 05 　　　　　　　　　　　　　정답 ④

대장균은 분변세균 오염지침이기에 위생학적으로 중요시한다.

## 06 정답 ③

포화지방산은 산화되기가 어렵다.
①, ②, ④는 불포화지방산에 대한 설명이다.

**포화지방산과 불포화지방산**

| | |
|---|---|
| 포화<br>지방산 | • 탄소와 탄소의 결합에 이중 결합 없이 이루어진 지방산<br>• 동물성 유지에 다량 함유되어 있음<br>• 산화되기가 어렵고 융점이 높아 상온에서 고체임<br>• 종류 : 미리스트산, 팔미트산, 스테아르산, 뷰티르산, 카프르산 등 |
| 불포화<br>지방산 | • 탄소와 탄소의 결합에 이중결합이 1개 이상 있는 지방산<br>• 식물성 유지에 다량 함유되어 있음<br>• 산화되기 쉽고 융점이 낮아 상온에서 액체임<br>• 종류 : 올레산, 리놀렌산, 리놀레산, 아라키돈산 등 |

## 07 정답 ②

템퍼링 시 40~50℃로 처음 용해한 후 27~29℃로 냉각시켰다가 30~32℃로 두 번째 용해시켜 사용한다.

## 08 정답 ④

스펀지 반죽에서 사용하는 일반적인 밀가루의 사용범위는 60~100%가 적당하다.

**스펀지 반죽의 배합**
• 강력분 : 60~100%
• 물 : 스펀지 밀가루의 55~60%
• 생이스트 : 1~3%
• 이스트 푸드 : 0~0.75%

## 09 정답 ②

발효 중 펀치를 하면 산소 공급으로 산화, 숙성을 시켜준다.

## 10 정답 ①

리스테리아균은 인·축 공통감염병(인수 공통감염병)이다. 세균성 질병으로 리스테리아균은 균수가 적어도 식중독을 일으키며 주로 냉동된 육류에서 발생하고 저온에서도 생존력이 강하고 수막염이나 임신부의 자궁 내 패혈증을 일으킨다.

## 11 정답 ④

안정제를 사용하는 목적은 아이싱의 끈적거림과 부서짐을 방지하는 것에 있다.

## 12 정답 ②

혈당(혈액을 구성하는 당. 포도당)의 저하는 '인슐린'과 관계가 깊다.

## 13 정답 ②

스트레이트법(100%)는 반죽 온도 27℃가 적절하다.

**스트레이트법에서의 반죽 만들기**
• 유지를 제외한 모든 재료를 밀가루에 넣고 혼합하여 수화시켜 글루텐을 발전시킴
• 글루텐이 형성되는 클린업 단계에 유지를 넣음
• 반죽 온도는 27℃로 맞춤

## 14 정답 ①

반죽의 설탕 5%가 증가 시 흡수율은 1%가 감소된다.

## 15 정답 ①

2차 발효가 과다할 때는 윗면이 움푹 들어가며, 신맛이 나고 노화가 빠른 현상이 나타난다. 또한 껍질색은 연하고 결은 거칠다.

| 2차 발효의 조건 | 제품에 나타나는 결과 |
|---|---|
| 지친 반죽 (발효가 지나칠 때) | • 신맛이 나고 노화가 빠름<br>• 윗면이 움푹 들어감<br>• 껍질색이 연하고 결이 거침 |
| 어린 반죽 (발효가 부족할 때) | • 속결이 조밀하고 조직은 가지런하지 않게 됨<br>• 글루텐의 신장성이 불충분하여 부피가 작음<br>• 껍질의 색이 짙고 붉은 기가 약간 생기며, 균열이 일어나기 쉬움 |

## 16 정답 ①

식품 등의 공전을 작성해 보급하는 이는 '식품의약품안전처장'이다.

## 17 정답 ①

결핵균의 병원체를 보유하는 동물은 '양과 소'이다.

| 결핵 | • 원인균은 마이코박테리엄 투베르쿠로시스로 세균성 질병이며 병에 걸린 동물의 젖(우유)을 통해 경구적으로 감염됨<br>• 결핵균의 병원체를 보유하는 동물은 '양과 소'임<br>• 정기적인 투베르쿨린반응 검사를 실시하여 감염된 소를 조기에 발견하여 조치하고, 사람이 음성인 경우는 BCG접종을 함<br>• 식품을 충분히 가열하여 섭취함<br>• 잠복기는 불명 |
|---|---|

## 18 정답 ④

소장에서 펩티다아제와 디펩티다아제에 의해 단백질이 완전히 분해되어 아미노산이 생성된다.

## 19 정답 ②

유아에게 필요한 필수아미노산에는 '류신, 리신, 메티오닌, 이소류신, 발린, 페닐알라닌, 트레오닌, 트립토판, 히스티딘'이 있다.

## 20 정답 ③

팬닝 온도는 32℃가 적당하다.

## 21 정답 ③

이스트 사용량을 0.5~1% 증가시킨다.

> **스트레이트법을 노타임 반죽법으로 변경할 때의 조치 사항**
> • 설탕 사용량을 1% 감소시킴
> • 이스트 사용량을 0.5~1% 증가시킴
> • 물 사용량을 약 1~2% 정도 줄임
> • 반죽 온도를 30~32℃로 함
> • L - 시스테인을 환원제로 사용함
> • 브롬산칼륨, 아스코르브산(비타민 C), 요오드칼륨을 산화제로 사용함

## 22 정답 ③

탄수화물과 단백질의 열량은 4kcal/g, 지방의 열량은 9kcal/g이다. 따라서 '(100g×0.65×4) + (100g×0.2×4) + (100g×0.01×9) = 349kcal'가 된다.

## 23 정답 ②

작업 테이블은 주방의 중앙부에 설치해야 여러 방향으로의 동선이 짧아져 작업하기에 적합하다.

## 24 정답 ③

곰팡이독은 땅콩에 번식하는 곰팡이로 발암성이 있으며 아플라톡신과 관계가 깊다.

**곰팡이독의 종류**

| 맥각 중독 | 맥각균이 밀, 호밀, 보리에 기생하여 에르고타민, 에르고톡신 등의 독소 생성 |
|---|---|
| 황변미 중독 | • 신경독, 간암 유발<br>• 페니실리움속 곰팡이가 원인<br>• 수분이 14~15% 이상 함유된 쌀에 발생<br>• 쌀이 곰팡이에 의해 누렇게 변하는 현상 유발 |
| 아플라톡신 | 보리, 쌀, 땅콩 등에 곰팡이가 침입하여 독소 생성, 간장독 유발 |

## 25 정답 ④

최종 단계에서 반죽은 탄력성과 신장성이 가장 좋으며 반죽이 부드럽고 윤이 난다. 믹싱 단계는 '픽업 단계(1단계), 클린업 단계(2단계), 발전 단계(3단계), 최종 단계(4단계), 렛 다운 단계(5단계), 파괴 단계(6단계)' 순이다.

## 26 정답 ③

이스트는 60℃에서 사멸되기 시작한다. 제빵용 이스트는 29~32℃에서 발효력이 최대가 된다.

## 27 정답 ③

유해 착색료에는 황색 합성색소인 '아우라민'과 핑크색 합성색소인 '로다민 B'가 있다.

**식품 첨가물에 의한 식중독**
• 유행 방부제 : 붕산, 포름알데히드(포르말린), 우로트로핀, 승홍
• 유해 인공 착색료 : 아우라민(황색 합성색소), 로다민 B(핑크색 합성색소)
• 유해 표백제 : 롱가리트(감자, 연근, 우엉 등에 사용되는 일이 있으며 아황산과 다량의 포름알데히드가 잔류해 독성을 나타냄)
• 유해 감미료 : 시클라메이트, 둘신, 페릴라틴, 에틸렌글리콜

## 28 정답 ②

생이스트를 압착효모라고도 한다. 고형분 30~35%와 수분 70~75%를 함유하고 있다.

## 29 정답 ①

빵의 노화는 빵의 풍미저하, 빵 껍질의 변화, 내부조직의 수분보유 상태를 변화시켜 α – 전분이 β – 전분으로 변화하는 것을 말한다.

## 30 정답 ①

마이야르 반응(메일라드 반응)은 당류에서 분해된 환원당과 단백질류에서 분해된 아미노산이 결합하여 껍질이 연한 갈색으로 변하는 반응으로, 낮은 온도(130℃)에서 진행되며 캐러멜화에서 생성되는 향보다 중요한 역할을 한다.

## 31 정답 ④

순수 유지방만을 사용하는 제품은 버터이다.

**마가린**
• 버터 대용품으로 만든 마가린은 주로 면실유, 대두유 등 식물성 유지로 만듦
• 지방 80%, 우유 16.5%, 소금 3%, 유화제 0.5%, 향료 · 색소 약간

## 32 정답 ①

데니시 페이스트리는 클린업 단계에서 유지를 투여하여 발전 단계까지 반죽하는데 이때 반죽 온도는 18~22℃가 적당하다.

## 33 정답 ④

에너지원으로 이용되는 영양소는 탄수화물, 지방, 단백질이며 이들은 열량 영양소에 해당한다.

## 34

정답 ①

포도당을 섭취해서는 안 되는 당뇨병 환자에게 감미료로서 사용하며 당류 중 가장 빨리 소화 · 흡수되는 당질은 과당 이다.
② **갈락토오스** : 지방과 결합하여 뇌, 신경 조직의 성분이 되므로 유아에게 특히 필요하다.
③ **덱스트린** : 전분보다 분자량이 적고 물에 약간 용해되며 점성이 있다.
④ **섬유소** : 체내에서 소화되지는 않지만 장의 연동작용을 자극해 배설작용을 촉진한다.

## 35

정답 ①

베이킹파우더 무게의 12% 이상의 유효 이산화탄소 가스가 발생되어야 한다. 정상 조건하의 베이킹파우더 100g에서는 '$100g \times 12\% (\dfrac{12}{100})$ = 12%'의 유효 이산화탄소 가스가 발생된다.

## 36

정답 ④

비타민 K의 결핍증은 혈액 응고 지연이다. 각기병은 비타민 $B_1$의 결핍증이다.

## 37

정답 ②

생크림은 우유의 지방 함량이 35~40% 정도의 크림을 휘핑하여 사용한다.

> **생크림**
> • 우유의 지방을 원심 분리해 농축한 것으로 만듦
> • 우유의 지방함량이 35~40% 정도의 진한 생크림을 휘핑하며 사용함
> • **커피용, 조리용 생크림** : 유지방 함량 16% 전후
> • **휘핑용 생크림** : 유지방 함량 35% 이상
> • **버터용 생크림** : 유지방 함량 80% 이상

## 38

정답 ④

보존료의 이상적인 조건에는 '저렴한 가격일 것, 소량으로 효력이 있을 것, 사용방법이 간편할 것, 독성이 없거나 매우 적을 것'이 있다.
① 저렴한 가격일 것
② 소량으로 효력이 있을 것
③ 사용방법이 간편할 것

## 39

정답 ②

감염병의 발생요인은 '감염원, 감염경로, 숙주감수성'이다.

## 40

정답 ②

물보다 비중이 크므로 글리세린은 물에 가라앉는다.

> **유도지방**
> • **지방산** : 글리세린과 결합해 지방을 구성함
> • **글리세린** : 지방산과 함께 지방을 구성하고 있는 성분으로 흡습성, 용매, 안정성, 유화제로 작용함. 일명 글리세롤이라고도 함
> • **콜레스테롤** : 동물성 스테롤로 골수, 신경계, 담즙, 뇌, 혈액 등에 많으며 자외선에 의해 비타민 $D_3$가 됨. 식물성 기름과 함께 섭취하는 것이 좋음
> • **에르고스테롤** : 식물성 스테롤로 효모, 버섯, 간유 등에 함유되어 있으며 자외선에 의해 비타민 D가 되어 비타민 $D_2$의 전구체 역할을 함

## 41

정답 ①

칼슘(Ca)은 우유의 응고에 관여한다.

## 42

정답 ②

자당(설탕)을 sucrose라고 한다. 어말 'oes'를 'ase'로 만들어 효소명 Sucrase(수크라아제)를 만든다. 수크라아제는 일명 인베르타아제라고도 한다.

**43**           정답 ③

비상스트레이트법(100%)은 반죽 시간 22분이 적절하다.

**44**           정답 ②

후염법은 소금을 클린업 단계 직후에 넣는 제법을 말한다. 후염법의 장점으로는 '속색을 갈색으로 만듦, 반죽의 흡수율 증가, 반죽 시간 단축, 조직을 부드럽게 함' 등이 있다.

**45**           정답 ③

트립토판은 체내에서 1.67%가 니아신으로 전환되어 니아신은 '200mg × 0.0167 = 3.34mg'으로 전환될 수 있다.

**46**           정답 ④

타르색소는 발암물질로 구분되어 사용할 수 없다.

**47**           정답 ③

'변형공기포장법'이란 식품을 부패시키는 미생물이 자라는 것을 억제하기 위해 음식물을 포장할 때 이산화탄소와 질소를 넣는 식품 포장법을 말한다.

**48**           정답 ①

단물을 쓴 경우, 브레이크와 슈레드가 부족해지는 현상이 나타난다.
② 오븐의 증기가 부족한 경우
③ 2차 발효가 과다한 경우
④ 효소제의 사용량이 지나치게 과다한 경우

> **식빵류의 결함과 원인 - 브레이크와 슈레드 부족 (터짐과 찢어짐)**
> - 단물(연수)을 사용한 경우
> - 이스트 푸드 사용량 부족
> - 2차 발효가 과다한 경우
> - 2차 발효실 온도 높음
> - 2차 발효실 습도 낮음
> - 오븐 증기 부족
> - 너무 높은 오븐 온도
> - 진 반죽
> - 효소제 사용량 과다

**49**           정답 ①

퐁당 크림을 부드럽게 하고 수분 보유력을 높이고자 사용하는 당의 형태는 시럽(액당)이다.

**50**           정답 ④

효소는 최적온도 수준에서 지나면 반응속도는 감소한다.

**51**           정답 ③

'1인당 생산 가치 = 생산 가치÷인원 수'이다.

**52**           정답 ④

지나친 믹싱은 빵 제품의 껍질색이 짙어지는 원인이 된다.

> **식빵류의 결함과 원인 - 껍질색이 짙음**
> - 1차 발효시간의 부족
> - 2차 발효실의 습도 높음
> - 과도한 굽기
> - 과다한 설탕 사용량
> - 과다한 분유 사용량
> - 높은 오븐 온도
> - 오븐의 윗 온도가 높음
> - 지나친 믹싱

## 53 정답 ③

인·축 공통감염병(인수 공통감염병)은 인간과 척추동물 사이에 자연적으로 전파되는 질병으로 같은 병원체에 의해 똑같이 발생하는 감염병을 말한다.
③ Q열과 발진열은 리케아(라케치아)성 질병이다.

> **병원체에 따른 감염병의 종류**
> - **바이러스성 감염병** : 홍역, 소아마비(급성 회백수염, 폴리오), 감염성 설사증, A형 간염(유행성 간염), 인플루엔자, 천열, 유행성 이하선염, 일본뇌염, 광견병 등
> - **세균성 감염병** : 파라티푸스, 장티푸스, 콜레라, 세균성 이질, 장출혈성 대장균감염증, 비브리오 패혈증, 디프테리아, 탄저, 성홍열, 브루셀라증, 결핵 등
> - **리케치아성 감염병** : 쯔쯔가무시증, Q열, 발진티푸스, 발진열 등
> - **원생 동물성 감염병** : 아메바성 이질 등

## 54 정답 ①

물은 이스트 발효에 도움을 주지만, 이스트 먹이 역할을 하는 것은 아니다.

## 55 정답 ②

엿당(맥아당)은 쉽게 발효하지 않아 위 점막을 자극하지 않으므로 어린이나 소화기 계통의 환자에게 좋다.

## 56 정답 ②

전분의 노화 최적 상태는 '수분 함량 : 30~60%, 노화 최적 온도 : −7~10℃'이다.

## 57 정답 ②

스트레이트법의 1차 발효는 '시간 1~3시간, 온도 27℃, 상대 습도 75~80%'가 적당하다.

## 58 정답 ③

연속식 제빵법은 반죽기 과정동안 3~4기압 하에서 30~60분간 반죽을 발전시켜 분할기로 직접 연결시킨다. 연속식 제빵법은 액체발효법이 더 발달된 방법으로 공정이 자동으로 진행되며 기계적인 설비를 사용해 적은 인원으로 많은 빵을 만들 수 있는 방법이다. 따라서 연속식 제빵법은 설비감소, 설비공간 및 설비면적 감소라는 장점을 지닌다.

## 59 정답 ③

반죽의 온도가 정상보다 높을 때 큰 기포가 형성된다.

## 60 정답 ③

화학물질이 원인이 되는 병은 화학성 식중독이다. 경구 감염병은 병원체가 입을 통해 소화기로 침입하여 일어나는 감염이다.

# 5회
# 제빵기능사 필기
# 정답 및 해설

정답 및 해설

| 01 | ① | 02 | ③ | 03 | ② | 04 | ④ | 05 | ② |
|----|---|----|---|----|---|----|---|----|---|
| 06 | ① | 07 | ③ | 08 | ② | 09 | ② | 10 | ② |
| 11 | ④ | 12 | ③ | 13 | ③ | 14 | ③ | 15 | ② |
| 16 | ① | 17 | ④ | 18 | ③ | 19 | ② | 20 | ② |
| 21 | ④ | 22 | ① | 23 | ④ | 24 | ② | 25 | ③ |
| 26 | ① | 27 | ④ | 28 | ② | 29 | ① | 30 | ② |
| 31 | ② | 32 | ③ | 33 | ③ | 34 | ③ | 35 | ① |
| 36 | ③ | 37 | ④ | 38 | ① | 39 | ② | 40 | ② |
| 41 | ② | 42 | ③ | 43 | ④ | 44 | ② | 45 | ④ |
| 46 | ④ | 47 | ③ | 48 | ③ | 49 | ④ | 50 | ④ |
| 51 | ② | 52 | ③ | 53 | ② | 54 | ④ | 55 | ③ |
| 56 | ① | 57 | ④ | 58 | ④ | 59 | ① | 60 | ③ |

## 01     정답 ①

직접 패닝은 식빵 등과 같이 반죽 덩어리째 팬에 넣는 방법이다.

> **패닝(Panning)**
> • 정형이 완료된 반죽을 팬에 채우거나 나열하는 공정
>
> **패닝 방법**
> • **직접 패닝** : 식빵 등과 같이 반죽 덩어리째 팬에 넣는 방법
> • **교차 패닝** : 풀먼 브레드 같이 뚜껑을 덮어 굽는 제품에는 반죽을 길게 늘려 N자, U자, M자형으로 넣는 방법
> • **트위스트 패닝** : 반죽을 2~3개 꼬아서 틀에 넣는 방법임. 색소를 넣어 만든 반죽을 꼬아서 마블링한 버라이어티 브레드(Variety Bread) 같은 제품을 만들 때 사용
> • **스파이럴 패닝** : 스파이럴 몰더와 연결되이 있어 정형한 반죽이 자동으로 틀에 들어가는 방법

## 02     정답 ③

펜토산은 자기 무게의 10~15배의 물을 흡수한다.
① 설탕은 5% 증가 시 흡수율이 1% 감소한다.
② 탈지분유는 1% 증가 시 흡수율이 1% 증가한다.
④ 손상 전분은 약 2배의 물을 흡수한다.

## 03     정답 ②

혈청학적 검사는 세균이나 이물질에 대해 저항하는 항체를 검사하고 항체에 반응하는 항원을 검사하기 위한 검사이다.

## 04     정답 ④

엽산의 결핍증은 빈혈, 장염, 설사이다.
① 비타민 A – 야맹증
② 비타민 $B_6$ – 저혈색소성 빈혈, 충치, 신경염, 피부염, 성장 정지
③ 비타민 D – 구루병, 골다공증, 골연화증

## 05     정답 ②

비상스트레이트법(100%)은 1차 발효시간 15분~30분이 적절하다.

## 06     정답 ①

세계보건기구(WHO)는 성인의 경우 하루 섭취열량 중 트랜스지방의 섭취를 1% 이하로 권고하고 있다. 트랜스지방이란 불포화지방산의 이중결합에 니켈을 촉매로 해 수소를 첨가시키면 불포화도가 감소됨에 따라 포화도가 높아져 유지(지방)의 성질이 바뀐 것을 말한다.

## 07     정답 ③

포도당은 치마아제에 의해 열, 탄산가스, 알코올을 형성한다.

## 08      정답 ②

분할기에 의한 식빵 분할시간은 20분이 적절하며 분할기에 의한 단과자빵 분할시간은 30분이 적절하다.

## 09      정답 ②

단백질이 함유된 분유를 많이 사용하면 구조력이 강해져 양 옆면과 바닥이 움푹 들어가지 않는다.

| 항목 | 우유(분유)가<br>정량보다 적은 경우 | 우유(분유)가<br>정량보다 많은 경우 |
|---|---|---|
| 껍질색 | 엷은 색 | 진한 색 |
| 외형의<br>균형 | • 둥근 모서리<br>• 브레이크와 슈레드가<br>큼 | • 예리한 모서리<br>• 브레이크와 슈레드가<br>적음 |
| 부피 | 발효가 빠르고<br>부피가 작아짐 | 커짐 |
| 껍질<br>특성 | 얇고 건조해짐 | 거칠고 두꺼움 |
| 속색 | 흰색 | 황갈색 |
| 기공 | 세포가 강하지 않아<br>기공이 점차적으로<br>열림 | 세포가 거칠어짐 |
| 맛 | 단맛이 적고<br>약간 신맛이 남 | 우유 맛이 나고<br>약간 닮 |
| 향 | 지나친 발효로<br>약한 쉰 냄새 | 미숙한 발효 냄새와<br>껍질 탄내 |

## 10      정답 ②

세균의 대표적인 3가지 형태에는 나선균, 구균, 간균이 있다.

> **세균류의 형태**
> • 나선균(Spirillum) : 나사모양의 나선 형태와 입체적인 S형 균을 총칭함
> • 구균(Coccus) : 공모양으로 생긴 균을 총칭하는 것으로 종류에는 쌍구균, 단구균, 사련구균, 연쇄상구균, 팔련구균, 포도상구균 등이 있음
> • 간균(Bacillus) : 약간 긴 구형의 균을 가리키는 것으로 종류에는 결핵균 등이 있음

## 11      정답 ④

부패는 '단백질 – 펩톤 – 폴리펩타이드 – 펩타이드 – 아미노산 – 황화수소가스 생성' 순으로 진행된다.

## 12      정답 ③

노른자에서 수분과 고형분은 각각 50%를 차지한다.

## 13      정답 ③

발효실 온도가 정상보다 낮으면 발효시간이 길어진다.

## 14      정답 ③

페이스트리를 밀어 펴기 할 때 일반적으로 손밀대를 사용해 반죽을 밀어 편 후 경도를 알맞게 조절한 유지를 놓고 자동 밀대로 덧가루를 적당히 뿌리면서 유지를 감싼 반죽을 밀어 편다. 반죽과 유지의 경도를 가급적 같게 하고자 냉장휴지를 시킨다.

## 15      정답 ②

글리세린은 지방을 가수분해하여 얻을 수 있다.

## 16      정답 ①

탈지분유란 우유에서 지방을 빼고 건조시킨 것이다. 구성성분 중 50%가 유당에 해당한다.

**분유의 종류**

| 가당분유<br>(Sweetened Milk<br>Powder) | 원유에 당류를 가하여 분말화한 것 |
|---|---|
| 전지분유<br>(Full Fat Dry Milk) | 우유의 수분만 제거해서 분말상태로<br>만든 것 |
| 탈지분유<br>(Non Fat Dry Milk) | 우유의 수분과 유지방을 제거한 우유<br>의 고형분을 분말상태로 만든 것으로<br>유당이 50% 함유된 것 |

| 혼합분유<br>(Modified Milk<br>Powder) | 분유에 곡류 가공품을 가하여 분말화<br>한 것 |
|---|---|

## 17　　　　　　　　　　　정답 ④

도우 컨디셔너는 자동 제어 장치에 의해 반죽을 급속 냉동, 냉장, 완만한 해동, 2차 발효 등을 할 수 있는 다기능 제빵 기계이다.
① **수평형 믹서** : 대량 생산할 때 사용하는 믹서로 단일 품목의 주문 생산에 편리하다.
② **오버헤드 프루퍼** : 중간 발효실을 말한다.
③ **둥글리기(라운더)** : 분할된 반죽이 둥글리기가 되어 만들어지는 기계로 손으로 하는 방법과 기계인 라운더로 하는 방법이 있다.

## 18　　　　　　　　　　　정답 ③

냉동생지법에 적합한 반죽의 온도는 18~22℃이다.

## 19　　　　　　　　　　　정답 ②

표백제의 재료에는 '과산화벤조일, 산소, 이산화염소, 염소가스, 과산화질소'가 있다.

> **밀가루의 제빵 적성을 인위적으로 개선하는 개량제인 표백제**
> • 갓 빻은 밀가루는 내배유 속의 카로티노이드계 색소인 크산토필, 그리고 약간의 카로틴과 플라본으로 인해 아주 연한 노란색인 크림색을 띠는데, 이것을 탈색하기 위해 표백제를 사용함
> • 표백제의 재료 : 과산화벤조일, 과산화질소, 산소, 염소가스, 이산화염소

## 20　　　　　　　　　　　정답 ②

페카시험은 직사각형 유리판 위 밀가루를 놓고 매끄럽게 다듬은 후, 물에 담근 다음 젖은 상태 또는 100℃에서 건조시켜 색상을 비교한다. 그 후 껍질 부위와 표백 정도 등을 상대적으로 판별한다.

## 21　　　　　　　　　　　정답 ④

제빵 시 경수를 사용할 때는 맥아를 첨가한다.
① 급수량 증가
② 이스트 푸드량 감소
③ 이스트 사용량 증가

## 22　　　　　　　　　　　정답 ①

반죽의 일부를 펼쳐서 피막을 확인하는 방법은 믹싱(배합)의 완성점을 찾을 때 쓰는 방법이다.

## 23　　　　　　　　　　　정답 ②

생이스트의 고형질은 30%, 건조 이스트의 고형질은 90%이므로 고형질의 양이 3배 차이가 난다.

## 24　　　　　　　　　　　정답 ②

리파아제는 지방을 지방산과 글리세린으로 분해한다.

## 25　　　　　　　　　　　정답 ③

마가린에 풍미를 강화하고 방부의 역할을 하는 것은 소금이다.

> **소금(Salt)**
> 나트륨과 염소의 화합물로 염화나트륨(NaCl)이라 하며 빵 반죽에는 점탄성 증가, 식품 건조 시 건조속도 빠름, 식품 보관 시 방부효과가 있다.

## 26 정답 ①

저장용 쌀의 수분함량이 13% 이하이어야 저장미에 발생한 곰팡이가 원인이 되는 황변미 현상을 방지할 수 있다.

- 저장용 쌀의 수분함량 : 13% 이하
- 밀가루의 수분함량 : 10~14%
- 쌀의 수분함량 : 11~15%

## 27 정답 ④

'총 반죽 무게 = 총 완제품 무게÷(1-분할 손실)'이므로 분할 전 총 반죽 무게는 대략 '600×6÷(1-(5÷100)) ≒ 3,790g'이 된다. (분할 손실 5%는 100으로 나누어 계산한다.)

## 28 정답 ①

팬에 바르는 기름(이형유)은 발연점이 210℃ 이상되는 기름을 적정량 사용해야 한다.

## 29 정답 ①

이성화 효소는 분자의 구조나 형태를 바꾼다.

## 30 정답 ③

발진은 피부 부위에 작은 종기(염증)가 광범위하게 돋는 온갖 병을 말한다.

**유당불내증(유당분해효소결핍증)**
- **정의** : 장점막에 있는 이당류 가수분해효소 중 젖당분해효소의 결핍으로 우유와 같이 젖당이 풍부한 음식을 소화하는 데 장애를 겪는 증상을 의미함
- **증상** : 젖당이 분해되지 않아서 장 속에 남아있게 되면 삼투압이 증가하여 삼투압 설사가 생기고 장내세균에 의해 분해가 일어나면서 가스가 증가하게 됨. 증상은 복부경련 및 팽만, 더부룩함, 방귀, 심한 물설사, 메스꺼움 등이 있음

## 31 정답 ③

식품의 부패는 주로 단백질 식품에 일어난다.

## 32 정답 ③

10% 이상의 단백질 함량을 가진 밀가루는 글루텐이 많이 생성·발전되어 반죽의 힘이 강해 완제품의 부피가 작아진다.

## 33 정답 ②

식빵 제조 시 1차 발효 손실량은 통상 1~2%이다.

## 34 정답 ③

카카오 매스에서 분리한 지방이 카카오 버터이다.
① 카카오 매스에 대한 설명이다.
② 설탕에 대한 설명이다.
④ 우유에 대한 설명이다.

**초콜릿의 구성성분과 제조과정**
껍질부위, 배유, 배아 등으로 구성된 카카오 빈(cacao bean)을 발효시킨 후 볶아 마쇄하여 외피와 배아를 제거한 배유의 파편(카카오 닙스, cacao nibs)을 미립화하여 페이스트상의 카카오 매스(cacao mass, cacao paste, cacao liquor)를 만든 후, 압착(press)하여 기름을 채취한 것이 카카오 버터(cacao butter)이고 나머지는 카카오 박(cacao cake)으로 분리됨. 카카오 박을 분말로 만든 것이 코코아 분말(cacao powder)임

## 35 정답 ①

빵에서 사용하는 밀가루의 종류는 강력분이다.
② 설탕량이 적다.
③ 반죽에서 글루텐의 생성 및 발전을 유발한다.
④ 이스트를 사용한다.

**빵과 과자를 구별하는 큰 차이점**

| 분류 기준 | 빵 | 과자 |
|---|---|---|
| 이스트 사용 여부 | 사용함 | 사용하지 않음 |
| 팽창형태 | 생물학적 (이스트의 발효) | 화학적 (베이킹파우더 등) 물리적 (공기, 유지 등) |
| 설탕량 (설탕의 기능) | 적음 (이스트의 먹이) | 많음 (윤활작용) |
| 사용 밀가루의 종류 | 강력분 | 박력분 |
| 반죽 상태 | 글루텐의 생성 및 발전 | 글루텐의 생성을 가능한 억제 |

## 36 정답 ③

노동 분배율은 생산된 소득(생산가치) 중에서 인건비가 차지하는 비율을 나타낸 것이다.
노동 분배율을 구하는 공식은
'노동 분배율 $= \dfrac{\text{인건비}}{\text{부가가치(생산가치)}} \times 100$'이다.

## 37 정답 ④

물엿은 옥수수 전분을 가수분해하여 부분적으로 당화시켜 만든 것으로 특유의 물리적 성질인 점성을 나타내는 성분은 텍스트린이다.

## 38 정답 ①

부갑상선 호르몬은 칼슘과 관계가 깊다.

## 39 정답 ②

편성혐기성균은 산소가 없는 상태에서 증식할 수 있다.

**호기성균을 필요로 하는 산소량에 따른 분류**
- **편성혐기성균** : 산소가 없는 상태에서 증식
- **편성호기성균** : 산소가 존재하는 상태에서만 증식
- **미호기성균** : 산소가 약간 존재하는 상태에서 증식

## 40 정답 ②

표준 스펀지법을 비상 스펀지법으로 변경시킬 경우 생이스트의 양은 2배로 증가시킨다.

## 41 정답 ②

식품의 부패 초기에는 광택이 소실되었다가 변색, 퇴색 순으로 부패가 이루어진다.

## 42 정답 ③

스펀지의 밀가루 양을 80%로 증가시킨다.

## 43 정답 ④

발효가 덜 된 반죽으로 제조를 할 경우 중간발효시간을 길게 하여 부족한 발효시간을 보충한다.

## 44 정답 ②

좁은 의미의 성형은 '밀기 → 말기 → 봉하기'의 3단계 공정으로 이루어져 있다.

**빵 제품의 제조공정 설명**
- 반죽은 부피 또는 무게에 의해 분할함
- 둥글리기에 과다한 덧가루를 사용하면 제품에 줄무늬가 생성됨
- 중간 발효시간은 보통 10~20분이며 27~29℃에서 실시함
- 좁은 의미의 성형은 '밀기 → 말기 → 봉하기'의 3단계 공정으로 이루어져 있음

## 45 정답 ④

'총원가 = 직접재료비 + 직접노무비 + 직접경비 + 제조간접비 + 판매비 + 일반관리비'로 구한다. 이익은 판매 가격에 포함된다. '판매가격 = 총원가 + 이익'이다.

### 원가의 구성 요소

| 기초원가 | 직접재료비 + 직접노무비 |
|---|---|
| 직접원가 (생산원가) | 직접재료비 + 직접노무비 + 직접경비 |
| 제조원가 | 직접원가 + 제조간접비(제품의 원가) |
| 총원가 | 제조원가 + 판매비 + 일반관리비 |
| 판매가격 | 총원가 + 이익 |

## 46 정답 ④

비상 스펀지법의 스펀지 온도는 30℃가 된다.

- 비상 스펀지법의 스펀지 온도 : 30℃
- 표준 스펀지법의 스펀지 온도 : 24℃
- 비상 스트레이트법의 반죽 온도 : 30℃
- 표준 스트레이트법의 반죽 온도 : 27℃

## 47 정답 ③

팬의 온도는 30~35℃가 적합하며, 반죽의 온도와 같거나 약간 높게 맞추면 좋다.

## 48 정답 ②

제빵용 밀가루에서 빵 발효에 많은 영향을 주는 손상 전분의 적정한 함량은 4.5~8%이다.

## 49 정답 ③

비용적은 반죽 1g이 차지하는 부피로 단위는 cm³/g이다. 산형 식빵의 비용적은 3.2~3.4cm³/g 정도이다.

## 50 정답 ④

코팅용 초콜릿은 사용의 편리함을 주기 위해 겨울에는 융점이 낮고, 여름에는 융점이 높은 것이 좋다.

## 51 정답 ②

우유는 빵과 과자에서 겉껍질 색깔을 강하게 한다.

## 52 정답 ③

젖은 글루텐 함량은 33~39%가 적절하다.

## 53 정답 ②

클린업 단계 후에 유지를 투입하면 믹싱 시간이 단축된다.

## 54 정답 ④

장염 비브리오균과 여시니아균이 세균성 식중독과 관련이 있다.

ⓐ **황색 포도상구균** : 사람이나 동물의 화농성 질환의 대표적인 균으로 장독소인 엔테로톡신은 내열성이 있어 열에 쉽게 파괴되지 않는다. 잠복기가 가장 짧고(평균 3시간), 원인 식품은 우유 및 유제품이다. 증상에는 구토, 설사, 복통 등이 있다.

ⓑ **보툴리누스균** : 원인 균은 보툴리누스균(신경친화성 독소)이며, 아포는 열에 강하고 독소인 뉴로톡신은 이열성으로 열에 약해 80℃에서 30분이면 파괴된다. 식중독 중 치사율이 가장 높다. 완전 가열 살균되지 않은 병조림, 소시지, 훈제품, 통조림 등이 원인 식품이며 잠복 기간은 보통 18~36시간이다. 2~4시간 이내에 신경증이 나타나기도 하고 72시간 후에 발병한다. 증상에는 시력 장애, 동공 확대, 신경 마비 등이 있다.

ⓒ **장염 비브리오균** : 감염형 식중독의 대표적인 유형이다. 어패류 및 그 가공품이 원인 식품이다. 호염성 비브리오균으로 3~4%의 염분 농도에서 증식하고, 잠복기는 12시간이며, 급성 위장염 증상이 나타난다.

② 여시니아균 : 그람 음성의 타원형 또는 구형의 세균으로 주로 봄·가을철에 많이 발생하는 질병이다. 들쥐·족제비 등의 배설물에서 감염되어 주로 13세 이하 어린이들에게 많이 발병하며, 고열·복통·설사 증세가 나타난다. 유당을 분해하지 않고, 저온인 5℃에서도 증식하여 겨울철에도 환자가 발생해 가축에 존재한다. 사람은 우연하게 감염되며 환자는 증세가 있는 동안 균을 배출하는데, 치료를 받지 않으면 2~3개월 간 균을 배출하기도 한다. 청년기와 고연령층에게 많이 발생하는 경향이 있다. 법정 감염병은 아니며, 집단 발생되는 예는 거의 없다.

## 55     정답 ③

단백질의 부패 과정은 '단백질 → 펩톤 → 폴리펩티드 → 아미노산 → 아민, 황화수소가스, 유화수소, 암모니아가스, 인돌, 메탄 등 생성'이다.

## 56     정답 ①

안정제는 아이싱의 끈적거림을 방지한다.

## 57     정답 ④

초고온 순간 살균법의 일반적인 조건은 '130~150℃, 1~3초간 가열'이다.

> **우유의 가열법**
> • **초고온 순간** : 130~150℃, 1~3초간 가열
> • **고온단시간** : 71.7℃, 15초간 가열
> • **저온장시간** : 60~65℃, 30분간 가열

## 58     정답 ④

냉동반죽법의 반죽온도는 반죽의 글루텐 생성과 발전능력, 급속냉동 시 냉해에 대한 피해방지를 고려해 설정한다. 이를 고려했을 때 20℃가 적절하다.

## 59     정답 ①

TMA 측정은 어패류의 선도 판정법 중 휘발성 염기 질소량을 측정해 선도를 판정하는 화학적 방법에 해당한다.

## 60     정답 ③

반죽의 결과 온도는 비교적 낮은 것이 좋다.

정답
및
해설

# 제과·제빵기능사

## 1000제

기능사 필기 대비

# 제빵기능사
# 예상문제
# 200제

**001** 밀 제분 공정 중 정선기에 온 밀가루를 다시 마쇄해 작은 입자로 만드는 공정을 무엇이라고 하는가?

① 정선공정
② 조쇄공정
③ 분쇄공정
④ 조질공정

**002** 제빵용 밀가루에 함유되어야 할 손상전분의 적당한 함량은?

① 1~2.5%
② 4.5~8%
③ 10~15.5%
④ 17~23.5%

**003** 소맥분의 질을 판단하는 기준이 되는 것은?

① 글루텐 함량
② 생산지
③ 분산성
④ 소맥의 양

**004** 식빵 제조용 밀가루의 적당한 단백질 함량은 얼마인가?

① 3% 이상

② 7% 이상

③ 11% 이상

④ 15% 이상

정답 ③

식빵 제조용 밀가루의 적당한 단백질 함량은 일반적으로 11% 이상이며, 제조 시 강력분을 사용한다.

**005** 100g의 밀가루에서 얻은 젖은 글루텐이 45g이 되었을 때 이 밀가루의 단백질 함량은 얼마인가?

① 7%

② 15%

③ 23%

④ 36%

정답 ②

'젖은 글루텐(%) = 젖은 글루텐 반죽의 중량÷밀가루 중량×100 = 45÷100×100 = 45'이다. '밀가루 단백질 = 젖은 글루텐(%)÷3 = 45÷3 = 15(%)'이다.

**006** 완제품 중량이 400g인 빵 200개를 만들고자 한다. 발효 손실이 2%이고 굽기 및 냉각 손실이 12%라고 할 때 밀가루 중량은? (총배합률은 180%이며, 소수점 이하는 반올림한다.)

① 51,536g

② 54,725g

③ 61,320g

④ 61,940g

정답 ①

완제품 무게는 '400×200 = 80,000g'이며 총 반죽 무게는 '완제품 무게÷(1−손실) = 80,000÷(1−2%)÷(1−12%) = 80,000÷(1−0.02)÷(1−0.12) = 80,000÷0.98÷0.88 ≒ 92,764.37g'이다. 밀가루 무게는

$$\frac{\text{총 재료 무게(g)}\times\text{밀가루 배합률(\%)}}{\text{총 배합률(\%)}}$$

$$= \frac{92,764.37(g)\times100(\%)}{180(\%)}$$

≒ 51,535.76g(51,536g)'이 된다.

**007** 밀가루를 전문적으로 시험하는 기기로 이루어진 것은?

① 익스텐소그래프, 아밀로그래프, 패리노그래프
② 익스텐소그래프, 펑츄어테스터, 패리노그래프
③ 가스크로마토그래피, 익스텐소그래프, 아밀로그래프
④ 파이브로미터, 아밀로그래프, 패리노그래프

정답 ①

밀가루를 전문적으로 시험하는 기기로는 익스텐소그래프, 아밀로그래프, 패리노그래프, 믹소그래프, 레오그래프가 있다.

**008** 밀가루와 밀의 현탁액을 일정한 온도로 균일하게 상승시킬 때 일어나는 점도의 변화를 계속적으로 자동 기록하는 장치는?

기출유사

① 아밀로그래프
② 브룩필드 점도계
③ 모세관 점도계
④ 피서 점도계

정답 ①

아밀로그래프는 온도 변화에 따른 밀가루의 α-아밀라아제의 호화를 측정하는 기록 장치이다.

아밀로그래프
• 밀가루와 물의 현탁액을 매분 1.5℃씩 온도를 균일하게 상승시켜 이때 일어나는 밀가루의 점도 변화를 계속적으로 자동 기록하는 장치
• α-아밀라아제의 활성을 측정하며, 밀가루의 호화 정도를 알 수 있음

**009** 밀가루 반죽의 탄성을 강하게 하는 재료에 해당하지 않는 것은?

① 식염
② 레몬즙
③ 비타민 C
④ 칼슘염

정답 ②

글루테닌은 밀가루 반죽에 탄성을 부여한다. 이는 레몬즙의 묽은 산에 용해된다.

## 010 반죽할 때 반죽의 온도가 높아지는 주원인은?

① 이스트가 번식하기 때문이다.

② 마찰열이 발생하기 때문이다.

③ 원료가 용해되기 때문이다.

④ 글루텐이 발달되기 때문이다.

정답 ②

마찰열이 발생하기 때문에 반죽할 때 반죽의 온도가 높아지게 된다.

## 011 반죽의 온도가 25℃일 때 반죽의 흡수율이 61%인 조건에서 반죽의 온도를 30℃로 조정하면 흡수율은?

기출
유사

① 55%

② 58%

③ 62%

④ 65%

정답 ②

반죽 온도가 5℃ 올라가면 흡수율은 3% 감소한다.

예상
문제
200제

## 012 빵 반죽의 흡수율에 영향을 미치는 요소에 대한 설명으로 옳은 것은?

① 빵 반죽에 알맞은 물은 센물(경수)보다 단물(연수)이다.

② 유화제 사용량이 많으면 물과 기름의 결합이 좋게 되어 흡수율이 감소된다.

③ 설탕 5% 증가 시 흡수율은 1%씩 증가한다.

④ 반죽 온도가 5℃ 증가함에 따라 흡수율이 3% 감소한다.

정답 ④

① 빵 반죽에 알맞은 물은 아경수이다.

② 유화제 사용량은 수분 흡수율이 아닌 수분 보유력에 영향을 미친다.

③ 설탕 5% 증가 시 흡수율은 1%씩 감소한다.

**013** 식빵 반죽을 혼합할 때 반죽의 온도 조절에 가장 크게 영향을 미치는 원료는?

① 밀가루
② 설탕
③ 물
④ 이스트

정답 ③

물의 온도는 반죽 온도 조절에 가장 크게 영향을 미친다.

**014** 더운 여름에 얼음을 사용하여 반죽 온도 조절 시 계산 순서로 적합한 것은?

① 마찰 계수 → 물 온도 계산 → 얼음 사용량
② 물 온도 계산 → 얼음 사용량 → 마찰 계수
③ 얼음 사용량 → 마찰 계수 → 물 온도 계산
④ 물 온도 계산 → 마찰 계수 → 얼음 사용량

정답 ①

마찰 계수는 '(결과 온도×3) − (실내 온도 + 밀가루 온도 + 수돗물 온도)'이다. 사용한 물 온도는 '(희망 온도×3) − (실내 온도 + 밀가루 온도 + 마찰 계수)'이다. 얼음 사용량은 '물 사용량×(수돗물 온도 − 사용할 물 온도)÷(80 + 수돗물 온도)'이다.

**015** 냉동반죽에서 반죽의 가스 보유력을 증가시키기 위해 사용하는 재료의 설명으로 옳지 않은 것은?

① 비타민 C(ascorbic acid)와 같은 산화제를 사용한다.
② 단백질 함량이 11.75~13.5%로 비교적 높은 밀가루를 사용한다.
③ L−시스테인(L−cysteine)과 같은 환원제를 사용한다.
④ 스테아릴 젖산 나트륨(S.S.L)과 같은 반죽 건조제를 사용한다.

정답 ③

산화제를 사용하는 이유는 반죽의 신장성과 탄력성을 높여 가스 보유력을 높이기 위해서이다. 환원제는 산화제와 반대로 빵의 부피를 줄이고 글루텐을 연화시키는 역할을 한다.

**016** 냉동반죽법에서 해동 방식으로 적절한 것은?

① 완만 해동법
② 급속 해동법
③ 자연 해동법
④ 오버나이트법

냉동반죽법의 해동 방식은 완만 해동법을 사용한다. 반면에 냉동반죽법의 동결 방식은 −40℃에서 급속 동결 후 −25〜−18℃에서 보관하는 방법을 사용한다.

**017** 50g의 밀가루에서 15g의 글루텐을 채취한 경우 이 밀가루의 건조 글루텐 함량은 얼마로 보는가?

① 5%
② 10%
③ 20%
④ 35%

젖은 글루텐 함량의 함량은 '$\frac{15}{50} \times 100 = 30\%$'이다. 따라서 건조 글루텐의 함량은 '$30 \times \frac{1}{3} = 10\%$'가 된다.

예상
문제
200제

**018** 밀가루의 성분 중 물을 흡수하는 성분에는 손상전분, 펜토산, 전분, 단백질 등이 있으며 이 성분 중 단백질 함량이 11%일 때 물은 65% 정도 넣는다고 가정하면 밀가루 단백질 함량이 1% 증가할 시 물의 함량은 어떻게 되겠는가?

① 55%
② 67%
③ 72%
④ 76%

밀가루 단백질 함량이 1% 증가 시 반죽에 넣는 물 함량은 1.5〜2% 증가한다.

**019** 굽기 과정 중 글루텐이 응고하기 시작하는 온도는 몇 도인가?

① 39℃

② 55℃

③ 74℃

④ 102℃

**020** 에너지로 쓰이고 남은 여분의 무엇이 간과 근육에 글리코겐 형태로 저장되는가?

① 갈락토오스

② 포도당

③ 전화당

④ 유당

**021** 글리코겐에 대한 설명으로 옳지 않은 것은?

① 글리코겐은 쓴맛을 가지고 있다.

② 주로 근육 조직이나 간에 저장된다.

③ 일명 동물성 전분이라고도 한다.

④ 분자량은 전분보다 적지만 가치가 훨씬 크다.

## 022 상대적 감미도가 바르게 연결된 것은?

① 전화당 – 60
② 포도당 – 45
③ 과당 – 175
④ 자당 – 80

**정답 ③**

과당은 상대적 감미도가 175이다. 상대적 감미도는 '과당(175) > 전화당(130) > 자당(100) > 포도당(75) > 맥아당(32)' 순이다.
① 전화당 – 130
② 포도당 – 75
④ 자당 – 100

## 023 데커레이션(Decoration) 케이크의 장식에 사용되는 분당의 성분은?

① 자당
② 과당
③ 포도당
④ 전화당

**정답 ①**

분당은 자당(설탕)을 곱게 마쇄해 전분 3%를 섞어 놓은 것이다.

## 024 설탕을 포도당과 과당으로 분해하며 이스트에 존재하는 효소는?

① 락타아제
② 셀룰라아제
③ 인베르타아제
④ α–아밀라아제

**정답 ③**

인베르타아제는 설탕을 포도당과 과당으로 분해하며, 이스트에 존재한다.

**025** 제과 · 제빵 재료 중에서 일명 트리몰린이라고 하는 전화당을 설명한 것 중 옳은 것은?

① 흡습성이 약해 제품의 보존기간이 짧다.

② 상대적 감미도는 포도당보다 낮으나 쿠키의 광택과 촉감을 위해 사용한다.

③ 설탕을 가수분해시켜 생긴 포도당과 과당의 혼합물이다.

④ 설탕의 0.3배의 감미를 갖는다.

정답 ③

① 흡습성이 강해서 제품의 보존기간을 지속시킬 수 있다.

② 상대적 감미도는 과당(175), 전화당(130)으로 전화당이 상대적 감미도가 2번째로 높다.

④ 설탕의 1.3배의 감미를 가지며, 쿠키의 광택과 촉감을 위해 사용한다.

**026** 설탕 전체의 고형질을 100%로 볼 때 물엿과 포도당의 고형질 함량으로 옳은 것은?

(기출유사)

① 물엿 : 80%, 포도당 : 91%

② 물엿 : 50%, 포도당 : 80%

③ 물엿 : 20%, 포도당 : 80%

④ 물엿 : 5%, 포도당 : 80%

정답 ①

설탕 전체의 고형질 대비 물엿 고형질 함량은 80%, 일반 포도당 고형질 함량은 91%이다.

**027** 설탕은 포도당($C_6H_{12}O_6$)과 과당($C_6H_{12}O_6$)이 축합하여 물과 설탕을 생성할 때 다음 중 설탕의 분자식으로 옳은 것은?

① $C_{12}H_{22}O_{11}$

② $C_{12}H_{24}O_{12}$

③ $C_6H_{22}O_{12}$

④ $C_6H_{24}O_{11}$

정답 ①

설탕은 포도당($C_6H_{12}O_6$)과 과당($C_6H_{12}O_6$)이 축합하여 물과 설탕($H_2O$와 $C_{12}H_{22}O_{11}$)을 생성하므로 설탕의 분자식은 $C_{12}H_{22}O_{11}$이다.

**028** 다음 중 당 알코올(Sugar alcohol)에 해당하지 않는 것은?

① 솔비톨
② 갈락티톨
③ 글리세롤
④ 자일리톨

**029** 탄수화물에 대한 설명 중 옳은 것은?

① 수소, 질소, 산소의 화합물이다.
② 수소, 탄소, 산소의 화합물이다.
③ 수소, 질소, 탄소의 화합물이다.
④ 탄소, 질소, 산소의 화합물이다.

예상
문제
200제

**030** 글루텐을 형성하는 단백질은?

① 알부민, 글리아딘
② 알부민, 글로불린
③ 글루테닌, 글리아딘
④ 글루테닌, 글로불린

**031** 지질의 대사 산물이 아닌 것은?

기출
유사
① 물
② 수소
③ 이산화탄소
④ 에너지

정답 ②

정답 ②

지방산은 산화 과정을 거쳐서 모두 아세틸 CoA를 생성한다. 그 후 TCA 회로를 거쳐 1g당 9kcal의 에너지를 방출해 물과 이산화탄소가 된다.

**032** 지방의 합성과 연소가 이루어지는 장기는?

① 위
② 췌장
③ 대장
④ 간

정답 ④

간의 지방대사는 탄수화물을 과잉 섭취했을 시 지방으로 합성해 피하에 저장해 두었다가 당분 섭취가 부족할 경우 연소해 에너지로 사용할 수 있는 형태로 만든다.

**033** 지방질 대사를 위한 간의 중요한 역할 중 옳지 않은 것은?

① 콜레스테롤을 합성하지는 않는다.
② 지방산을 분해하거나 합성한다.
③ 담즙산의 생산 원천이다.
④ 지방은 연소될 때 당질이 부족하면 케톤체가 발생된다.

정답 ①

콜레스테롤을 합성하는 역할을 한다.

**034** 순수한 지방 30g이 내는 열량은?

① 100kcal

② 270kcal

③ 1250kcal

④ 3020kcal

지방의 열량은 '지방의 중량(g) ×9kcal'이므로 순수한 지방 30g 이 내는 열량은 '30g×9kcal = 270kcal'이다.

**035** 췌장에서 생성되는 지방분해 효소는 무엇인가?

① 말타아제

② 에렙신

③ 레닌

④ 리파아제

췌장은 위 및 간 근처의 복막 밖에 있는 길이 약 15cm의 어두운 누런빛의 장기를 말한다. 췌장에서 생성되는 지방분해 효소 중에는 리파아제가 있다.

예상
문제
200제

**036** 글루텐을 형성하는 단백질 중 수용성 단백질이 아닌 것은?

① 메소닌

② 글로불린

③ 글루테닌

④ 알부민

글루텐은 글루테닌(탄력성)과 글리아딘(신장성)으로 구성되어 있으며, 글루테닌은 물에 녹지 않는 불용성 단백질이다.

**037** 젖은 글루텐 중의 단백질 함량이 18%일 때 건조 글루텐의 단백질 함량을 얼마인가?

① 6%

② 27%

③ 36%

④ 54%

건조 글루텐은 '젖은 글루텐÷3'으로 구하며, 이는 증발한 수분의 양을 의미한다. 따라서 '건조 글루텐의 단백질 함량'은 '젖은 글루텐의 단백질 함량×3'으로 구할 수 있다.

**038** 단백질 함량이 1% 증가된 강력 밀가루 사용 시 흡수율의 변화로 가장 적절한 것은?

① 1.5% 증가

② 3% 증가

③ 4.5% 증가

④ 8% 증가

단백질 1% 증가에 흡수율이 1.5% 증가한다. 더불어 단백질 함량이 2% 증가하면 흡수율은 3% 증가한다.

**039** 유지에 양잿물을 넣을 경우 일어나는 반응은 무엇인가?

① 가수분해

② 산화

③ 에스테르화

④ 비누화

동물성 유지에 양잿물 또는 알칼리성 물질을 넣을 경우 비누화 반응이 일어난다.

**040** 하루 섭취한 2,000kcal 중 탄수화물은 60%, 지방은 45%, 단백질은 20% 비율이었다면 탄수화물, 지방, 단백질은 각각 약 몇 g을 섭취하였는가?

① 200g, 250g, 100g

② 200g, 200g, 50g

③ 300g, 100g, 100g

④ 300g, 150g, 200g

**정답 ③**

탄수화물은 '2,000kcal×0.6 ÷4kcal = 300g'을, 지방은 '2,000kcal×0.45÷9kcal = 100g'을, 단백질은 '2,000kcal ×0.2÷4kcal = 100g'을 섭취한다.

**041** 임산부, 성장기 어린이, 빈혈 환자 등 생리적 요구가 높을 때 흡수율이 높아지는 영양소는?

① 칼슘

② 아연

③ 철분

④ 나트륨

**정답 ③**

빈혈의 원인은 대부분 철분(Fe) 부족으로 인해 일어난다. 헤모글로빈은 철을 포함한 단백질의 글로빈으로 되어 있는데 철(Fe)은 산소와 결합하는 능력이 있어서 생체 내에서는 산소를 운반하는 일을 한다.

**042** 태양광선 비타민이라고 불리며 자외선에 의해 체내에서 합성이 이루어지는 비타민은 무엇인가?

① 비타민 $B_1$

② 비타민 $B_2$

③ 비타민 D

④ 비타민 E

**정답 ③**

콜레스테롤과 에르고스테롤은 자외선에 의하여 비타민 $D_1$와 비타민 $D_2$로 변한다.

## 043 수용성 비타민에 해당하는 것은?

① VC
② VA
③ VK
④ VE

**정답 ①**

수용성 비타민에는 비타민 B₁(티아민), 비타민 B₂(리보플라빈), 비타민 B₃(나이아신), 비타민 B₆(피리독신), 비타민 B₉(엽산), 비타민 B₁₂(시아노코발라민), 비타민 C(아스코르빈산)가 있다. VC는 비타민 C를 말한다. VA, VK, VE는 지용성 비타민에 해당한다. 지용성 비타민에는 비타민 A(레티놀), 비타민 D(칼시페롤), 비타민 E(토코페롤), 비타민 K(필로퀴논)가 있다.

## 044 식품을 태웠을 때 재로 남는 성분은?

① 유기질
② 무기질
③ 단백질
④ 비타민

**정답 ②**

식품의 무기질은 태웠을 때 재로 남아 회분이 된다.

## 045 무기질의 기능이 아닌 것은?

① 효소의 기능을 촉진한다.
② 세포의 삼투압 평형유지 작용을 한다.
③ 우리 몸의 경조직 구성성분이다.
④ 열량을 내는 열량 급원이다.

**정답 ④**

무기질은 조절 영양소, 구성 영양소이다. 열량 영양소가 아니므로 열량을 내지 못한다.

314

**046** 다음 중 영양소와 주요 기능의 연결이 올바르게 된 것은?

① 무기질, 탄수화물 – 열량영양소
② 무기질, 단백질 – 구성영양소
③ 단백질, 지방 – 조절영양소
④ 비타민, 지방 – 체온조절영양소

정답 ②

구성영양소는 골격, 근육, 호르 몬, 효소를 구성하며 여기에는 무기질, 단백질이 있다.

**047** 암모니아의 수소 원자를 알칼리기 따위의 탄화수소기로 치환해 유 기 화합물을 만드는 반응은?

① 혐기성 반응
② 아민형성 반응
③ 탈탄산 반응
④ 탈아미노 반응

정답 ②

아민형성 반응은 암모니아의 수 소 원자를 알칼리기 따위의 탄 화수소기로 치환하여 유기 화합 물을 만드는 반응을 말한다.
① 혐기성 반응 : 미생물이 산 소를 싫어하여 공기 속에서 잘 자라지 않는 반응
③ 탈탄산 반응 : 유기산의 카 르복실기로부터 이산화탄소 를 유리시키는 생체 반응
④ 탈아미노 반응 : 체내의 아 미노산에서 아미노기가 빠 지는 반응, 아미노산은 유기 산으로 변화하고 암모니아 가 생긴다.

예상 문제 200제

**048** 다음 아미노산 중 S – S 결합을 형성하고 있는 것은?

① 시스틴
② 발린
③ 히스톤
④ 메소닌

정답 ①

시스틴은 S – S 결합(유기결합) 을 가진다.

**049** 향신료가 아닌 것은?

① 오스파이스
② 시나몬
③ 카라야검
④ 카다몬

정답 ③

카라야검은 식품의 점착성 및 점도를 증가시키고 유화 안정성을 증진한다. 식품의 물성 및 촉감을 향상시키기 위한 식품 첨가물로 식품에 안정제, 유화제 등으로 사용된다.

**050** 제빵에서 탈지 분유를 1% 증가시킬 때 추가되는 물의 양은?

① 1%
② 3%
③ 7%
④ 10%

정답 ①

탈지 분유를 1% 증가시키면 물의 양도 1% 추가시킨다.

**051** 제빵에서 감미제의 기능이 아닌 것은?

① 이스트의 먹이
② 갈변 반응(캐러멜화)으로 껍질 색 형성
③ 수분 보유로 노화 지연
④ 퍼짐성의 조절

정답 ④

감미제의 퍼짐성 조절은 제과에서의 기능으로 쿠키와 관련이 깊다.

**052** 판 젤라틴을 전처리하기 위한 물의 온도로 적절한 것은?

① 10~20℃

② 35~50℃

③ 60~70℃

④ 85~100℃

**053** 아밀로펙틴이 요오드 정색 반응에서 나타나는 색은?

① 적자색

② 청색

③ 황색

④ 흑색

예상
문제
200제

**054** 마이코톡신의 특징과 거리가 먼 것은?

① 곰팡이가 발육 과정에서 생산하는 독성분이다.

② 감염형이 아니다.

③ 중독의 발생은 계절과 관계가 거의 없다.

④ 탄수화물이 풍부한 곡류에서 많이 발생한다.

**055** 과일의 껍질에 존재하며 산(pH 3.2)과 당(60~65%)에 의해 잼, 젤리를 형성하며 안정제로 사용되는 것은?

① 씨엠씨

② 펙틴

③ 한천

④ 젤라틴

메톡실기 7% 이상의 펙틴은 산과 당이 가해져야 젤리나 잼을 형성해 안정제로 사용된다.

**056** 이스트 푸드의 충전제로 사용되는 것은?

① 우유

② 전분

③ 산화제

④ 소금

전분은 이스트 푸드의 충전제로 사용된다.

**057** 빵 반죽이 발효되는 동안 이스트는 무엇을 생성하는가?

① 질소, 수소

② 알데히드, 젖산

③ 알코올, 탄산가스

④ 초산, 산소

이스트는 당을 먹고 알코올과 이산화탄소를 생성한다.

**058** 일반적인 제빵용 이스트에 의해 분해되지 않는 것은?

① 설탕
② 맥아당
③ 과당
④ 유당

정답 ④

제빵용 이스트에는 유당을 분해하는 락타아제가 존재하지 않는다.

**059** 5%의 이스트를 사용했을 때의 최적 발효 시간이 100분이라면 2%의 이스트를 사용했을 때의 예상 발효시간은 얼마인가?

① 125분
② 200분
③ 250분
④ 275분

정답 ③

예상발효시간은

$\frac{기존 이스트의 양×기존 발효시간}{가감한 이스트의 양}$

이므로 2%의 이스트를 사용했을 때 예상 발효시간은 '$\frac{5×100분}{2}$

$=250분$'이다.

**060** 5% 이스트로 3시간 발효했을 때 가장 좋은 결과를 얻는다고 가정하면 발효시간을 2시간으로 감소시키려면 이스트의 양은 얼마로 결정하는 것이 적절한가?

① 3.2%
② 7.5%
③ 10.8%
④ 12.5%

정답 ②

'변경할 이스트의 양 = (정상이스트의 양×정상발효시간)÷변경할 발효시간'이므로 '(5×3)÷2 = 7.5%'가 적절하다.

예상
문제
200제

**061** 기본적인 유화 쇼트닝은 모노디글리세리드 역가를 기준으로 유지
에 대하여 얼마를 첨가하는 것이 가장 적당한가?

① 1~2%

② 3~4%

③ 6~8%

④ 10~12%

**062** 가장 광범위하게 사용되는 베이킹파우더의 주성분은?

① $NH_4Cl$

② $NaHCO_3$

③ $CaHpO_4$

④ $Na_2CO_3$

**063** 아이싱에 사용해 수분을 흡수하므로 아이싱이 젖거나 묻어나는 것
을 방지하는 흡수제로 적절하지 않은 것은?

① 소금

② 밀가루

③ 타피오카 전분

④ 옥수수 전분

**064** 다음 중 보관 장소가 나머지 재료와 매우 다른 재료는 무엇인가?

① 생이스트
② 밀가루
③ 설탕
④ 소금

**065** 우유 1,000g을 사용하는 식빵 반죽에 전지분유를 사용할 경우 물
과 분유의 사용량은 각각 얼마인가?

① 900g, 100g
② 900g, 300g
③ 1800g, 200g
④ 1800g, 600g

예상
문제
200제

**066** 우유 성분 중 산에 의해 응고되는 물질은?

① 유지방
② 효소
③ 유단백질
④ 무기질

**067** 우유의 pH를 4.6으로 유지할 경우 응고되는 단백질은 무엇인가?

① 포스파타아제

② 카세인

③ α-락트알부민

④ β-락토글로불린

**068** 반추위 동물의 위액에 존재하는 우유 응유 효소는?

① 레닌

② 펩티다아제

③ 트립신

④ 펩신

**069** 빈 컵의 무게가 150g이고, 이 컵에 물을 가득 넣었더니 300g이 되었다. 물을 빼고 우유를 넣었을 때 312g이 되었다면 우유의 비중은 약 얼마인가?

① 1.08

② 1.13

③ 1.17

④ 1.21

**070** 시유의 일반적인 지방과 단백질 함량은?

① 약 3% 정도
② 약 12% 정도
③ 약 20% 정도
④ 약 35% 정도

시유는 음용하기 위해 가공된 액상우유로 시장에서 파는 market milk를 가리킨다. 시유(우유)에는 단백질 3.4%, 유지방 3.65%, 유당 4.8%, 회분 0.7%가 들어있다.

**071** 유장(Whey Products)에 탈지 분유, 밀가루, 대두분 등을 혼합해 탈지 분유의 기능과 유사하게 한 제품은?

① 시유
② 농축 우유
③ 대용 분유
④ 전지 분유

정답 ③

대용 분유는 유장에 탈지 분유, 밀가루, 대두분 등을 혼합해 탈지 분유의 기능, 흡수력 등과 유사하게 만든 것이다.

**072** 제빵에서 물의 양이 적량보다 적다면 이때 나타나는 결과와 거리가 먼 것은?

① 향이 강하다.
② 수율이 낮다.
③ 부피가 크다.
④ 노화가 빠르다.

정답 ③

글루텐의 가스보유력을 증진시키기 위해서는 적당한 양의 물이 공급되어야 한다. 만약에 물의 양이 적량보다 적으면 가스보유력이 떨어져 완제품의 부피가 작다.

예상
문제
200제

**073** 물의 경도를 높여주는 작용을 하는 재료는?

① 이스트 푸드
② 우유
③ 전분
④ 소금

**074** pH 4인 물 1L와 pH 9인 물 1L를 섞었을 경우 이 물의 액성은 무엇인가?

① 중성
② 약산성
③ 강산성
④ 강알칼리성

**075** 물에 대한 설명으로 틀린 것은?

① 물은 경도에 따라 크게 연수와 경수로 나뉜다.
② 경수는 물 100mL 중 칼슘, 마그네슘 등의 염이 10~20mg 정도 함유된 것이다.
③ 연수는 물 100mlL 중 칼슘, 마그네슘 등의 염이 10mg 이하 함유된 것이다.
④ 일시적인 경수란 물을 끓이면 물속의 무기물이 불용성 탄산염으로 침전되는 것이다.

**076** 영구적 경수(센물)를 사용할 때의 조치로 옳지 않은 것은?

① 무기질 증가

② 효소 강화

③ 이스트 증가

④ 광물질 감소

정답 ①

이스트 푸드, 무기질(광물질)과 소금을 감소시킨다.

**077** 인체의 수분 소요량에 영향을 주는 요인과 가장 관계가 없는 것은?

① 신장의 기능

② 염분의 섭취량

③ 온도

④ 활동력

정답 ①

신장은 불필요하게 많은 수분을 오줌으로 내보낸다. 수분 소요량이란 물이 요구되거나 필요한 분량을 가리킨다.

예상
문제
200제

**078** 술에 대한 설명으로 옳지 않은 것은?

① 증류주는 발효시킨 양조주를 증류한 것이다.

② 양조주는 과실이나 곡물을 원료로 해 효모로 발효시킨 것이다.

③ 혼성주는 증류주를 기본으로 해 정제당을 넣고 과실 등의 추출물로 향미를 낸 것으로 알코올 농도가 낮다.

④ 생크림의 비린 맛, 달걀 비린내 등을 완화시켜 풍미를 좋게 한다.

정답 ③

혼성주는 대부분 알코올 농도가 높다.

**079** 식염이 반죽의 발효와 물성에 미치는 영향에 대한 설명으로 옳지 않은 것은?

① 껍질색상을 더 진하게 한다.

② 흡수율이 증가한다.

③ 효소 프로테아제는 소금의 영향을 받지 않는다.

④ 반죽시간이 길어진다.

정답 ②

흡수율이 감소한다.
③ 효소 프로테아제는 pH, 수분. 온도, 기질농도의 영향을 받지만 소금의 영향은 받지 않는다.

**080** 노화에 대한 설명으로 옳지 않은 것은?

① 빵의 속이 딱딱해진다.

② 빵의 내부에 곰팡이가 핀다.

③ α화 전분이 β화 전분으로 변한다.

④ 수분이 감소한다.

정답 ②

빵의 내부에 곰팡이가 피는 것은 부패에 대한 설명이다.

**081** 생란과 분말계란을 사용할 경우의 장단점으로 옳은 것은?

① 분말계란이 생란보다 저장면적이 크다.

② 생란에 비해 분말계란은 취급이 용이하나, 공기포집력은 떨어진다.

③ 생란은 취급이 용이하며 영양가 파괴가 적은 편이다.

④ 분말계란보다 생란은 영양이 우수하지만 공기포집력은 떨어진다.

정답 ②

생란에 비해 분말계란은 취급이 용이하나, 공기포집력은 떨어진다.

**082** 달걀 흰자의 약 13%를 차치해 철과의 결합 능력이 강해 미생물이 이용하지 못하는 항세균의 물질은 무엇인가?

① 아비딘(Avidin)
② 오보뮤코이드(Ovomucoid)
③ 오브알부민(Ovalbumin)
④ 콘알부민(Conalbumin)

**083** 달걀이 오래되면 나타나는 현상으로 옳은 것은?

① 비중이 무거워진다.
② 점도가 감소한다.
③ pH가 떨어져 산패된다.
④ 기실이 없어진다.

**084** 마요네즈를 만드는 데 노른자가 500g 필요하다면 껍질 포함 50g짜리 계란은 몇 개를 준비해야 되는가?

① 12개
② 26개
③ 34개
④ 45개

## 085 콜레스테롤 흡수와 가장 관계 깊은 것은?

① 위액
② 담즙
③ 장액
④ 타액

## 086 코코아에 대한 설명으로 틀린 것은?

① 코코아에는 천연 코코아와 더취 코코아가 있다.
② 더취 코코아는 천연 코코아를 알칼리 처리해 만든다.
③ 더취 코코아는 색상이 진하고 물에 잘 분산된다.
④ 더취 코코아는 산성을, 천연 코코아는 중성을 나타낸다.

## 087 화이트 초콜릿에 들어 있는 카카오 버터의 함량은?

① 3% 이하
② 15% 이하
③ 20% 이상
④ 30% 이상

**088** 카카오 버터의 결정이 거칠며 설탕의 결정이 석출되어 초콜릿의 조직이 노화하는 현상을 무엇이라고 하는가?

① 콘칭(Conching)
② 페이스트(Paste)
③ 템퍼링(Tempering)
④ 블룸(Bloom)

정답 ④

블룸이란 '꽃'이라는 의미로 초콜릿의 표면에 하얀 무늬 또는 하얀 반점이 생긴 것이 꽃과 닮았다고 하여 붙여진 이름이다. 이러한 현상에는 카카오 버터가 원인인 지방 블룸(Fat bloom)과 설탕이 원인인 설탕 블룸(Sugar bloom)이 있다.

**089** 마가린과 천연 버터의 가장 큰 차이는 무엇인가?

① 지방산
② 단백질
③ 수분
④ 산가

정답 ①

마가린은 버터가 부족했던 옛날에 버터 대용으로 만든 것으로 야자유 또는 팜유 등 식물성 기름으로 만든다. 이에 반해 버터는 우유에서 지방성분들만 빼서 만든 것이다.

**090** 다음과 같은 조건에서 나타나는 현상과 긴밀한 관계가 있는 것으로 바르게 연결된 것은?

> 표면에 물방울이 떨어져서 초콜릿 중의 설탕을 용해한 후 수분이 증발하면 설탕 표면에서 재결정되어 반점이 나타난다.

① 팻 블룸(Fat bloom) – 카카오버터
② 팻 블룸(Fat bloom) – 밀가루
③ 슈가 블룸(Sugar bloom) – 설탕
④ 슈가 블룸(Sugar bloom) – 카카오매스

정답 ③

슈가 블룸(Sugar bloom)에 대한 설명에 해당한다.

**091** 2,000ml의 생크림 원료로 거품을 올려 3,000ml의 생크림을 만들었다면 증량률(Over run)은 얼마인가?

① 25%

② 50%

③ 100%

④ 200%

오버런(Over run)은 휘핑 후 공기 포집 정도(크림의 부푼 정도)를 나타내는 말로 증량율이라고도 한다. 오버런(증량률)은 '(휘핑 후 부피 − 휘핑 전 부피) ÷휘핑 전 부피×100'으로 구할 수 있다. 따라서 3,000ml의 생크림을 만들었다면 증량률은

$$\frac{3,000 - 2,000}{2,000} \times 100 = 50\%'$$

이다.

**092** 크림을 만들 때 흡수율이 가장 높은 유지는 무엇인가?

① 경화 식물성 쇼트닝

② 경화 라드

③ 유화 쇼트닝

④ 라드

쇼트닝은 자기 무게의 100~400%를 흡수하고 유화쇼트닝은 800%까지 흡수한다.

**093** 팬에 바르는 기름은 무엇이 높은 것을 선택해야 하는가?

① 발연점

② 가소성

③ 산가

④ 크림성

219℃ 이상의 온도에서 푸른 연기가 발생하는데, 이를 발연 현상이라고 한다. 팬에 바르는 기름(이형유)은 발연점이 높은 기름을 선택해야 한다.

## 094 팬 오일의 조건이 아닌 것은?

① 발연점이 130℃ 정도 되는 기름을 사용한다.
② 산패되기 쉬운 지방산이 적어야 한다.
③ 보통 반죽 무게의 0.1~0.2%를 사용한다.
④ 대두유, 면실유 등의 기름이 이용된다.

**정답 ①**

팬 오일은 발연점이 210℃ 이상 높은 것을 사용한다.

## 095 이형유에 관한 설명으로 틀린 것은?

① 틀을 실리콘으로 코팅하면 이형유 사용을 줄일 수 있다.
② 이형유는 발연점이 높은 기름을 사용한다.
③ 이형유 사용량은 반죽 무게에 대하여 0.1~0.2% 정도이다.
④ 이형유 사용량이 많으면 밑껍질이 얇아지고 색상이 밝아진다.

**정답 ④**

이형유(팬 기름) 사용량이 많으면 밑껍질이 두꺼워지고 색상이 어두워진다.

## 096 기름과 지방에 대한 설명으로 옳은 것은?

① 기름의 산패는 기름 자체의 이중결합과는 상관이 없다.
② 기름의 비누화는 가성소다에 의해 낮은 온도에서 진행 속도가 빠르다.
③ 기름의 가수분해는 온도와 별반 상관이 없다.
④ 모노글리세라이드는 글리세롤의 −OH기 3개 중 하나에만 지방산이 결합되었다.

**정답 ④**

① 기름의 산패는 기름 자체의 이중결합과 상관이 있다.
② 기름의 비누화는 가성소다에 의해 높은 온도에서 진행 속도가 빠르다.
③ 기름의 가수분해는 온도와 상관이 있다.

예상
문제
200제

**097** 냉동제품에 대한 설명 중 옳지 않은 것은?

① 저장기간이 길수록 품질저하가 일어난다.
② 상대습도를 100%로 맞출 수 없다.
③ 수분이 결빙할 때 다량의 잠열을 요구한다.
④ 냉동반죽의 분할량이 클수록 좋다.

정답 ④

냉동반죽의 분할량이 크면 좋지 않다.
② 냉동제품은 냉장해동을 시키므로 냉장해동 시 냉장고의 상대습도를 100%로 맞출 수 없다.
③ 잠열은 물질이 액체, 기체, 고체 사이에서 형태 변화를 일으킬 때 흡수하거나 방출하는 열이다.

**098** 냉동반죽의 해동을 높은 온도에서 빨리 할 경우 반죽의 표면에서 물이 나오는 드립(Drip)현상이 발생한다. 이와 같은 원인으로 적절하지 않은 것은?

① 단백질의 변성
② 얼음결정이 반죽의 세포를 파괴 손상
③ 반죽 내 수분의 빙결분리
④ 급속냉동

정답 ④

냉동반죽은 냉동 시 수분이 얼면서 팽창해 이스트를 사멸시키거나 글루텐을 파괴하는 것을 막고자 급속냉동한다.

**099** 냉동 반죽의 사용 재료에 대한 설명으로 틀린 것은?

① 유화제는 냉동 반죽의 가스 보유력을 높이는 역할을 한다.
② 물은 일반 제품보다 3~5% 줄인다.
③ 일반 제품보다 산화제 사용량을 증가시킨다.
④ 밀가루는 중력분을 10% 정도 혼합한다.

정답 ④

단백질 함량이 12~13.5% 정도인 밀가루를 선택해야 가스 보유력이 좋다.

## 100 중화가를 구하는 식은?

① $\dfrac{\text{중조의 양}}{\text{산성제의 양}} \times 100$

② $\dfrac{\text{중조의 양}}{\text{산성제의 양}}$

③ $\dfrac{\text{산성제의 양} \times \text{중조의 양}}{100}$

④ 중조의 양 × 100

**정답 ①**

중화가는 산에 대한 중조(탄산수소나트륨)의 백분율로, 적정량의 이산화탄소를 발생시키고 중성이 되는 값을 말한다.

## 101 HACCP에 대한 설명으로 옳지 않은 것은?

① 위해요소분석을 실시해 식품 오염을 방지하는 제도이다.

② 중요관리점이란 위해요소를 예방, 제거, 또는 허용수준으로 감소시킬 수 있는 공정이나 단계를 중점 관리하는 것을 말한다.

③ 식품을 제조하는 과정 중에 문제가 발생하면 사후에 이를 교정해야 한다.

④ 식품제조업체에 종사하는 모든 사람에 의해 작업이 위생적으로 관리된다.

**정답 ③**

식품을 제조하는 과정 중에 문제가 발생하기 이전에 사전 예방과 제거 또는 허용수준으로 감소시켜야 한다.

## 102 우리나라에서 「식품위생법」에서 정하고 있는 내용이 아닌 것은?

① 건강 기능 식품의 검사

② 건강 진단 및 위생 교육

③ 조리사 및 영양사의 면허

④ 식중독에 관한 조사 보고

**정답 ①**

우리나라는 건강 기능 식품에 대해 「식품위생법」에 따른 처벌을 배제한다.

**103** 처음에는 감기증상으로 시작해 열이 내릴 때 사지마비가 시작되며 감염되기 쉬운 연령은 1~2세, 잠복기는 7~12일, 소아의 척수신경계를 손상시켜 영구적인 마비를 일으키는 감염병의 가장 적절한 예방법은?

① 음식물의 오염방지

② 예방접종

③ 진드기, 쥐, 바퀴벌레 박멸

④ 항생제 투여

정답 ②

급성화백수염(소아마비, 폴리오)은 병원체가 바이러스이고 그에 따라 가장 적절한 예방법은 예방접종이다.

**104** 세균성 식중독과 비교했을 때 경구 감염병의 특징은?

① 많은 양의 균으로 발병한다.

② 2차 감염이 잘 일어나지 않는다.

③ 일반적으로 잠복기가 짧다.

④ 면역이 성립되는 것이 많다.

정답 ④

① 소량의 균이라도 숙주 체내에서 증식하여 발병한다.
② 2차 감염이 있다.
③ 일반적으로 잠복기가 길다.

**105** 독소형 세균성 식중독의 원인 균은?

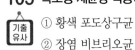

① 황색 포도상구균

② 장염 비브리오균

③ 살모넬라균

④ 대장균

정답 ①

독소형 세균성 식중독의 원인 균은 황색 포도상구균, 웰치균, 보툴리누스균 등이다.

## 106 포도상구균에 의한 식중독 예방책으로 부적절한 것은?

① 섭취 전 60℃ 정도로 가열한다.
② 화농성 질환자의 조리업무를 금지한다.
③ 조리장을 깨끗이 한다.
④ 멸균된 기구를 사용한다.

정답 ①

황색포도상구균은 열에 약하나 이 균이 체외로 분비하는 독소인 엔테로톡신은 내열성이 강하다. 따라서 섭취 전 60℃ 정도로 가열해도 파괴되지 않는다. 더 나아가서 엔테로톡신은 100℃에서 30분간 가열해도 파괴되지 않는다.

## 107 클로스트리디움 보툴리늄 식중독과 관련 있는 것은?

① 화농성 질환의 대표균
② 저온 살균 처리로 예방
③ 내열성 포자 형성
④ 감염형 식중독

정답 ③

클로스트리디움 보툴리늄균(보툴리누스균)이 생산하는 뉴로톡신은 독소자체는 열에 약하지만 내열성이 강한 포자를 형성하여 100℃에서 6시간 이상 가열해야 살균할 수 있다. 세균성 식중독 중 가장 치사율이 높은 식중독이다.

예상
문제
200제

## 108 살모넬라균(Salmonella) 식중독에 대한 설명으로 옳은 것은?

① 살모넬라균 독소의 섭취로 인해 발병한다.
② 극소량의 균량 섭취로도 발병한다.
③ 해수세균에 해당한다.
④ 10만 이상의 살모넬라균을 다량으로 섭취시 발병한다.

정답 ④

살모넬라균 식중독은 직접 세균에 의해 발생하는 중독으로 다량의 균을 섭취해야 발병한다.
③ 해수세균은 장염 비브리오균이다.

**109** 곤충류 또는 쥐에 의해서 발병될 수 있는 식중독은 무엇인가?

① 병원성 대장균 식중독

② 살모넬라 식중독

③ 웰치균 식중독

④ 포도상구균 식중독

정답 ②

살모넬라 식중독은 달걀을 대량으로 보관할 경우 위생동물이 달걀껍질 위를 지나다니면서 살모넬라균을 오염시켜 흔히 발생 가능한 세균성 식중독에 해당한다.

**110** 식중독 발생 시의 조치사항으로 잘못된 것은?

① 먹던 음식은 모두 버리도록 한다.

② 식중독 의심이 있는 환자는 의사의 진단을 받도록 한다.

③ 환자의 상태는 메모한다.

④ 보건소에 신고한다.

정답 ①

먹던 음식물은 보존한다.

**111** 제과·제빵의 굽기 과정 중 99℃의 제품 내부온도에서 생존할 수 있으며 치사율도 매우 높으나 다행히 산에 약해 pH 5.5의 약산성에도 모두 사멸하는 균은?

① 로프균

② 리스테리아균

③ 웰치균

④ 장염 비브리오균

정답 ①

로프균은 밀에 붙어 있거나 공기 속에 떠다녀 밀가루에 섞여 들 수 있다. 열에 강해 치사율이 매우 높으며 빵을 보존하는 동안 20℃에서 38~40℃로 갈수록 세력이 왕성해진다. 로프균이 번식하면 빵이 어두워지고 악취가 난다.

**112** 해수세균의 일종이며 식염농도 3%에서 잘 생육해 어패류를 생식할 경우 중독될 수 있는 균은 무엇인가?

① 장염 비브리오균
② 살모넬라균
③ 포도상구균
④ 병원성 대장균

정답 ①

장염 비브리오균은 소금을 좋아하는 호염성균으로 염분 3%에서 잘 생육한다. 여름철에 패류, 해조류, 어류 등에 의해서 감염된다.

**113** 병원체가 손, 식기, 음식물, 곤충, 완구 등을 통해 입으로 침입해 감염을 일으키는 것 중 바이러스가 아닌 것은?

① 폴리오
② 유행성간염
③ 홍역
④ 콜레라

정답 ④

바이러스성 감염의 종류에는 유행성간염, 폴리오(소아마비, 급성회백수염), 천열, 홍역, 간염성 설사증 등이 있다.

예상
문제
200제

**114** 원인균이 내열성 포자를 형성하기 때문에 병든 가축의 사체를 처리할 경우 반드시 소각처리해야 하는 인수 공통감염병은 무엇인가?

기출
유사

① 탄저병
② 야토병
③ Q열
④ 리스테리아증

정답 ①

탄저병의 원인균은 바실러스 안트라시스이다. 수육을 조리하지 않고 섭취했거나 피부상처 부위로 감염되기 쉽다. 원인균은 내열성 포자를 형성한다.

**115** 사람과 동물이 같은 병원체에 의해 발생되는 감염병이 아닌 것은?

① 동양모양선충

② 브루셀라증

③ 돈단독

④ 야토병

동양모양선충은 사람의 소장 상부에 기생하며 사람과 동물이 같은 병원체에 의해 발생되는 인·축 공통감염병(인수 공통감염병)이 아니다. 인·축 공통감염병(인수 공통 감염병)에는 탄저, 야토병, 결핵, 리스테리아증, 돈단독, Q열, 브루셀라증(파상열)이 있다.

**116** 제과·제빵작업에 종사해도 되는 질병은?

① 약물 중독

② 변비

③ 결핵

④ 이질

변비에 걸려도 제과·제빵작업에 종사해도 된다.

**117** 질병 발생의 3대 요소에 포함되지 않는 것은?

① 환경

② 병인

③ 숙주

④ 항생제

항생제는 질병을 억제하는 재료에 해당한다.

**118** 소화기관에 대한 설명으로 옳지 않은 것은?

① 위는 강알칼리의 위액을 분비한다.

② 소장은 영양분을 소화 및 흡수하는 기능을 한다.

③ 이자(췌장)는 당대사 호르몬의 내분비선이다.

④ 대장은 수분을 흡수하는 역할을 한다.

정답 ①

위는 pH 2인 강산성이다.

**119** 미생물이 작용해 식품을 흑변시켰다면 이 물질과 가장 관계 깊은 것은?

① 이산화탄소

② 메탄

③ 암모니아

④ 황화수소

정답 ④

황화수소는 양파의 향기 성분으로서 식품을 흑변시킨다.

**120** 식품에 식염을 첨가함으로써 미생물 증식을 억제하는 효과와 거리가 먼 것은?

기출유사

① 탈수 작용에 의한 식품 내 수분 감소

② 산소의 용해도 감소

③ 삼투압 증가

④ 펩티드 결합의 분해

정답 ④

펩티드 결합은 산이나 염기에 의해서 가수 분해가 되며 그 중 염기가 더 잘 분해된다. 아미노산에 포함되어 있는 ~COOH + ~NH$_2$ 사이의 축합 반응으로 형성된다. 이 경우를 펩티드(Peptide) 결합이라고 부르며 화학에서는 Amide 결합이라고 부른다.

예상문제 200제

**121** 맹독성이며 방부성이 강한 요소수지 식기에서 용출되는 대표적인 유독 물질은?

① 포르말린

② 알루미늄

③ 론갈리트

④ 염화암모늄

정답 ①

포르말린(포름알데히드)은 맹독성이며 방부성이 강한 요소수지 식기에서 용출되는 유독 물질이다.

**122** 식품첨가물에 관한 설명으로 옳지 않은 것은?

① 식품의 조리 가공에 있어 상품적, 영양적, 위생적 가치를 향상시킬 목적으로 사용한다.

② 식품에 의도적으로 미량으로 첨가되는 물질이다.

③ 자연의 식물과 동물에서 추출된 천연 식품첨가물은 식품의약품안전처장의 허가 없이도 사용 가능하다.

④ 식품에 첨가, 혼합, 침윤, 기타의 방법에 의해 사용되어진다.

정답 ③

어떤 형태의 식품첨가물이든지 식품의약품안전처장의 허가를 받아야 한다. 그러므로 자연의 식물과 동물에서 추출된 천연 식품첨가물 또한 식품의약품안전처장의 허가를 받아야 한다.

**123** 카스텔라, 과자, 비스킷 등을 부풀게 하기 위한 팽창제로 사용되는 식품 첨가물이 아닌 것은?

① 안식향산

② 중조

③ 탄산수소나트륨

④ 탄산암모늄

정답 ①

안식향산은 청량음료와 간장에 사용되는 보존료이다. 제과 시 사용하는 화학팽창제는 가열에 의해 발생되는 암모니아가스나 유리탄산가스만으로 팽창하는 것이다. 화학팽창제의 종류에는 소명반, 탄산수소나트륨(소다, 중조), 명반, 탄산수소암모늄, 염화암모늄, 베이킹파우더, 탄산마그네슘 등이 있다.

**124** 밀가루의 표백과 숙성기간을 단축시키며 제빵효과의 저해물질을 파괴해 분질을 개량하는 첨가물은?

① 팽창제
② 중점제
③ 밀가루 개량제
④ 유화제

정답 ③

밀가루 개량제는 제분된 밀가루의 숙성과 표백에 이용되는 첨가물이다.

**125** 표면 장력을 변화시켜 과자와 빵의 조직과 부피를 개선하고 노화를 지연시키기 위해 사용하는 것은?

① 감미료
② 유화제
③ 소포제
④ 강화제

정답 ②

유화제(계면 활성제)는 빵 속을 부드럽게 하고 수분보유도를 높여 노화를 지연시킨다.

**126** 다음 중 식품의 점착성을 증가시키거나 형체를 보존하기 위해 사용하는 식품첨가물이 아닌 것은?

① 메틸셀룰로오스
② 유동파라핀
③ 젤라틴
④ 알긴산나트륨

정답 ②

유동파라핀은 제과 · 제빵에서 제품을 틀에서 쉽게 분리하고자 사용하는 이형제이다. 식품의 점착성을 증가시켜 주는 식품첨가물은 호료(증점제)라고 하며 여기에는 카세인, 젤라틴, 알긴산나트륨, 메틸셀룰로오스 등이 있다.

**127** 이형제를 가장 올바르게 설명한 것은?

① 빵 또는 과자를 구울 때 형틀에서 제품의 분리를 용이하게 하는 첨가물에 해당한다.
② 거품을 소멸, 억제하기 위해 사용하는 첨가물에 해당한다.
③ 원료가 덩어리지는 것을 방지하기 위해 사용하는 첨가물이다.
④ 가수분해에 사용된 산제의 중화에 사용되는 첨가물이다.

정답 ①

이형제는 빵의 제조 과정에서 빵 반죽을 분할기에서 분할하거나 구울 경우 달라붙지 않게 하고 모양을 그대로 유지하고자 사용하는 첨가물이다.

**128** 다음 괄호 안에 알맞은 것은?

식품 또는 첨가물을 채취, 제조, 가공, 조리, 저장, 운반 또는 판매하는 자는 (    ) 정기적으로 건강진단을 받아야 한다.

① 1회/월
② 1회/년
③ 2회/월
④ 2회/년

정답 ②

식품 또는 첨가물을 채취, 제조, 가공, 조리, 저장, 운반 또는 판매하는 자는 1회/년 정기적으로 건강진단을 받아야 한다.

**129** 다음 첨가물 중 합성보존료에 해당하지 않는 것은?

① 프로피온산나트륨
② 차아염소산나트륨
③ 디하이드로초산
④ 소르브산

정답 ②

차아염소산나트륨은 식품의 부패원인균 또는 병원균을 사멸시키기 위한 살균제에 해당한다.

**130** 다음 중 부패의 물리학적 판정에 이용되지 않는 것은?

① 점도

② 전기저항과 색

③ 탄성

④ 냄새

냄새는 관능검사의 한 방법에 해당한다. 식품위생 검사의 종류에는 물리적 검사, 관능검사, 생물학적 검사, 독성검사, 화학적 검사 등이 있다.

**131** 부패를 판정하는 방법으로 사람에 의한 관능 검사를 실시할 때 검사하는 항목이 아닌 것은?

① 색

② 맛

③ 냄새

④ 균 수

관능 검사는 사람의 감각에 의한 측정법으로, 균 수는 감각으로 측정이 불가능하다.

**132** 부패에 영향을 미치는 요인에 대한 설명으로 옳지 않은 것은?

① 자유수의 함량이 많을수록 부패를 촉진한다.

② 식품성분의 조직상태 및 식품의 저장 환경이 영향을 미친다.

③ 중온균의 발육적온은 20~40℃이다.

④ 효모의 생육최적 pH는 15 이상이다.

효모의 생육최적 pH는 4~6이다.

예상
문제
200제

**133** 포장된 케이크류에서 변패의 가장 중요한 원인은 무엇인가?

① 저장기간

② 작업자

③ 흡습

④ 온도

정답 ③

적절하지 못한 제품의 냉각으로 인해 포장된 케이크류에 일어나는 흡습현상이 변패의 가장 중요한 원인이 된다.

**134** 식품의 부패방지와 관계가 있는 처리로만 나열된 것은?

① 수분 첨가, 냉동법, 농축

② 염장법, 자외선 살균, 냉동법

③ 훈연, 식염 첨가, 농축

④ 조미료 첨가, 방사선 조사, 방부제 첨가

정답 ②

식품의 부패방지 처리법으로는 냉동법, 식염 첨가(염장법), 방사선 조사, 훈연, 보존료(방부제) 첨가, 자외선 살균 등이 있다.

**135** 세균, 곰팡이의 피해를 막고 빵의 절단 및 포장을 용이하게 하는 빵의 냉각방법으로 가장 이상적인 것은?

① 냉장실에서 냉각한다.

② 약한 송풍을 이용해 급냉한다.

③ 바람이 없는 실내에서 냉각한다.

④ 수분분사 방식을 이용한다.

정답 ③

빵은 바람이 없는 실내에서 냉각시키는 것이 가장 이상적이다. 이때 소요시간은 3~4시간이 걸린다.

**136** 생산 공장 시설의 효율적 배치에 대한 설명으로 옳지 않은 것은?

① 작업용 바닥 면적은 그 장소를 이용하는 사람들의 수에 따라 달라진다.

② 판매 장소와 공장의 면적 배분은 판매 : 공장 = 3 : 1의 비율로 구성되는 것이 바람직하다.

③ 공장의 소요 면적은 주방 설비의 설치 면적과 기술자의 작업을 위한 공간 면적으로 이루어진다.

④ 공장의 모든 업무가 효과적으로 진행되기 위한 기본은 주방의 위치와 규모에 대한 설계이다.

**정답 ②**

판매 장소와 공장의 면적 배분이 '판매 2 : 공장 1'의 비율에서 '판매 1 : 공장 1'의 비율로 구성되는 추세이다.

**137** 주방의 설계 및 시공 시 조치 사항으로 잘못된 것은?

① 환기장치는 대형의 1개보다는 소형의 것을 여러 개 설치하는 것이 효과적이다.

② 주방 내의 천장은 낮을수록 좋다.

③ 냉장고와 발열기구는 가능한 멀리 배치한다.

④ 작업의 동선을 고려해 설계한다.

**정답 ②**

주방 내 천장이 너무 낮으면 작업이 불편하고 공기오염이 발생할 수 있다.

**138** 식품시설에서 교차오염을 예방하기 위한 바람직한 방법은?

① 작업 흐름을 일정한 방향으로 배치한다.

② 청결작업과 불결작업이 교차하도록 한다.

③ 냉수 전용 수세 설비를 갖춘다.

④ 작업장은 최소한의 면적을 확보하도록 한다.

**정답 ①**

청결작업과 불결작업의 교차로 인해 교차오염이 발생하지 않도록 작업 흐름을 일정한 방향으로 배치하도록 한다.

예상
문제
200제

**139** 원가에 대한 설명으로 옳지 않은 것은?

① 기초원가는 직접노무비와 직접재료비를 더한 것이다.

② 직접원가는 기초원가에 직접경비를 더한 것이다.

③ 총원가는 제조원가에 판매비와 일반관리비를 더한 것이다.

④ 판매가격은 총원가에 이익을 뺀 것이다.

정답 ④

판매가격은 총원가에 이익을 더한 것이다.

**140** 원가 관리 개념에서 식품을 저장하고자 할 때 저장 온도로 적합하지 않은 것은?

기출
유사

① 상온 식품은 15~20℃에서 저장한다.

② 보냉 식품은 10~15℃에서 저장한다.

③ 냉장 식품은 5℃ 전후에서 저장한다.

④ 냉동 식품은 −40℃ 이하로 저장한다.

정답 ④

급속 냉동은 −40℃에서 급랭하고, −18℃에서 저장한다.

**141** 제빵 생산의 원가를 계산하는 주된 목적은?

① 가격결정, 원가관리, 이익계산

② 총 매출 및 순이익의 계산

③ 재료비, 경비 산출, 재고관리

④ 생산량관리, 판매관리, 노무비

정답 ①

생산의 원가를 계산하는 목적은 이익을 산출하기 위해서, 원가관리를 위해서, 가격을 결정하기 위해서이다.

**142** 어떤 제품의 가격이 600원일 때 제조원가는?(단 손실율은 10%이고, 이익률(마질율)은 15%, 가격은 부가가치세 10%를 포함한 가격이다.)

기출
유사

① 300원

② 331원

③ 474원

④ 496원

부가가치세를 감안한 제조원가는 '600원÷1.1 ≒ 546원'이다. 손실율을 감안한 제조원가는 '546원÷1.1 ≒ 496원'이다. 이익률을 감안한 제조원가는 '496원÷1.5≒331원'이다.

**143** 어느 제과점의 지난 달 생산 실적이 다음과 같은 경우 노동 분배율은?(외부 가치 600만 원, 생산 가치 3,000만 원, 인건비 1,500만 원, 총 인원 10명)

기출
유사

① 45%

② 50%

③ 55%

④ 60%

정답 ②

'노동 분배율 $= \dfrac{\text{인건비}}{\text{생산가치}} \times 100$

$= \dfrac{1,500}{3,000} \times 100 = 50\%$'이다.

예상
문제
200제

**144** 반죽을 발효시키는 목적에 해당하지 않는 것은?

① 향 생성

② 글루텐 응고

③ 반죽의 숙성작용

④ 반죽의 팽창작용

정답 ②

반죽을 발효시키는 목적에는 '빵의 풍미 생성, 반죽의 팽창작용, 반죽의 숙석작용'이 있다.

## 145 중간발효에 대한 설명으로 틀린 것은?

① 중간발효는 온도 32℃이내, 상대습도 75% 전후에서 실시한다.
② 반죽의 온도, 크기에 따라 시간이 달라진다.
③ 반죽의 상처회복과 성형을 용이하게 하기 위함이다.
④ 상대습도가 낮으면 덧가루 사용량이 증가한다.

정답 ④

발효습도가 너무 낮게 되면 껍질이 형성되어 빵 속에 단단한 심이 생성되고, 습도가 너무 높게 되면 표피가 너무 끈적거리게 되어 덧가루 사용량이 많아져 빵 속에 줄무늬가 생긴다.

## 146 2차 발효 시 3가지 기본적 요소가 아닌 것은?

① 온도
② pH
③ 습도
④ 시간

정답 ②

pH는 1차 발효 시 필요하며, pH 4.5일 때 정상 반죽이다. 2차 발효 시 3가지 기본 요소는 습도, 온도, 시간이다.

## 147 2차 발효실의 습도가 가장 높아야 할 제품은?

① 바게트
② 하드롤
③ 햄버거빵
④ 도넛

정답 ③

2차 발효실의 습도가 가장 높아야 할 제품에는 햄버거빵, 단과자빵, 식빵이 있다.

**148** 발효가 부패와 다른 점은?

① 미생물이 작용한다.

② 생산물을 식용으로 한다.

③ 단백질의 변화 반응이다.

④ 성분의 변화가 일어난다.

정답 ②

단백질 식품이 미생물에 의해 분해되어 악취를 내며 인체에 유해하게 되는 것을 '부패'라고 하고, 반대로 유익하게 되는 것을 '발효'라고 한다.

**149** 2차 발효 시 상대 습도가 부족할 때 일어나는 현상은?

① 질긴 껍질

② 흰 반점

③ 터짐

④ 단단한 표피

정답 ③

2차 발효 시 상대 습도가 부족할 때는 제품의 윗면이 터지거나 갈라지는 현상이 나타난다.

예상
문제
200제

**150** 과자빵의 굽기 온도의 조건으로 옳지 않은 것은?

① 된 반죽은 낮은 온도로 굽는다.

② 고율배합일수록 온도를 낮게 한다.

③ 반죽량이 많은 것은 온도를 낮게 한다.

④ 발효가 많이 된 것은 낮은 온도로 굽는다.

정답 ④

저율배합과 발효 오버된 반죽은 고온 단시간 굽기가 좋다. 식빵과 과자빵의 일반적인 오븐 사용온도는 180~230℃이다.

**151** 굽기를 할 때 일어나는 반죽의 변화가 아닌 것은?

① 오븐 팽창
② 단백질 열변성
③ 전분의 호화
④ 전분의 노화

**152** 반죽의 혼합과정 중 유지를 첨가하는 방법으로 올바른 것은?

① 밀가루와 원재료에 물을 첨가해 균일하게 혼합하는 픽업 단계에서 첨가한다.
② 반죽이 수화되어 덩어리를 형성하는 클린업 단계에서 첨가한다.
③ 믹싱 중 생지 변화에 있어 탄력성이 최대로 증가해 반죽이 강하도 단단해 지는 발전 단계에서 첨가한다.
④ 반죽의 글루텐 형성 최종 단계에서 첨가한다.

**153** 식빵을 만드는 데 실내 온도 15℃, 수돗물 온도 10℃, 밀가루 온도 13℃일 때 믹싱 후의 반죽 온도가 21℃가 되었다면 이때 마찰 계수는?

① 5
② 10
③ 20
④ 25

**154** 같은 크기의 틀에 넣어 같은 체적의 제품을 얻으려고 할 때 반죽의 분할량이 가장 적은 제품은?

① 건포도 식빵
② 옥수수 식빵
③ 호밀 식빵
④ 밀가루 식빵

정답 ④

가장 많이 부푼 식빵을 고르면 '밀가루 식빵'이다. 밀가루 식빵 반죽에 다른 곡류나 충전물을 많이 넣으면 넣을수록 글루텐을 형성하는 밀단백질의 함량이 희석되므로 완제품의 부피가 작아진다.

**155** 식빵 반죽 표피에 수포가 생기는 이유는?

① 1차 발효실의 상대습도가 높아서
② 1차 발효실의 상대습도가 낮아서
③ 2차 발효실의 상대습도가 높아서
④ 2차 발효실의 상대습도가 낮아서

정답 ③

2차 발효실의 상대습도가 높은 경우 표피에 수포가 생긴다.

예상
문제
200제

**156** 식빵 껍질 표면에 물집이 생긴 이유가 아닌 것은?

① 반죽이 질었다.
② 2차 발효실의 습도가 높았다.
③ 발효가 과하였다.
④ 오븐의 위열이 너무 높았다.

정답 ③

표면에 물집이 발생하는 원인에는 질은 반죽, 높은 2차 발효실의 습도, 오븐의 높은 위열, 발효 부족, 성형기의 취급 부주의 등이 있다.

**157** 다음 표에 나타난 배합 비율을 이용하여 빵 반죽 1,802g을 만들려고 한다. 다음 재료 중 계량된 무게가 틀린 것은?

기출
유사

| 순서 | 재료명 | 비율(%) | 무게(g) |
|---|---|---|---|
| 1 | 강력분 | 100 | 1,000 |
| 2 | 물 | 63 | (가) |
| 3 | 이스트 | 2 | 20 |
| 4 | 이스트 푸드 | 0.2 | (나) |
| 5 | 설탕 | 6 | (다) |
| 6 | 쇼트닝 | 4 | 40 |
| 7 | 분유 | 3 | (라) |
| 8 | 소금 | 2 | 20 |
| 합계 | | 180.2 | 1,802 |

① (가) 630g

② (나) 2.4g

③ (다) 60g

④ (라) 30g

**158** 다음은 식빵 배합표이다. 다음 중 (가)~(다)에 들어갈 말로 옳은 것은?

| 강력분 | 100% | 1,500g |
|---|---|---|
| 설탕 | (가)% | 75g |
| 소금 | 2% | 30g |
| 이스트 | 3% | (나)g |
| 탈지분유 | 2% | 30g |
| 버터 | 5% | 75g |
| 물 | 70% | 1,050cc |
| 이스트 푸드 | (다)% | 1.5g |

① (가) : 0.5, (나) : 4.5, (다) : 0.01
② (가) : 0.5, (나) : 4.5, (다) : 0.1
③ (가) : 5, (나) : 45, (다) : 0.1
④ (가) : 5, (나) : 450, (다) : 1

**159** 진한 껍질 색의 빵에 대한 대책으로 적절하지 않은 것은?

① 우유, 설탕 사용량 감소
② 1차 발효 감소
③ 오븐 온도 감소
④ 2차 발효 습도 조절

**예상 문제 200제**

**160** 발효 과정 중 손실과 관련 없는 사항은?

① 발효 온도
② 소금
③ 기압
④ 반죽 온도

**161** 발효 손실의 원인이 아닌 것은?

① 재료 계량에 오차가 발생해서

② 수분이 증발해서

③ 탄수화물이 알코올로 전환되어서

④ 탄수화물이 탄산가스로 전환되어서

**162** 스펀지 발효에서 생기는 결함을 없애고자 만들어진 제조법으로 ADMI법이라고 불리는 제빵법은?

기출유사

① 연속식 제빵법

② 무발효 반죽법

③ 중종법

④ 액체발효법

**163** 산형 식빵의 비용적($cm^3$/g)으로 가장 적합한 것은?

① 1.0~1.7

② 1.8~2.7

③ 3.2~3.5

④ 4.5~5.0

**164** 건포도 식빵을 구울 때 주의해야 할 점은?

① 굽는 시간을 줄인다.

② 약간 윗불을 약하게 한다.

③ 약간 윗불을 강하게 한다.

④ 오븐 온도를 높게 한다.

건포도 식빵은 건포도의 당 때문에 색이 진하게 날 수 있다. 따라서 일반 식빵에 비해서 윗불을 약하게 구워야 한다.

**165** 갓 구워낸 빵을 식혀 상온에서 낮추는 냉각에 관한 설명으로 틀린 것은?

① 빵 속의 온도를 35~40℃로 낮추는 것이다.

② 곰팡이 및 기타 균의 피해를 막는다.

③ 절단, 포장을 용이하게 한다.

④ 수분 함량을 25%로 낮추는 것이다.

갓 구워낸 빵의 수분 함량은 껍질이 12~15%, 내부가 42~45%이다. 냉각 후 수분 함량은 내부의 수분이 껍질 방향으로 이동하면서 전체 38%로 평행을 이룬다.

**166** 일반적으로 식빵에 사용되는 설탕은 스트레이트법에서 몇 % 정도일 때 이스트 작용을 지연시키는가?

기출유사

① 1%

② 2%

③ 4%

④ 7%

삼투압 현상에 의해 설탕은 5% 이상일 때 이스트 작용을 지연시킨다.

예상 문제 200제

**167** 스트레이트법에서 드롭 또는 브레이크 현상이 일어나는 가장 적당한 시기는?

① 반죽의 약 0.5배 정도 부풀었을 때

② 반죽의 약 1.5배~2배 정도 부풀었을 때

③ 반죽의 약 3~3.5배 정도 부풀었을 때

④ 반죽의 약 5~5.5배 정도 부풀었을 때

정답 ③

스트레이트법의 1차 발효 부피 완료점(드롭 또는 브레이크 현상 발생)은 3~3.5배 증가한 상태에 일어난다. 반면에 스펀지 도우법의 1차 발효 부피 완료점(드롭 또는 브레이크 현상 발생)은 4~5배 증가한 상태에 일어난다.

**168** 스트레이트법으로 일반적인 식빵을 만들 때 믹싱 후 반죽의 온도로 가장 적절한 것은?

① 22℃

② 27℃

③ 32℃

④ 37℃

정답 ②

반죽 온도는 27℃로 맞추는 것이 가장 적절하다.

**169** 산화제와 환원제를 함께 사용하여 믹싱 시간과 발효 시간을 감소시키는 제빵법은?

기출
유사

① 스트레이트법

② 노타임법

③ 오버나이트 스펀지법

④ 비상 스트레이트법

정답 ②

노타임 반죽법(노타임법)은 산화제와 환원제를 사용하여 믹싱 시간과 발효 시간을 감소시키는 방법이다.

**170** 일반 스트레이트법을 비상 스트레이트법으로 변경할 경우 필수적으로 취해야할 조치는?

① 1차 발효시간을 10분 이내로 한다.
② 설탕 사용량을 1% 증가시킨다.
③ 이스트 푸드 사용량을 0.5~0.75%까지 감소시킨다.
④ 물 사용량을 1% 증가시킨다.

정답 ④

비상 스트레이트법 필수조치
• 물 사용량을 1% 증가시킴
• 설탕 사용량을 1% 감소시킴
• 1차 발효시간을 15분 이상 유지시킴
• 반죽온도를 30~31℃로 함
• 이스트를 2배로 함
• 반죽시간을 20~30% 늘려서 글루텐의 기계적 발달을 최대로 함

**171** 덴마크식 데니시 페이스트리 제조 시 반죽 무게에 대한 충전용 유지 (롤인 유지)의 사용 범위로 가장 적합한 것은?

① 5~15%
② 20~35%
③ 40~55%
④ 60~75%

정답 ③

덴마크식 데니시 페이스트리의 사용 범위는 40~55%이다. 반면 미국식 데니시 페이스트리의 롤인 유지 사용 범위는 반죽 무게의 20~40%이다.

예상
문제
200제

**172** 바게트 배합률에서 비타민 C 30ppm을 사용하려고 할 때 이 용량을 %로 올바르게 나타내면?

① 0.003%
② 0.005%
③ 0.007%
④ 0.009%

정답 ①

ppm의 단위는 '$\dfrac{1}{1,000,000}$' 이므로 '$\dfrac{30}{1,000,000} \times 100 = 0.003\%$'이다.

**173** 같은 밀가루로 식빵과 불란서빵을 만들 시, 식빵의 가수율이 63%였다면 불란서빵의 가수율을 얼마로 하는 것이 가장 좋은가?

기출
유사

① 61%

② 63%

③ 65%

④ 67%

불란서빵(프랑스빵)은 틀을 사용하지 않고 구우므로 가수율을 줄여야 한다.

**174** 불란서빵 제조 시 굽기를 실시할 때 스팀을 너무 많이 주입했을 때 나타나는 현상은?

① 질긴 껍질

② 두꺼운 표피

③ 표피에 광택 부족

④ 밑면이 터짐

불란서빵(프랑스빵) 굽기 시 스팀을 많이 주입하면 껍질의 질감이 질겨진다. 이는 껍질의 수분 함유량이 높아지기 때문이다.

불란서빵 반죽은 탄력성이 강한 발전 단계에서 믹싱을 완료한다.

제품별 반죽 완성 시점

| | |
|---|---|
| 픽업 단계 | 데니시 페이스트리 반죽 |
| 클린업 단계 | 스펀지 반죽 (스펀지 도우법), 장시간 발효하는 빵의 반죽 |
| 발전 단계 | 하스 브레드류 (불란서빵, 바게트), 공정이 많은 빵의 반죽 |
| 최종 단계 | 식빵, 단과자빵 |
| 렛 다운 단계 | 잉글리쉬 머핀, 햄버거빵 |

**175** 반죽이 매끈해지고 글루텐이 가장 많이 형성되어 탄력성이 강한 것이 특징이며, 불란서빵 반죽의 믹싱 완료 시기인 단계는?

기출
유사

① 클린업 단계

② 발전 단계

③ 최종 단계

④ 렛다운 단계

**176** 제품 특성상 일반적으로 노화가 가장 빠른 제품은?

① 식빵
② 팥도넛
③ 카스텔라
④ 단과자빵

정답 ①

노화란 향미, 맛이 변화하며 딱딱해지는 현상을 말한다. 노화는 냉장 온도 0~8℃에서 가장 빠르게 진행된다. 그 중 식빵은 유지와 설탕의 함량이 적어 노화가 매우 빠르게 진행되는 제품이다.

**177** 다음의 중 일반적으로 반죽의 되기가 가장 된 제품은?

① 잉글리시 머핀
② 단과자빵
③ 식빵
④ 피자도우

정답 ④

피자도우 위에 수분이 많은 토핑을 얹어야 하므로 반죽을 되게 만든다. 반면에 반죽의 되기가 가장 진 것은 잉글리시 머핀이다.

**178** 젤리 형성의 3요소에 해당하지 않는 것은?

① 유기산
② 펙틴
③ 당분
④ 염

정답 ④

젤리 형성의 3요소는 유기산, 당분, 펙틴이다. 특히 펙틴은 설탕 농도 50% 이상, pH 2.8~3.4의 산에서 젤리를 형성한다.

**179** 빵 반죽을 정형기(moulder)에 통과시켰을 경우 아령 모양으로 되었다면 정형기의 압력상태는?

① 압력이 적절하다.
② 압력이 약하다.
③ 압력이 강하다.
④ 압력과는 관계가 없다.

**180** 정형기(Moulder)의 작동 공정이 아닌 것은?

① 둥글리기
② 밀어 펴기
③ 말기
④ 봉하기

**181** 제빵 제조 공정의 4대 중요 관리 항목에 해당하지 않은 것은?

① 시간 관리
② 온도 관리
③ 공정 관리
④ 영양 관리

**182** 빵의 부피가 너무 작은 경우 어떻게 조치하면 좋은가?

① 1차 발효를 감소시킨다.

② 팬 기름칠을 넉넉하게 증가시킨다.

③ 발효시간을 감소시킨다.

④ 분할무게를 증가시킨다.

**정답 ④**

빵의 부피가 너무 작은 경우 반죽의 발효시간과 분할무게를 증가시키도록 한다.

**183** 최종제품의 부피가 정상보다 크다면 그 원인으로 옳지 않은 것은?

① 소금 사용량이 과다해서

② 낮은 오븐 온도로 인해서

③ 분할량이 과다해서

④ 2차 발효의 초과로 인해서

**정답 ①**

소금 사용량이 과다하면 이스트에 대한 삼투압이 증가해 발효에 저해가 발생한다. 이로 인해 최종제품의 부피가 정상보다 작아진다.

**184** 빵을 구워낸 직후의 수분 함량과 냉각 후 포장 직전의 수분 함량으로 가장 적절한 것은?

① 35%, 27%

② 45%, 38%

③ 60%, 52%

④ 68%, 60%

**정답 ②**

빵이 구워진 직후의 수분 함량은 껍질에 12%, 빵 속에 45%가 적절하다. 그리고 냉각 후 포장 직전의 수분 함량은 38%가 적절하다.

361

**185** 식빵에서 설탕이 과다할 경우 대응책으로 가장 옳은 것은?

① 반죽온도를 낮추도록 한다.

② 발효시간을 줄이도록 한다.

③ 이스트 양을 늘리도록 한다.

④ 소금 양을 늘리도록 한다.

**정답 ③**

설탕을 너무 많이 넣을 경우 발효력이 떨어져 발효력을 증진시킬 수 있도록 이스트 양을 늘려 조치를 취한다.

**186** 빵의 노화를 지연시키는 방법으로 틀린 것은?

① −18℃에서 밀봉 보관한다.

② 2~10℃에서 보관한다.

③ 당류를 첨가한다.

④ 방습 포장지로 포장한다.

**정답 ②**

노화 지연 방법에는 −18℃ 이하 보관, 실온 21~35℃ 보관, 당류나 유지 첨가, 양질의 재료 사용, 방습 포장재 사용, 운반 판매 시 실온 온도 유지, 제조 공정 준수 등이 있다. 냉장 온도 2~10℃에서 보관하면 빵의 노화가 가속화된다.

**187** 오버헤드 프루퍼(Overhead proofer)는 어떤 공정을 행하기 위해 사용하는 것인가?

① 분할

② 중간발효

③ 2차 발효

④ 둥글리기

**정답 ②**

오버헤드 프루퍼(Overhead proofer)의 뜻은 머리 위에 설치한 중간 발효기를 의미한다.

**188** 제품이 오븐에서 갑자기 팽창하는 오븐 스프링의 요인이 아닌 것은?

기출
유사

① 탄산가스

② 알코올

③ 가스압

④ 단백질

오븐 스프링이란 알코올, 탄산가스가 휘발하면서 증가시킨 가스압에 의해 반죽이 오븐에서 갑자기 팽창하는 현상을 말한다.

**189** 오븐에서 빵이 갑자기 팽창하는 현상인 오븐 스프링이 발생할 시 적절하지 않은 것은?

① 단백질의 변성

② 탄산가스의 증발

③ 가스압의 증가

④ 알코올의 증발

단백질의 변성은 오븐 스프링의 발생 후 일어나는 현상이다.

예상
문제
200제

**190** 오븐 팽창 시 반죽 내부온도가 몇 도에 이르면 용해 알코올이 증발해 빵에 특유의 향이 발생하는가?

① 42℃

② 58℃

③ 67℃

④ 79℃

오븐 팽창 시 반죽 내부온도가 79℃에 이르면 용해 알코올이 증발해 빵에 특유의 향이 발생한다.

**191** 제빵사가 반죽에 발현시킬 수 있는 여러 물리적 성질에는 신장성, 가소성, 흐름성, 탄력성, 점탄성 등이 있을 때 이들 중 반죽이 성형 과정에서 형성되는 모양을 유지시키려는 물리적 성질을 무엇이라 고 하는가?

① 점탄성

② 가소성

③ 탄력성

④ 흐름성

**정답 ②**

빵 반죽의 가소성이란 반죽이 성형과정에서 형성되는 모양을 유지시키려는 물리적 성질을 말한다.

**192** 성형과정을 거치는 동안에 반죽이 거친 취급을 받아 상처 받은 상 태이므로 이를 회복시키기 위해 글루텐 숙성과 팽창을 도모하는 과정은?

① 1차 발효

② 2차 발효

③ 중간발효

④ 펀치

**정답 ②**

1차 발효란 믹싱 과정 후 거치는 발효를, 중간발효란 둥글리기 후 거치는 발효를, 2차 발효란 성형 과정 후 거치는 발효를 말한다.

**193** 굽기 과정에서 일어나는 변화로 틀린 것은?

① 낭의 캐러멜화와 갈변 반응으로 껍질 색이 진해지며 특유의 향이 발생한다.

② 굽기가 완료되면 모든 미생물이 사멸하고 대부분의 효소도 불활 성화가 된다.

③ 전분 입자는 팽윤과 호화의 변화를 일으켜 구조 형성을 한다.

④ 빵의 외부 층에 있는 전분이 내부 층의 전분보다 호화가 덜 진행 된다.

**정답 ④**

호화는 풀처럼 되는 상태를 말 한다. 빵의 외부 층에 있는 전 분이 내부 층의 전분보다 호화 가 더 진행된다.

**194** 빵·과자 배합표의 자료 활용법으로 적당하지 않은 것은?

① 재료 사용량 파악 자료

② 국가별 빵의 종류 파악 자료

③ 빵의 판매기준 자료

④ 원가 산출

빵·과자 배합표는 국가별 빵의 종류를 파악할 수는 없지만, 빵의 특성을 파악하는 자료로 활용할 수 있다.

**195** 제빵용으로 주로 사용되는 도구는?

① 스쿱

② 짤주머니

③ 스크래퍼

④ 모양깍지

반죽을 분할할 때 스크래퍼를 사용한다.

**196** 빵을 포장하는 프로필렌 포장지의 기능으로 옳지 않은 것은?

① 빵의 로프균 오염 방지

② 포장 후 미생물 오염 최소화

③ 수분증발의 억제로 노화지연

④ 빵의 풍미 성분 손실 지연

빵의 로프균 오염 방지는 빵을 포장하는 프로필렌 포장지의 기능이 아니다. 빵의 로프균 오염 방지를 위해서는 밀가루의 pH를 pH 5.2로 맞추거나, 빵반죽의 pH를 pH 4~5로 맞추도록 한다. 이 이유는 로프균은 약산성에서 사멸하기 때문이다.

## 197 빵 제품의 평가항목에 대한 설명으로 옳지 않은 것은?

① 외부 평가는 부피 겉껍질 색상에 의해 이루어진다.

② 내부 평가는 속색, 조직, 기공에 의해 이루어진다.

③ 종류 평가는 무게, 크기, 가격에 의해 이루어진다.

④ 빵의 식감 특성은 맛, 냄새, 입안에서의 감촉에 의해 이루어
진다.

**정답 ③**

빵 제품의 평가항목에는 외부 평가, 내부 평가, 식감 평가 등이 있다. 이중 가장 중요한 평가항목은 식감 평가인 맛이다.

## 198 생산부서의 지난 달 원가 관련 자료가 아래와 같을 때 생산가치율은 얼마인가?

> ㉠ 근로자 : 100명
> ㉡ 인건비 : 170,000,000원
> ㉢ 생산액 : 1,000,000,000원
> ㉣ 외부가치 : 800,000,000원
> ㉤ 생산가치 : 500,000,000원
> ㉥ 감가상각비 : 30,000,000원

① 15%

② 25%

③ 50%

④ 60%

**정답 ③**

생산가치율은 생산액에서 생산가치가 차지하는 비율을 말한다. 따라서 500,000,000원÷1,000,000,000원×100 = 50%가 된다.

**199** 생산공장시설의 효율적 배치와 관련된 설명 중 적절하지 않은 것은?

① 공장의 소요면적은 기술자의 작업을 위한 공간면적과 주방설비의 설치면적으로 이루어진다.

② 공장의 모든 업무가 효과적으로 진행되기 위한 기본은 주방의 규모와 위치에 대한 설계이다.

③ 작업용 바닥면적은 그 장소를 이용하는 사람들의 수에 따라 달라진다.

④ 공장의 면적배분과 판매장소(공장 1 : 판매 2)의 비율로 구성되는 것이 바람직하다.

**정답 ④**

주방과 매장의 크기는 1 : 1이 이상적이다.

**200** 어떤 과자점에서 여름에 반죽 온도를 24℃로 하여 빵을 만들려고 한다. 사용수 온도는 10℃, 수돗물의 온도는 18℃, 사용수 양은 3kg, 얼음 사용량은 900g일 때 조치 사항으로 옳은 것은?

기출 유사

① 믹서에 얼음만 900g을 넣는다.

② 믹서에 수돗물만 3kg을 넣는다.

③ 믹서에 수돗물 3kg과 얼음 900g을 넣는다.

④ 믹서에 수돗물 2.1kg과 얼음 900g을 넣는다.

**정답 ④**

수돗물의 양(3kg)과 얼음 사용량(900g)이 정해져 있기 때문에 계산할 필요가 없다. 수돗물에서 얼음 사용량을 빼서 사용하면 된다. 3,000g − 900g = 2,100g이므로 수돗물 2.1kg과 얼음 900g을 넣는다.

예상 문제 200제

# MEMO

시스컴은 여러분을 응원합니다!